航天科技图书出版基金资助出版

航天器微振动——理论与实践

董瑶海 著

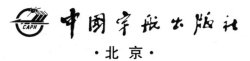

中国宇航出版社

·北京·

图书在版编目（CIP）数据

航天器微振动：理论与实践／董瑶海著 . -- 北京：
中国宇航出版社，2015.1

　　ISBN 978 - 7 - 5159 - 0883 - 0

　　Ⅰ. ①航… Ⅱ. ①董… Ⅲ. ①航天器－振动－研究
Ⅳ. ①V414.3

　　中国版本图书馆 CIP 数据核字（2014）第 311643 号

责任编辑 杨　洁　　　　**封面设计** 文道思

出　版
发　行　**中国宇航出版社**

社　址	北京市阜成路 8 号　**邮　编** 100830	**版　次**	2015 年 1 月第 1 版
	（010）68768548		2015 年 1 月第 1 次印刷
网　址	www.caphbook.com	**规　格**	787×1092
经　销	新华书店	**开　本**	1/16
发行部	（010）68371900　（010）88530478（传真）	**印　张**	18.75
	（010）68768541　（010）68767294（传真）	**字　数**	450 千字
零售店	读者服务部　　北京宇航文苑	**书　号**	ISBN 978 - 7 - 5159 - 0883 - 0
	（010）68371105　（010）62529336	**定　价**	158.00 元
承　印	北京画中画印刷有限公司		

航天科技图书出版基金简介

航天科技图书出版基金是由中国航天科技集团公司于 2007 年设立的，旨在鼓励航天科技人员著书立说，不断积累和传承航天科技知识，为航天事业提供知识储备和技术支持，繁荣航天科技图书出版工作，促进航天事业又好又快地发展。基金资助项目由航天科技图书出版基金评审委员会审定，由中国宇航出版社出版。

申请出版基金资助的项目包括航天基础理论著作，航天工程技术著作，航天科技工具书，航天型号管理经验与管理思想集萃，世界航天各学科前沿技术发展译著以及有代表性的科研生产、经营管理译著，向社会公众普及航天知识、宣传航天文化的优秀读物等。出版基金每年评审 1～2 次，资助 10～20 项。

欢迎广大作者积极申请航天科技图书出版基金。可以登录中国宇航出版社网站，点击"出版基金"专栏查询详情并下载基金申请表；也可以通过电话、信函索取申报指南和基金申请表。

网址：http：//www.caphbook.com

电话：(010) 68767205，68768904

序　一

随着我国高分辨率遥感卫星的发展，卫星指向精度和观测分辨率不断提高，其搭载的各类高精度、高敏感度的有效载荷对平台的微振动环境提出了越来越高的要求。因此探讨微振动的产生机理、研究微振动的抑制措施、评估微振动对敏感载荷的影响等成为近年来发展高分辨率遥感卫星必须解决的关键问题。

非常欣慰地看到，作者能够及时总结并固化当前多颗高分辨卫星研制过程中微振动问题的研究成果，并撰写形成专著。通过对微振动测量、分析与抑制技术的系统阐述，将读者带入微振动这个全新的研究领域。

全书结合具体型号需求，紧紧围绕微振动产生机理、影响分析、微振动仿真、微振动抑制以及微振动测试五个方面，系统展开研究和探讨，为卫星微振动问题研究提供了参考，填补了国内卫星微振动相关参考书籍的空白。

本专著作者是从事了多年航天工程的研究员和高级设计师，他将自己丰富的知识和经验融入到专著中，理论与实践密切结合，取材精炼，使得专著既具有很高的学术水平又具备很强的工程实用价值。

愿该书早日出版。

孟执中

2014 年 10 月

序 二

当前，卫星遥感技术突飞猛进，新一代遥感对地观测卫星在分辨率、数据质量和精度等方面都有了很大的提高，这对卫星平台的精度、稳定性、安静性等方面也提出了新的、更高的要求。研究并掌握影响平台稳定性、安静性的相关技术已成为研制高分辨率遥感卫星必须解决的问题之一。

航天器微振动技术是研究并改善航天器在轨力学环境、提高平台安静性的综合性工程技术，是天基遥感向更高分辨率方向发展的核心技术之一。微振动相关分析仿真和试验项目已逐步成为遥感卫星研制流程中不可或缺的组成部分。因此，及时梳理、总结并出版微振动专著来帮助航天技术人员迅速地了解、进入航天器微振动领域具有里程碑意义。

进入一个领域通常分两步走：第一步，是学习。掌握该领域的基本概念、基本理论和基本方法。第二步，就是实践。必须要将学到的理论知识运用到具体的工程实践中，如果没有应用过程，就不可能领会理论和方法的精髓。我欣喜地看到本专著充分考虑了上述问题，它在讲述微振动理论知识的同时，不断地引入工程实际，并详细地描述了如何将其运用到实际问题中，其提炼出的宝贵经验可以加快后来者进入角色，做好微振动方面的相关工作。

热烈祝贺本书的出版，希望同志们在使用过程中，能够提出宝贵的意见，供作者修改书稿时参考，使之更加充实、完善，为微振动技术的发展发挥更大的作用。

代守仑

2014 年 11 月

前　言

进入 21 世纪以来，航天技术迅猛发展，特别是近几年来随着对高分辨率遥感的迫切需求，航天领域高精度、高分辨率等相关技术的研究获得了极大的推动，应运而生了微振动这一新的学科领域。微振动技术是一门既有基础理论，又有广泛实际应用背景，并正在不断完善和发展的交叉型工程应用性学科。

微振动是指航天器在轨运行期间，由于航天器内部运动部件正常工作和外部环境力学效应等引起的航天器结构上幅度较小的往复运动或振荡。它直接影响着航天器有效载荷（尤其是高分辨率成像类载荷和大容量的激光通信载荷等）的测量精度、成像或通信质量等。微振动技术就是研究并改善航天器微振动环境的技术，包括微振动对有效载荷影响机理、振源特性、仿真分析、主/被动抑制以及测量与试验等。上述研究方向呈现出微振动技术多学科交叉融合的特点，其学科基础包括数学、力学、自动控制、电子技术、传感器与测试技术、信号处理、转子动力学等。

本书主要介绍了作者多年来在微振动领域的研究成果，内容涉及微振动测试、分析及抑制等多个方面；力求既注重基本概念和基本原理的讲述，又注重理论与应用的结合，并着重突出近年来实际工程应用中取得的成功案例。

全书共分为 9 个章节，第 1 章主要介绍微振动的基本概念和特点、国内外的研究现状等；第 2 章以光学载荷为例介绍了微振动对敏感载荷的影响；第 3 章介绍了航天器中各类微振动振源，包括其产生机理及特性等；第 4 章介绍了微振动仿真分析相关流程和方法；第 5、6、7 章分别针对振源和敏感载荷两个方面，从主动和被动两种技术手段上对常用的微振动抑制措施进行了介绍，内容涉及动力吸振、颗粒阻尼减振、被动隔振以及主动隔振等；第 8 章介绍了航天器挠性附件振动抑制技术，重点介绍了利用绳索对挠性太阳翼进行错频设计的方法；第 9 章介绍了航天器微振动试验相关技术。

下列人员在本书的创作过程中作出了重要贡献：第 1 章周徐斌、申军烽；第 2 章胡宜宁、张如意；第 3 章赵发刚、周春华；第 4 章蒋国伟、周徐斌；第 5 章虞自飞、黄俊杰；第 6 章申军烽、刘兴天、杜冬；第 7 章沈海军、钟鸣；第 8 章薛景赛、杜三虎；第 9 章周宇、赵海斌、姚赛金。

本书的写作过程中，始终得到了上海航天技术研究院陈文强研究员的热心指导和鼓励；本书初稿完成后，由多位专家进行了审稿，并提出了许多宝贵的意见和建议，他们是浙江大学徐之海教授、上海交通大学陈进教授、上海交通大学华宏星教授、北京航空航天大学黄海教授、同济大学聂国华教授，在此表示感谢！本书的出版得到了上海卫星工程研究所空间机热一体化技术实验室、风云四号卫星项目办、中国宇航出版社等的支持，谨在此一并表示由衷的感谢。本书的完成得到了民用航天项目（批复号：科工技［2013］669号）和上海市科委优秀技术带头人计划课题项目（项目编号：14XD142300）的资助。

由于作者水平、能力和经验有限，书中疏漏和不妥之处在所难免，恳请广大读者批评指正。

作　者

2014 年 11 月

目　　录

第1章 绪 论

1.1 微振动的概念与内涵

微振动（国外研究机构称之为 jitter 或 micro – vibration）是指航天器在轨运行期间，主要由转动部件（如动量轮等高速转动部件、太阳电池阵驱动机构等步进部件、相机摆镜等摆动部件等）正常工作造成的航天器幅度较小的往复运动或振荡。

以加速度的幅值及对应的频段，可以将微振动分为 3 类：

1）准稳态加速度：频率不大于 0.01 Hz 的低频加速度。准稳态加速度的量值一般不超过 10^{-4} g 量级；产生准稳态加速度的力包括大气阻力、潮汐力、太阳辐射压等与航天器绕地飞行有关的外部作用力。

2）瞬变加速度：发生跳变（jitter）的加速度，瞬变加速度为宽频段振动，其量值一般在 10^{-4} g 以上，持续时间从 $10^{-2}\sim10^{2}$ s 不等；产生瞬变加速度的力包括变轨和调姿的推力、航天器辅助设备和有效载荷动作、航天员活动等。

3）振动加速度：表现为稳态正弦响应、随机涨落或衰减振荡的加速度，其量值（一般在 10^{-6} g 以上）和频谱（0.1～100 Hz）因干扰源及航天器结构而异；振动加速度来自仪器设备的振动干扰及各种扰动因素引起的航天器结构的动力学响应。

准稳态加速度由于其极低的频率和极小的量值，对航天器有效载荷及微重力科学实验的影响一般可以忽略。本书所关注的主要是瞬变加速度和振动加速度，它们被统称为微振动加速度，与之相关的特性、传递、抑制等一系列问题即为本书重点研究的微振动问题。

航天器常见的微振动扰动源如表 1-1 所示。

表 1-1 航天器典型微振动扰动源

扰动	频率	描述
飞轮	中/高	包含一系列转速的谐波扰动
推力器	低/中/高	开启或关闭产生类似脉冲或阶跃扰动
液体晃动	低/中	推进剂或制冷剂晃动引起航天器运动
液体流动	低/中/高	液体流动和阀门操作
伺服机构	低/中/高	驱动电机扰动
磁带机	低/中/高	工作中机械运动
陀螺	中/高	转动部件不平衡引起谐波扰动
载荷内部振源	低/中	制冷机机械运动
敏感器噪声	低/中/高	带宽和分辨率限制、电子噪声等
挠性附件振动	低	极易与扫描机构发生低频耦合振荡

分析表 1-1 中典型的航天器振源特性，可以看到微振动主要有以下特点：

1）幅值小：微振动量级很小，一般微振动量级在 $10^{-3}\ g$，对应的位移大约在微米量级。因此，微振动一般不会带来结构动/静强度的问题。但是，弱量级的动态位移或应变往往使得结构材料内部的摩擦作用无法正常发挥，其阻尼效应低于宏观振动，而且与应变量级相关，有时候甚至可能成为一个重要的非线性因素，造成采用传统方法进行微振动环境下的结构参数设计和仿真分析可信度较差。如图 1-1 所示，在幅值逐渐减小的情况下，金属材料和橡胶材料的刚度、阻尼特性发生了变化，从中可以看到明显的非线性现象。

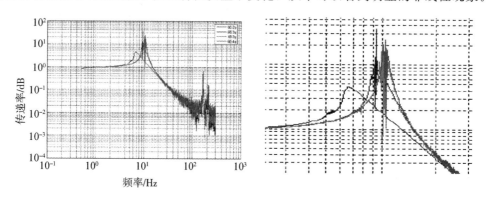

图 1-1　不同幅值的微振动对材料刚度、阻尼特性影响（右图为局部放大）

2）频谱宽：微振动的频率范围很宽，可以从 0.01 Hz 到几 kHz。低频部分可以通过姿轨控系统进行抑制，高频部分能量较小，产生的影响也较小，因此微振动控制主要研究从姿轨控系统带宽到有效载荷的敏感上限。从图 1-2 所示的某压缩机的频谱特性中，可以看到 2 000 Hz 范围内存在多个倍频、分频。

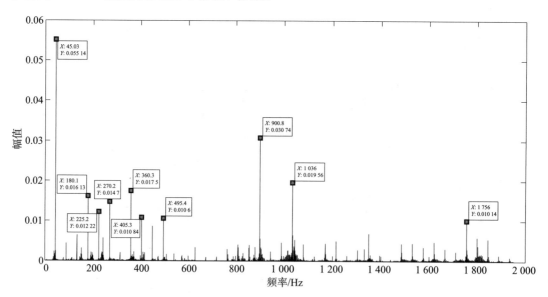

图 1-2　某红外探测仪制冷压缩机干扰频谱

3）固有性：微振动是由干扰源正常工作引起的，而非故障造成，譬如飞轮、压缩机等，其正常工作时即产生微振动，因此不可能消除，是其固有特性。如图 1-3 所示为典型飞轮的振动频谱，振源产生的激励将在随后的章节中讨论。

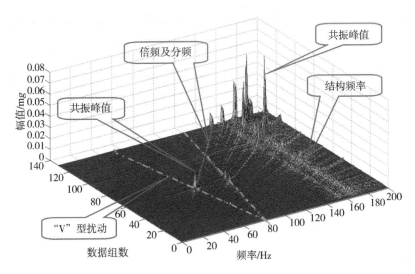

图 1-3 飞轮典型的振动频谱

4）难测量：由于微振动量级较小，与地面环境噪声水平相当，甚至更小，地面环境噪声会对信号产生比较大的影响。另外，传统的测量设备往往精度较低，难以实现对微振动信号的有效测量，因此必须采用高灵敏度、高分辨率的微振动信号测量系统，配以超静的试验环境实现地面和模拟在轨的微振动测量。如图1-4所示为普通试验厂房的背景噪声以及电话铃声（6个峰）的振动幅值，可以看出其辐值已超过微振动量级。

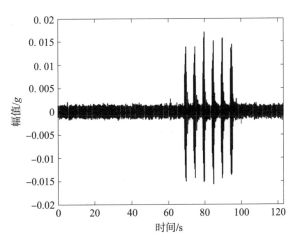

图 1-4 试验环境背景噪声及电话铃声引发的振动噪声

5）难抑制：微振动幅值小、频带宽，且难以测量，因此给控制带来了很大的困难。

6）选择性：所谓干扰选择性是指星上光学类成像、高分辨率合成孔径雷达成像、干涉类成像、激光通信以及重力梯度测量等相关的高精度载荷自身精度和灵敏度越高，对微振动也就越敏感。因此，随着分辨率的提高，对微振动环境的要求也越来越严格。图1-5为在微振动的干扰下，图像像质严重下降。

　　　（a）原图　　　　　　　　　　（b）微振动环境下的图像

图1-5　微振动对图像的影响

1.2　微振动的主要影响

总体上，微振动对航天器的影响主要表现在以下两个方面：

1）有效载荷（尤其是敏感有效载荷）的主要性能指标，如遥感卫星图像质量、激光通信卫星的指向和对准精度等；

2）与轨道微重力环境相关的科学实验，如重力梯度测量，空间站上进行的生物和材料实验等。

具体来说：

（1）光学成像类卫星

对于光学成像载荷，像元级的微振动量级会对图像产生较大影响，光学传递函数（MTF）急遽下降，因此一般要求把卫星平台的微振动量级控制在图像的亚像元级。

当微振动引起的相对像移量在0.1像元以下时，仿真图像结果表明图像质量几乎无变化；当相对像移量达到0.3像元时，仿真图像有明显退化，但尚可接受；当相对像移量在0.5像元时，仿真图像退化得非常模糊。

（2）SAR成像设备

对于SAR卫星，一般由多块SAR天线板在轨展开形成大型的SAR天线阵面，微振动能够诱发SAR天线阵面平面度和指向精度的振动，使图像发生移动，从而影响图像的质量，如图1-6所示。例如某型号SAR卫星，其天线阵面由左、中、右三块SAR天线组成，在飞轮激励下，SAR天线法线指向偏差和平面度偏差的仿真结果如表1-2所示。

表1-2　某卫星SAR天线阵面在微振动环境下的偏差

	指向偏差/（″）	平面度误差/μm
左SAR天线	0.327	9.3
中SAR天线	0.426	11.2
右SAR天线	1.140	15.7
SAR天线整体	0.600	10.6

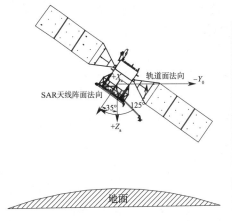

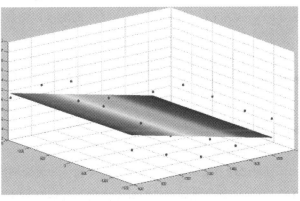

（a）在轨状态示意图　　　　（b）微振动对 SAR 波导平面的影响

图 1-6　某型号 SAR 卫星

从表 1-2 和图 1-6 可以看出，飞轮微振动激励引起 SAR 天线最大加速度响应为 2.16 mg，最大位移 0.015 mm，指向偏差和平面度偏差最大的是右 SAR 天线板，分别为 1.14″和 15.7 μm，已经对 SAR 卫星的成像构成影响。

（3）激光通信卫星

星际/星地激光通信具有通信容量大、保密性强、结构轻便等优点，是未来信息化通信的重要技术手段。如图 1-7 所示为信标光快速捕获示意图，图 1-8 所示为激光通信跟踪任务示意图。

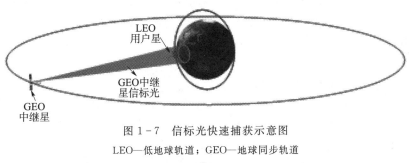

图 1-7　信标光快速捕获示意图

LEO—低地球轨道；GEO—地球同步轨道

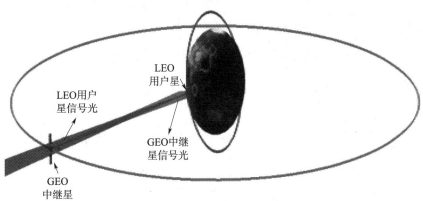

图 1-8　激光通信跟踪任务示意图

由于星间、星地激光通信传输距离远（达数万千米），一般情况下，通信激光束宽度只有10 μrad左右，激光束与另一终端的对准误差要求保持在1.7 μrad以内，这对平台的稳定度提出了很高的要求。

而以当前转动部件干扰引起平台20 mg量级的振动为例，在50 Hz频率点上计算其角振动幅值大约在4 μrad左右。

因此，在激光通信过程中，要保证激光链路通信质量和传输速度，必须对转动部件引起的微振动进行抑制。

（4）干涉成像类卫星

目前多颗卫星均搭载干涉式成像仪器。与成像型的载荷不同，空间高光谱载荷的研制重点与难点不在于物像之间严格的对应关系，而在于光谱位置的确定以及干涉图对比度的变化。

以空间傅立叶干涉仪为例，其原理如图1-9所示。

运动反射镜（简称动镜）与静止反射镜（简称定镜）呈严格垂直的关系进行匀速直线运动。假设动镜的通光口径 D 为4 cm，考核的光谱波数 v 为1 950 cm^{-1}，卫星平台微振动将导致动镜发生相对倾斜运动，形成的角秒级的微振动偏差，将导致空间高光谱载荷的光谱性能退化。

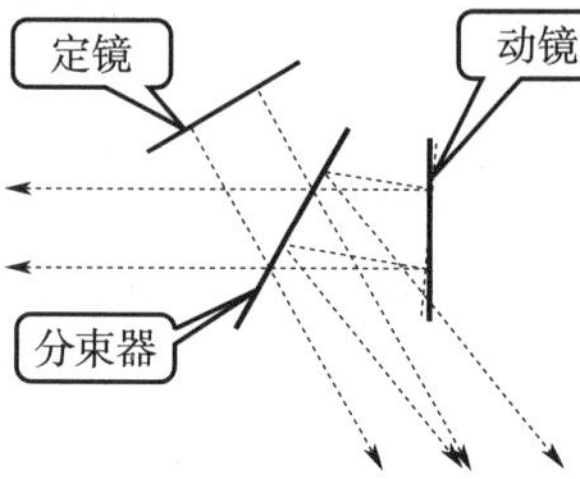

图1-9　傅立叶干涉仪原理示意图

（5）空间微重力试验

以国际空间站（ISS）空间微重力试验环境需求为例，不同学科对微重力环境的需求如图1-10所示。振动加速度实际上是由摆动加速度和频率大于或等于空间站的最低固有结构频率的加速度组成的。实际上它们的频率特性是谐波和周期的。对于ISS来说，要求干扰频率在低频范围，即为0.01～300 Hz；加速度幅值为 10^{-6}～10^{-2} g。

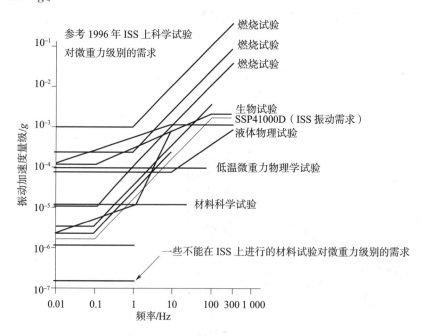

图1-10　不同学科对微重力环境的需求

1.3　微振动研究体系

1.3.1　微振动研究的主要内容及其内在联系

国外在 20 世纪 80 年代就较为系统地对微振动问题进行了研究，取得了大量的研究成果，并应用于多个高性能航天器的研制。参照国外对航天器微振动问题的研究状况，结合国内现状，梳理出航天器微振动技术的研究内容及其内在联系，如图 1-11 所示。

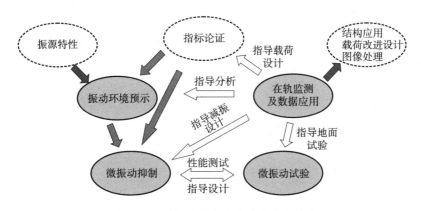

图 1-11　微振动研究内容及其内在联系

（1）微振动指标论证

微振动抑制指标是振动抑制系统设计的目标，同样也是引导微振动抑制技术研究的风向标。微振动指标论证的内容主要包括：

1）论证平台结构角振动与线振动对载荷系统成像的影响大小及主次关系。

2）论证载荷的敏感频段及其对应的合理控制范围。

3）论证卫星微振动抑制指标的考核方法和条件。

上述的论证结果将对微振动抑制技术的最终选取及其工程实现起到至关重要的影响。微振动抑制指标的论证工作一般应设计部主导，联合研制单位共同完成。

（2）振源特性分析

振源特性分析是微振动研究的前提。以遥感卫星为例，卫星平台方面的振源包括飞轮、陀螺、太阳翼驱动机构等。卫星载荷方面的振源有制冷机、动镜运动等转动部件。需要对上述振源的质量特性、安装位置及其运动特性等进行详细的收集和定量描述，分析其影响程度的大小。另外，对振源在其工作模式下进行测试，可有效地获取其振动特性。这为振源性能的改进提升以及振源的隔离提供了基础。

（3）微振动仿真分析与评估技术研究

微振动仿真分析与评估技术研究主要包括两方面内容：

1）首先对载荷的微振动环境进行预估，确定其频段范围及其对应的量级。其中，运动部件与结构耦合建模方法是研究的重点。

2）在微振动环境已知的条件下，完成载荷性能（如图像质量等）的评估，为微振动抑制提供目标参考。其中，构建包括振源-结构-载荷在内的微振动集成建模分析（integrated modeling and analysis）是研究的重点。

（4）微振动抑制技术研究

微振动抑制技术的研究主要包括：

1）在振源特性和抑制目标的基础上，提出合理可行的抑制方案，包括隔、吸、阻等，并对方案进行分析。

2）对常用的阻尼材料、金属材料、橡胶材料等进行微振动减振效能评估，考察其对微振动的适用性。

3）微振动抑制方案的工程实现研究，包括主动段的力学环境适应性，在轨长期工作的稳定性和可靠性。

（5）微振动地面试验技术研究

微振动地面试验技术研究的目的是确保上述与各种微振动相关的测试和试验能够合理、可信地完成，其内容主要包括3大类：

1）微振动试验环境的要求，包括对供电、人员、空调、场所等方面的限制条件。

2）微振动测试手段的要求，包括传感器的选用、数据采集系统背景噪声、测试系统精度标定等。

3）试验配套工装的设计，这方面的研究重点主要包括载荷的失重状态模拟、工程误差对试验结果的影响程度等。

（6）微振动在轨试验技术研究

微振动在轨试验不但能够获取卫星在轨真实的振动环境，同时可以最终判断微振动抑制技术的效果并为后续的技术改进提供真实的在轨数据参考，广义的微振动在轨试验还应包括在轨的模态辨识，其主要研究内容包括：

1）测量系统的性能指标，包括系统背景噪声、系统精度标定、数据存储及传输等。

2）测量系统的环境适应性，需要考虑主动段的恶劣环境及在轨段复杂的空间环境，尤其是数据可靠性等。

3）试验数据处理，主要包括测点的选取、试验工况的选择及控制、数据的后期处理等。

（7）微振动在轨测量数据的地面应用技术研究

微振动在轨试验数据可以为至少3个分系统的优化设计提供指导：

1）结构系统的优化设计，从卫星平台结构设计的角度，指导超静卫星平台结构的设计。

2）载荷优化设计，从载荷的角度进行优化设计，提高载荷的抗微振动干扰能力。

3）图像恢复，从图像应用的角度，为图像恢复提供所必需的像元振动特征，通过图像复原技术提升图像像质。

1.3.2　微振动研究规划

微振动问题研究是一个系统工程，必须以型号为应用背景。关于微振动问题的研究，其总体研究规划如图 1-12 所示，共分为以下 7 大类研究内容：载荷性能影响研究、振源特性研究、微振动仿真分析、微振动约束指标分配技术研究、微振动抑制技术研究以及微振动测量与试验技术研究（地面试验和在轨试验）。

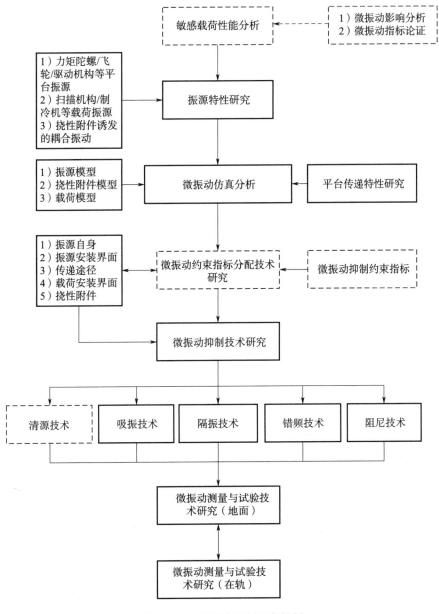

图 1-12　微振动问题研究规划

虚框部分主要由总体单位与各分系统单位联合论证或者由分系统单位重点研究

1）载荷性能影响研究可以确定微振动对载荷的影响，同时给出微振动的约束指标，指导微振动抑制等相关研究。

2）振源特性主要关注航天器常见振源，如力矩陀螺、飞轮、驱动机构等的振动特性，这是微振动研究的基础。

3）传递特性研究主要关注微振动在航天器主结构（平台）中的传递特性，包括衰减特性以及局部的放大特性等。

4）微振动仿真分析主要确定振源干扰传递至载荷后的影响大小，评估微振动对载荷性能的影响。振源特性与传递特性研究相结合，为微振动的仿真分析提供基础。

5）结合微振动约束指标以及微振动仿真模型，将微振动约束指标合理地分配给航天器各个分系统，这也是一项关键的技术。

6）以微振动约束指标为目标，航天器各分系统选用合理的控制技术对微振动进行相应的振动抑制。

7）上述研究进行的同时，同步开展相应的微振动测量与试验（地面试验及在轨试验）的方案和配套条件，以便后期验证和指导各部分的研究。

1.4　本书章节安排

本书以型号研制中开展的微振动专业技术的研究工作为依托进行编写，旨在为后续航天器微振动研究提供参考和借鉴，以便后期验证和指导各部分的研究。

第1章，绪论。主要对微振动的概念和内涵进行介绍，同时简要地介绍微振动对各类载荷存在的影响。结合国外对微振动问题的研究思路，提出微振动专业技术的研究内容和研究规划。

第2章，微振动对光学载荷性能的影响研究。以光学载荷为例，重点分析了这类载荷的成像机理，并对各自的像质进行评价。在此基础上，分析微振动对上述载荷的影响，提出相应的约束指标，为微振动的研究提供输入。

第3章，振源特性分析。以卫星为例，统计卫星主要振源，并借助试验的手段对各类振源的产生机理进行理论研究和试验分析。同时，开展振源特性的建模工作，为整星的微振动仿真分析提供振源输入。

第4章，微振动仿真分析。微振动仿真需要的模型主要包括振源模型、平台模型、挠性附件模型以及载荷模型等。本章重点介绍航天器平台建模和挠性附件建模。振源模型可参照第3章的介绍，而载荷类型繁多，机理复杂，难以穷举，且一般由载荷研制单位提供，书中将不涉及。

第5章，微振动振源抑制设计。航天器主要振源包括飞轮、陀螺和驱动机构等，振源的抑制措施包括吸振、隔振、阻尼减振以及局部结构刚化等。本章主要介绍振源的吸振设计，包括被动吸振设计以及宽频自适应吸振设计等。由于结构刚化和阻尼技术原理相对简单，本章将不作重点介绍。振源隔振设计与载荷隔振设计思路和方法类似，因此，振源隔振设计可参照载荷隔振设计。

第 6 章，敏感载荷微振动被动隔振设计。载荷隔振设计主要关注隔振系统的隔振效率，与此同时，设计过程还受到工艺安装、整星布局等多种工程因素的影响。因此，从工程应用角度，敏感载荷隔振系统的设计过程是一种相对寻优的过程。

第 7 章，敏感载荷微振动主动隔振设计。被动隔振系统本身具有一定的局限性，隔振频率难以降低并受共振频率干扰。本章重点研究主动控制隔振平台的设计工作，主要关注系统的设计和仿真分析。

第 8 章，挠性附件错频设计。挠性附件相应的振动控制措施包括附加阻尼、增加刚度等。挠性附件种类较多，本章主要以太阳翼为例，提出基于柔性绳索理念的变结构刚度设计方法，使干扰频率与太阳翼频率错开。

第 9 章，微振动测量与试验技术。微振动测量是微振动研究中的重要一环，包括地面测量和在轨测量两方面，其中微小信号的识别和处理是其难点。微振动试验中，微振动环境的建立以及环境噪声的屏蔽同样至关重要。

第 2 章　微振动对光学载荷性能的影响

对载荷性能影响的分析过程本身就是论证微振动约束指标的过程。如前所述，目前涉及的敏感载荷主要包括光学成像载荷、雷达成像载荷、干涉成像载荷以及激光通信载荷等。本章将以光学载荷为例，重点分析其成像机理，并对像质进行评价。在此基础上，分析微振动对上述载荷的影响，提出相应的约束指标，为微振动研究提供输入。

2.1　光学像质评价

对于高分辨率的遥感相机来说，在成像过程中的任何一个小的环节都会对成像质量造成影响，如相机光学系统自身的稳定性、光学调制传递函数（MTF）、大气抖动、卫星姿态稳定度以及卫星平台的微振动环境等。虽然在静态条件下相机的分辨率较高，但在卫星在轨运行阶段，当卫星平台的振动超过一定的临界范围时，会导致相机的成像质量下降，难以得到高分辨率的地面图像。因此，卫星平台的振动对遥感相机成像质量的影响是一个不可忽视的问题。

在遥感应用领域，MTF 是光学成像系统的重要综合评价指标。成像系统 MTF 的高低直接影响成像质量的好坏：MTF 越低，所获得图像的边缘纹理等细节就会越模糊。对于在轨卫星相机，由于受卫星发射、轨道保持过程中的多次姿态调整、宇宙空间辐射、昼夜温差冲击引起的太阳电池板挠性振动、飞轮振动等因素的影响，可能造成成像性能逐渐下降，遥感图像质量逐渐变差。

以高分辨率卫星的遥感相机为背景，在保证相机成像质量的前提下，利用 MTF 正确评价相机成像质量，分析计算卫星平台干扰对载荷成像质量的影响；进而提出在满足成像质量的前提下，卫星平台应该满足的姿态稳定度和微振动条件；从而为卫星的控制分系统设计、整星的微振动抑制等提供性能指标与约束条件，为整星设计提供指导。

光学系统的设计难以将所有的光学像差均校正为零，因此，任何一个工程实际使用的光学系统均存在像差。在进行像差校正时，根据光学系统任务选择最佳的像差校正方案，以及研究残余像差允许保留的量值，这两方面的工作都属于光学系统成像质量评价，即光学像质评价。研究空间载荷的微振动环境需求，需要建立对载荷光学像质的评价方法。

评价光学像质一般是根据物空间的一点发出的光能量在像空间的分布状况来决定的。使用较普遍的方法有分辨率法、星点法、点列图和光学调制传递函数。

2.1.1　分辨率法

光学系统的分辨率为辨别相靠近的两个点的极限值。在几何光学中，把光看成光线，点光源通过理想光学系统的像为一几何点，故其分辨率为无限小，但这不符合实际。因此，光学系统的分辨率应该由物理光学的衍射理论来解释。

由衍射理论，点光源通过任何光学系统的像都不可能是单一几何点，而是在高斯像面上形成一个衍射斑，其中心亮斑称为弥散斑，亦称爱利斑。弥散斑的光强分布由式（2-1）给出，光强分布图如图 2-1 所示

$$I = \left[\frac{2J_1(x)}{x} \right]^2 \qquad (2-1)$$

式中　$J_1(x)$——一阶贝塞尔函数。

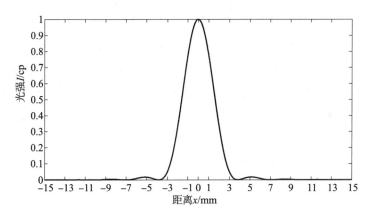

图 2-1　弥散斑光强分布

由图 2-1 可知，弥散斑的光强分布有一个主极大，并有一系列暗环和次极大。

由于衍射效应，点光源通过光学系统的像，即弥散斑，是有一定尺寸的，构成了影响光学系统的极限分辨率。瑞利把分辨率定义为爱利斑的半径，则分辨角为

$$\sigma = \frac{3.83}{\pi} \cdot \frac{\lambda f'}{D} \qquad (2-2)$$

式中　f'——光学系统焦距；

　　　λ——波长；

　　　D——光学系统入瞳直径。

衍射极限用分辨角表示，有

$$\varphi = \frac{1.22\lambda}{D'} \qquad (2-3)$$

式中　D'——相对孔径，$D' = \dfrac{D}{f'}$。

分辨角的倒数是分辨率，实际系统的分辨率要小于衍射极限分辨率。

采用分辨率法检测光学像质，通常是通过分辨率板观察明暗相间的条纹，对光学系统进行像质评价。相应地，分辨率板是由明暗相间的线条或扇形组成的，但是能否分辨，靠目视主观判断，并且即使用同一块分辨率板检测同一个光学系统，随着接收器件和照明条件的不同，检测结果也会不同。因此，分辨率法评价光学系统成像质量具有一定的局

限性。

另外，分辨率法只能检测光学系统对物体细节分辨的极限，对线条本身的成像质量不作描述。为弥补这一缺陷，在检测分辨率的同时，还要目测分辨率板上粗线条的成像质量，即看粗线条像的边缘是否清晰，黑白是否分明，边缘上是否有颜色，条纹边缘是否有"毛刺"或像尾巴一样的影子，各个方向上成像情况是否一致等。这些检测都是主观估计，不能用数字表示，检测结果因人而异。

2.1.2　星点法

光学系统对相干照明物体或自发光物体成像时，可将物的光强分布看成是无数个具有不同强度独立发光点的集合。每一发光点经过光学系统后，由于衍射和像差以及其他工艺疵病的影响，在像面处得到的星点像光强分布是一个弥散光斑，即点扩散函数。在等晕区内，所有光斑都具有相似的分布规律，像面光强分布是所有星点像光强的叠加结果。因此，星点像光强分布规律决定了光学系统成像的清晰程度，也在一定程度上反映了光学系统的成像质量。这个点基元观点就是进行星点检验的基本依据。

星点检验法是通过考察一个点光源经光学系统后在像面及像面前后不同截面上所成衍射像（通常称为星点像）的形状及光强分布来定性评价光学系统成像质量好坏的一种方法。

由光的衍射理论，一个光学系统对一个无限远的点光源成像，其实质就是光波在其光瞳面上衍射结果，焦面上衍射像的振幅分布就是光瞳面上振幅分布函数，亦称光瞳函数的傅立叶变换，光强分布则是振幅模的平方。

对于一个无像差的理想光学系统，光瞳函数是一个实函数，而且是一个常数，代表一个理想的平面波或球面波，因此星点像的光强分布仅仅取决于光瞳的形状。在圆形光瞳的情况下，理想光学系统焦面内星点像的光强分布就是圆函数的傅立叶变换的平方，即爱利斑光强分布，如图 2-1 所示。

光学系统的像差或缺陷会引起光瞳函数的变化，从而使对应的星点像产生变形或使其改变光能分布。待检系统的缺陷不同，星点像的变化情况也不同。故通过将实际星点衍射像与理想星点衍射像进行比较，可反映出待检系统的缺陷，并由此评价成像质量。

和分辨率法一样，星点法也是一种主观检验方法，不同检验人员对同一系统可能得到不同的检验结果，并且不能用数字表示。

2.1.3　点列图

在几何光学的成像过程中，由一点发出的许多条光线经光学系统成像后，由于像差的存在，使其与像面的交点不再集中于一点，而是形成一个分布在一定范围内的弥散图形，称为点列图。

对于大像差的光学系统，用几何光线追迹可以精确表示点物成像情况。图 2-2 所示的光学系统，追迹到的点列图如图 2-3 所示。

点列图是在光学设计阶段通过光线追迹计算来评价光学像质的一种方法，优点是简便易行，形象直观，但不能用于对实际光学系统的评价。

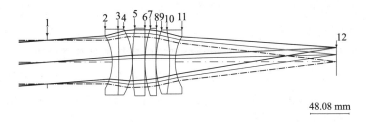

图 2-2　光学系统

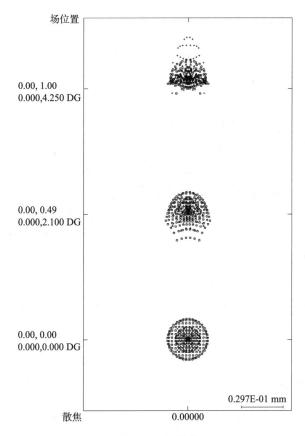

图 2-3　点列图

2.1.4　光学传递函数

若把光学系统看成是线性不变系统，那么物体经光学系统成像，可视为物体经光学系统传递后，其传递效果是频率不变，但其对比度下降，相位发生推移，并在某一频率处截止，即对比度为零。这种对比度的降低和相位推移是随频率不同而不同的，其函数关系称为光学传递函数。

当利用光学传递函数评价像质时，是基于把物体图形分解为由各种频谱组成，也就是把物体光场分布函数展开为傅立叶级数或傅立叶积分形式，研究光学系统对各种空间频率亮度呈余弦分布的目标传递能力。光学传递函数理论的基本思路，正是这种把物面图形分解成余弦基元来研究光学系统成像性质。一般而言，高频部分反映物体细节传递情况；中频部分反映光学物体层次传递情况；低频部分则反映物体整体传递情况。

利用系统线性叠加特性，可以将任何物方图样分解为许多基元图样的线性组合。从这些基元对应的像方图样可知，由这些像方图样进行线性叠加就可以得到总的像方图样。以采用单位脉冲δ函数的点基元法为例，其数学表达式如下

$$O(\mu,\nu) = \int_{-\infty}^{+\infty}\int_{-\infty}^{+\infty} O(\mu_1,\nu_1)\delta(\mu-\mu_1,\nu-\nu_1)\mathrm{d}\mu_1\mathrm{d}\nu_1 \qquad (2-4)$$

利用系统的线性和空间不变性，有如下物像关系

$$i(\mu',\nu') = \int_{-\infty}^{+\infty}\int_{-\infty}^{+\infty} O(\mu,\nu)h(\mu'-M_\mu\mu,\nu'-M_\nu\nu)\mathrm{d}\mu\mathrm{d}\nu \qquad (2-5)$$

式中　$O(\mu,\nu)$——物方图样；

$i(\mu',\nu')$——像方图样；

$(\mu,\nu),(\mu',\nu')$——对应物面和像面坐标；

M_μ，M_ν——物像横向放大率；

$h(\mu'-M_\mu\mu,\nu'-M_\nu\nu)$——系统点像分布，以及$(\mu,\nu)$处一个点物$\delta(\mu,\nu)$像。

为描述方便，只分析物像分布相似性，而不计物像缩放及其因不同视场而放大率不一造成的畸变，因此可以假定$M_\mu=M_\nu=1$。这种假设有两层物理含义：一是把理想像视为物，对成像系统只讨论理想像与实际像之间的关系；二是取物像平面坐标不同尺度，对μ，ν和μ'，ν'可不加区别。因此有

$$i(\mu,\nu) = O(\mu,\nu) \times h(\mu,\nu) \qquad (2-6)$$

进行归一化，将点像分布函数$h(\mu,\nu)$积分值化为1，即点扩散函数，记为

$$\mathrm{PSF}(\mu,\nu) = h(\mu,\nu)\Big/\int_{-\infty}^{+\infty}\int_{-\infty}^{+\infty} h(\mu,\nu)\mathrm{d}\mu\mathrm{d}\nu \qquad (2-7)$$

$\mathrm{PSF}(\mu,\nu)$是某像面上相对辐照度分布（单位面积上辐射功率），其相应傅立叶变换就是成像系统光学调制传递函数，记为

$$\mathrm{MTF}(r,s) = \int_{-\infty}^{+\infty}\int_{-\infty}^{+\infty} \mathrm{PSF}(\mu,\nu)\exp[-2\pi\mathrm{i}(r\mu+s\nu)]\mathrm{d}\mu\mathrm{d}\nu \qquad (2-8)$$

光学传递函数OTF是一个复函数，可以写为

$$\mathrm{OTF}(r,s) = \mathrm{MTF}(r,s)\exp[-\mathrm{i}\times\mathrm{PTF}(r,s)] \qquad (2-9)$$

OTF的模MTF(r,s)称为调制传递函数，简称MTF，表示被成像传递的谐波成分调制度的衰减；幅角PTF(r,s)称为位相传递函数，简称PTF，表示被传递到像面上的谐波成分对其理想位置的位移。由于人眼对幅值敏感，因此一般也称调制传递函数为光学传递函数。在0频处MTF=1，PTF=0。

对于图2-2所示的光学系统，其光学传递函数如图2-4所示。

光学传递函数的检测可用于各种类型的光学系统，是客观的评价方法。现在，光学传

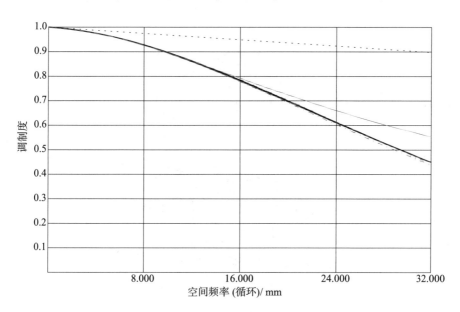

图 2 - 4　光学传递函数

递函数不仅用于控制光学自动设计过程像差校正和设计结果像质评价,在光学镜头质量检验、光学系统总体设计和光学信息处理等领域也有众多应用,已被公认为是光学系统性能评价最全面的指标。

2.2　振动条件下光学像质分析

理想的光学系统,会把物方的物点成像到像方的像点;考虑到光线的衍射性质,物方的像点会在像方形成一个具有一定尺寸、一定能量分布的弥散斑;结合几何光学的实际情况,光学系统存在球差、慧差、象散、场曲等各种像差,弥散斑的尺寸和能量分布将退化到静态测试水平;卫星入轨后,由于轨道转移、扫描方式、姿态稳定度、结构挠性等干扰,空间相机成像性能会进一步退化,其光学成像质量需要用动态指标表示。

2.2.1　相机在轨运动分析

一般情况下,以相机光轴方向作为 Z 轴,Z 轴对地,X 轴和 Y 轴与相机外形有关,三轴关系遵循右手定则。相机在轨运动情况可以分成沿 X 轴/Y 轴/Z 轴平移和绕 X 轴/Y 轴/Z 轴旋转。

空间成像相机的成像原理如图 2 - 5 所示。

2.2.1.1　相机沿 X 轴平动

相机沿 X 轴的平移运动量为 Δx,可认为物空间沿 X 轴平移 Δx,则像平面上的平移量 δx 如图 2 - 6 所示。

因此,有

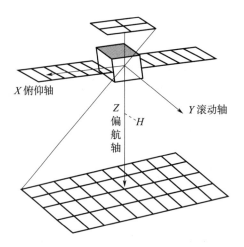

图 2-5　空间成像相机原理图

H——高度

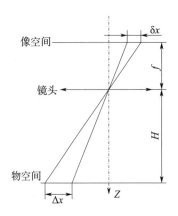

图 2-6　相机沿 X 轴平移像移示意图

$$\delta x = \Delta x \frac{f}{H} \qquad (2-10)$$

式中　f——相机光学系统焦距；

　　　H——物距，对于空间相机而言，H 为轨道高度。

2.2.1.2　相机沿 Y 轴平动

对于一般的空间相机而言，可认为光学系统在 OX 轴和 OY 轴方向对称，因此认为沿 Y 轴的平移运动对成像质量的影响与沿 X 轴平移运动的影响相同。故相机沿 Y 轴平移量 Δy 引起的像移量 δy 为

$$\delta y = \Delta y \frac{f}{H} \qquad (2-11)$$

2.2.1.3　相机沿 Z 轴平动

当相机沿 Z 轴平移运动 Δz，像点在 XOY 平面上的位移 Δr 如图 2-7 所示。

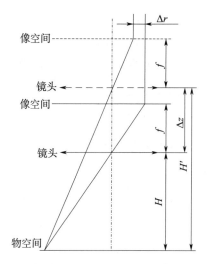

图 2-7　相机沿 Z 轴平移像移示意图

因此，有

$$\Delta r = R \frac{f}{H} - R \frac{f}{H-\Delta z} = R \frac{f\Delta z}{H(H-\Delta z)} \qquad (2-12)$$

2.2.1.4　相机绕 X 轴转动

相机绕 X 轴旋转导致的像移如图 2-8 所示。

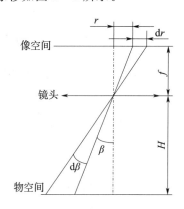

图 2-8　相机绕 X 轴旋转像移示意图

相机绕 X 轴旋转前像点位置为 $r = \tan\beta$，相机旋转角度为 $\mathrm{d}\beta$，旋转后像点位置变化量为

$$\mathrm{d}r = (f/\cos^2\beta)\mathrm{d}\beta \qquad (2-13)$$

在积分时间 t_e 内，相机绕 X 轴旋转在 y 方向引起的像移量 δy 为

$$\delta y = \int_0^{t_e} v\mathrm{d}t = \int_0^{t_e} \frac{\mathrm{d}r}{\mathrm{d}t}\mathrm{d}t = \frac{f}{\cos^2\beta}\int_0^{t_e}\mathrm{d}\beta = \frac{f}{\cos^2\beta}\int_0^{t_e}\omega_x(t)\mathrm{d}t \qquad (2-14)$$

式中　$\omega_x(t)$ ——相机在 t 时刻的绕转角速度。

2.2.1.5　相机绕 Y 轴转动

对于一般的空间相机而言，可认为光学系统在 OX 轴和 OY 轴方向上是对称的，所以其运动规律及对成像质量的影响被认为是相同的。故相机绕 Y 轴旋转在 x 方向引起的像移量 δx 为

$$\delta x = \int_0^{t_e} v\,\mathrm{d}t = \int_0^{t_e} \frac{\mathrm{d}r}{\mathrm{d}t}\mathrm{d}t = \frac{f}{\cos^2\beta}\int_0^{t_e} \mathrm{d}\beta = \frac{f}{\cos^2\beta}\int_0^{t_e}\omega_y(t)\,\mathrm{d}t \qquad (2-15)$$

式中　$\omega_y(t)$ ——相机在 t 时刻的绕转角速度。

2.2.1.6　相机绕 Z 轴转动

相机绕 Z 轴旋转导致的像移如图 2-9 所示。

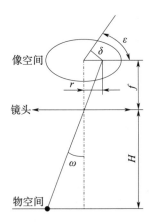

图 2-9　相机绕 Z 轴旋转像移示意图

相机绕 Z 轴旋转后，像点角度变化量为 $\mathrm{d}\varepsilon$，则绕 Z 轴旋转在 XOY 平面内产生的总像移 δ 为

$$\delta = \int_0^{t_e} v\,\mathrm{d}t = r\int_0^{t_e}\frac{\mathrm{d}\varepsilon}{\mathrm{d}t}\mathrm{d}t = r\int_0^{t_e}\omega_z(t)\,\mathrm{d}t \qquad (2-16)$$

像移在 X 轴上分量为 δ_{z-x}，有

$$\delta_{z-x} = \delta\cos\left[\int_0^{t_e}\omega_z(t)\,\mathrm{d}t\right] = r\int_0^{t_e}\omega_z(t)\,\mathrm{d}t\cos\left[\int_0^{t_e}\omega_z(t)\,\mathrm{d}t\right] \qquad (2-17)$$

像移在 Y 轴上分量为 δ_{z-y}，有

$$\delta_{z-y} = \delta\sin\left[\int_0^{t_e}\omega_z(t)\,\mathrm{d}t\right] = r\int_0^{t_e}\omega_z(t)\,\mathrm{d}t\sin\left[\int_0^{t_e}\omega_z(t)\,\mathrm{d}t\right] \qquad (2-18)$$

式中　$\omega_z(t)$ ——相机在 t 时刻的绕转角速度。

2.2.1.7　成像退化模型

在空间相机成像过程中，忽略成像引入的噪声，曝光过程可以理解为探测器接受物面光强信息的一个积分过程，表达式描述如下

$$g(x_0,y_0) = t_e^{-1}\int_0^{t_e} f(x_0,y_0)\,\mathrm{d}t \qquad (2-19)$$

式中　(x_0,y_0) ——像面坐标；

t_e——曝光时间；

$g(x_0,y_0)$，$f(x_0,y_0)$——像函数和物函数。

当目标与探测器在曝光期间存在相对运动时，曝光过程变为

$$g(x_0,y_0) = t_e^{-1} \int_0^{t_e} f[x_0 + x(t), y_0 + y(t)]dt \qquad (2-20)$$

式中　$x(t)$，$y(t)$——运动函数。

因此，相对运动时的成像意味着在曝光时间内目标与成像器件的相对位置发生改变，使得像面同一位置接收到物面不同点的信息，这些信息经过积分和平均处理，使得成像模糊。

在频域分析曝光时间内相对运动的成像过程，进行傅立叶变换，得

$$\begin{aligned}
G(\mu,\nu) &= \int_{-\infty}^{+\infty} \int_{-\infty}^{+\infty} \left\{ t_e^{-1} \int_0^{t_e} f[x_0 + x(t), y_0 + y(t)]dt \right\} dx dy \\
&= t_e^{-1} \int_0^{t_e} F(\mu,\nu) \exp\{2\pi i[\mu x(t) + \nu y(t)]\}dt \qquad (2-21) \\
&= F(\mu,\nu) t_e^{-1} \int_0^{t_e} \exp\{2\pi i[\mu x(t) + \nu y(t)]\}dt
\end{aligned}$$

式中　(μ,ν)——频域坐标；

$G(\mu,\nu)$，$F(\mu,\nu)$——像面和物面的频谱分布。

将与运动有关的关键分量提取出来，有

$$\mathrm{MTF}_{mot}(\mu,\nu) = t_e^{-1} \int_0^{t_e} \exp\{2\pi i[\mu x(t) + \nu y(t)]\}dt \qquad (2-22)$$

$\mathrm{MTF}_{mot}(\mu,\nu)$ 是仿真运动成像的关键函数，即相对运动引起的光学传递函数，也就是运动点扩散函数的傅立叶变换。相对运动的模糊过程可理解为像信息经过了一个低通滤波的过程，$\mathrm{MTF}_{mot}(\mu,\nu)$ 就是相应的滤波函数。因此，建立成像运动退化模型的关键，就是建立运动函数 $x(t)$，$y(t)$ 和运动造成的光学调制传递函数 $\mathrm{MTF}_{mot}(\mu,\nu)$ 之间的关系，从而仿真模拟出在当前条件下的成像情况。此时，由于运动产生的图像 MTF 退化值可用 $|\mathrm{MTF}_{mot}(\mu,\nu)|$ 来表示。

2.2.2　高光谱相机在轨运动分析

与成像相机不同，高光谱相机的研制重点与难点不在于物像之间严格的对应关系，而在于光谱位置的确定以及干涉图对比度的变化。

2.2.2.1　傅立叶干涉仪原理

以空间傅立叶干涉仪为例，其原理如图 2-10 所示。

运动反射镜（M$_2$）简称为动镜；静止反射镜（M$_1$）简称为定镜。

设动镜位移的位置与零光程差位置相距 x（单位为 cm），此时光程差为

$$\mathrm{PLD} = 2x \quad （空气折射率设为 1）$$

相位差为

$$\delta = \frac{2\pi}{\lambda}\mathrm{PLD} = 4\pi\nu x \qquad (2-23)$$

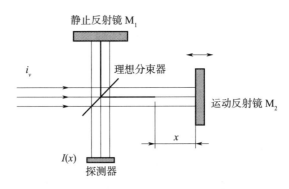

图 2-10　傅立叶干涉仪原理示意图

式中　ν——波数（cm^{-1}）。

　　假设入射光是单色准直光，强度为 i_ν，波长 852 nm。忽略损耗，探测器上光信号为

$$I(x) = \frac{1}{2} i_\nu [1 + \cos(4\pi\nu x)] \qquad (2-24)$$

去掉直流部分，有

$$I(x) = \frac{1}{2} i_\nu \cos(4\pi\nu x) \qquad (2-25)$$

　　单准直光束的干涉图如图 2-11 所示。

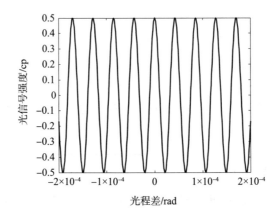

图 2-11　干涉原理图

　　对于参考激光器而言，虽然有一定的谱宽和发散角，但数值很小，所造成的影响超出探测器的探测灵敏度，因此，可以将参考激光器作为理想的单色准直光计算。

　　考虑有一定光谱范围的入射光，积分求总的干涉信号为

$$I_T(x) = \int_{-\infty}^{+\infty} I(x) \mathrm{d}\nu = \frac{1}{2} \int_{-\infty}^{+\infty} i(\nu)[1 + \cos(4\pi\nu x)]\mathrm{d}\nu$$

$$= \frac{1}{2} \int_{-\infty}^{+\infty} i(\nu)\mathrm{d}\nu + \frac{1}{2} \int_{-\infty}^{+\infty} i(\nu)\cos(4\pi\nu x)\mathrm{d}\nu \qquad (2-26)$$

　　式（2-26）中，前一项与 x 无关，仅需考虑后一项。探测器上交流信号为

$$I_{\mathrm{T}}(x) = \frac{1}{2} \int_{-\infty}^{+\infty} i(\nu)\cos(4\pi\nu x)\,\mathrm{d}\nu \qquad (2-27)$$

通常称为干涉信号。可见，干涉信号是光谱信号的傅立叶逆变换。

进行傅立叶变换，可得

$$i(\nu) = C \int_{-\infty}^{+\infty} I_{\mathrm{T}}(x)\cos(4\pi\nu x)\,\mathrm{d}x \qquad (2-28)$$

式中，C 为常数。

长波红外处，假设波数范围在 $700 \sim 1\,130~\mathrm{cm}^{-1}$。为了计算方便，设光谱信号为一个矩形波，有

$$i(\nu) = \begin{cases} 1, & 700 < \nu < 1\,130 \\ 0, & \text{其他} \end{cases} \qquad (2-29)$$

该情况为未切趾，或矩形切趾，探测器接收的探测信号如图 2-12 所示，取 0 光程差附近的一段，接收到的探测信号如图 2-13 所示。

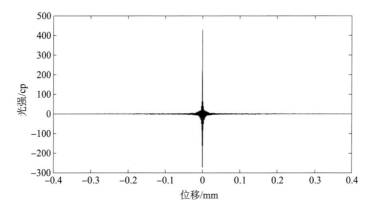

图 2-12　光谱干涉图

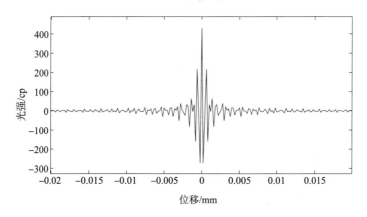

图 2-13　小区间光谱干涉图

进行快速傅立叶变换（FFT）后，得到的光谱图如图 2-14 所示。将 FFT 的数学计算过程进行一定的处理，可以得到如图 2-15 所示的光谱图。

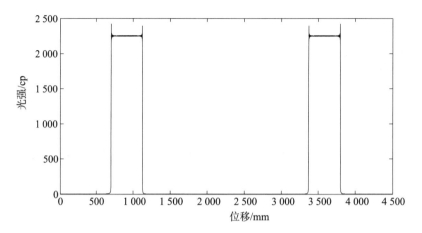

图 2-14　傅立叶变换原始光谱图

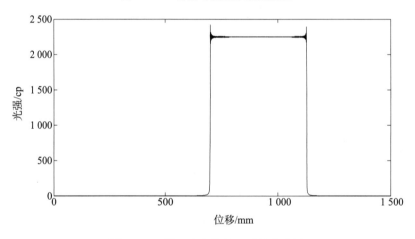

图 2-15　傅立叶变换处理后的光谱图

2.2.2.2　干涉退化模型

假设：单色准直光入射，镜面相对倾斜 θ，且为刚性整体倾斜。动镜中心行程 x，通光口径 D，则探测器对应点处的光程差为

$$\mathrm{PLD} = 2\left(x + \frac{D}{2}\tan\theta\right) = 2x + D\tan\theta \qquad (2-30)$$

简化后的探测器焦平面干涉信号交流量表达式为

$$I = \cos\frac{2\pi\mathrm{PLD}}{\lambda} = \cos\frac{2\pi(2x + D\tan\theta)}{\lambda} \qquad (2-31)$$

干涉图强度认为是干涉信号交流量的绝对值，可表示为

$$I = \left|\cos\frac{2\pi(2x + D\tan\theta)}{\lambda}\right| \qquad (2-32)$$

2.3　微振动环境下的光学性能仿真

2.3.1　空间成像相机微振动影响仿真

平台的微振动导致空间载荷成像质量下降的程度与其轨道高度 H、积分时间 t、地面分辨率 a 等有直接关系。假设积分时间内平台的微振动角速度为 ω（t 较小，可认为 ω 不变），则平台微振动导致的载荷 MTF 退化量为

$$\text{MTF} = \left| \text{sinc}(\pi \frac{\omega t H}{2a}) \right| \tag{2-33}$$

若在载荷的像空间考核 MTF 退化量，假设载荷光学系统焦距为 f'，探测器像元大小为 d，则有

$$\text{MTF} = \left| \text{sinc}(\pi \frac{\omega t f'}{2d}) \right| \tag{2-34}$$

式中，$\omega t f'/d$ 即为积分时间内微振动导致的像移量，因此 MTF 退化量如图 2-16 所示。

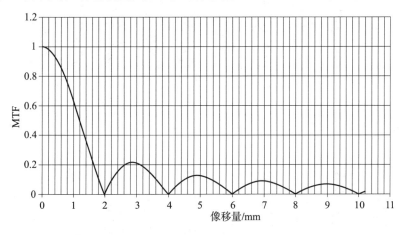

图 2-16　微振动引起的 MTF 退化

通过以上分析可知，像元级的微振动量级会对图像产生较大影响，MTF 急剧下降，因此一般要求把卫星平台的微振动量级控制在图像的亚像元级。为了精确表征亚像元级的微振动对空间载荷成像性能的影响，将模拟图像制成 50 像元分辨率的分划板，每像移 1 个像元相当于 0.02 相对像移量的微振动影响。模拟图像如图 2-17 所示。

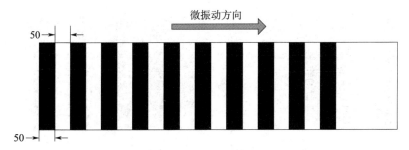

图 2-17　原始模拟图像示意图

微振动导致像移 5 个像元，即相对像移量为 0.1 时，微振动图像仿真效果如图 2-18 所示。

图 2-18　相对像移量为 0.1 的微振动仿真图像

微振动导致像移 15 个像元，即相对像移量为 0.3 时，微振动图像仿真效果如图 2-19 所示。

图 2-19　相对像移量为 0.3 的微振动仿真图像

微振动导致像移 25 个像元，即相对像移量为 0.5 时，微振动图像仿真效果如图 2-20 所示。

图 2-20　相对像移量为 0.5 的微振动仿真图像

微振动导致像移 50 个像元，即相对像移量为 1 时，微振动图像仿真效果如图 2-21 所示。

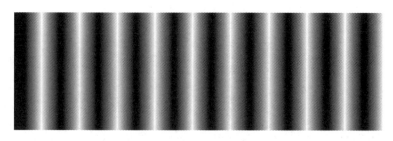

图 2-21　相对像移量为 1 的微振动仿真图像

微振动导致像移 100 个像元，即相对像移量为 2 时，微振动图像仿真效果如图 2 - 22
所示。

图 2 - 22　相对像移量为 2 的微振动仿真图像

微振动导致像移 150 个像元，即相对像移量为 3 时，微振动图像仿真效果如图 2 - 23
所示。

图 2 - 23　相对像移量为 3 的微振动仿真图像

可见，当微振动引起的相对像移量小于 0.1 时，仿真图像结果表明微振动几乎无影
响；当相对像移量达到 0.3 时，仿真图像有明显退化，但尚可接受；当相对像移量大于
0.5 而小于 2 时，仿真图像退化得非常模糊；当相对像移量达到 2 时，仿真图像已经完全
不可接受；当相对像移量进一步增大，如增大到 3 时，仿真图像表明其像质又有了一定程
度的提高。该结果与图 2 - 16 中的曲线吻合。

2.3.2　空间高光谱相机微振动影响仿真

以空间傅立叶干涉仪为例，干涉图调制度与镜面相对倾斜角有如下关系

$$M = \frac{2J_1(4\pi\nu R\theta)}{4\pi\nu R\theta} \tag{2-35}$$

式中　J_1——一阶贝塞尔函数；

ν——入射辐射波数，以仪器短/中波红外的中间波数表示，为 1 950 cm^{-1}；

R——通光半径，取 2 cm。

假设动镜运动到 0 光程差的位置，探测器 0°视场处为干涉极大值，θ 为镜面相对倾斜
角，分别取 1″，2″，5″，10″，15″。干涉图调制度曲线如图 2 - 24 所示。

考虑镜面为刚体，因此只能一维倾斜，干涉图为和倾斜轴平行的等间隔干涉条纹，如图
2 - 25 所示。条纹从上到下，分别表示镜面相对倾斜为 1″，2″，5″，10″，15″时的干涉图。

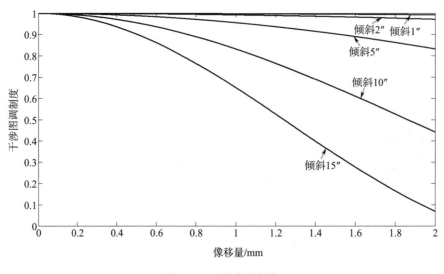

图 2-24　积分调制度

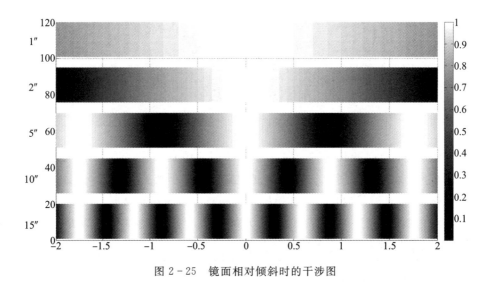

图 2-25　镜面相对倾斜时的干涉图

可见，角秒级的微振动影响效果，就有可能导致空间高光谱载荷的光谱性能退化。

2.4　小结

对于高精度的遥感载荷来说，在成像或干涉过程中的任何环节都会对性能指标造成影响。虽然在静态条件下载荷的分辨率较高，但在卫星在轨运行阶段，卫星平台的微振动会导致载荷的成像质量下降，难以得到较高的地面分辨率。本章介绍了载荷对于微振动环境的需求，为载荷的微振动抑制设计提供参考与帮助。

参 考 文 献

［1］ 张以谟. 应用光学 ［M］. 3版. 北京：电子工业出版社，2008.

［2］ 王鸿南. 卫星在轨MTF测评研究及应用 ［D］. 南京：南京理工大学，2004.

［3］ 俞道银，谈恒英. 工程光学 ［M］. 北京：机械工业出版社，2002.

［4］ 梁铨廷. 物理光学 ［M］. 3版. 北京：电子工业出版社，2008.

［5］ 毛成军，李奇，徐之海，等. 任意运动形式模糊图像的恢复 ［J］. 光子学报，2009，38（8）：2126 - 2130.

［6］ XU P，HAO Q，HUANG C，et al. Degradation of image quality caused by vibration in push - broom camera ［C］. Optical Design and Testing（SPIE），2002，4927：813 - 817.

［7］ 王俊，王家骐，卢锷，等. 图像二维运动时的光学传递函数计算 ［J］. 光学学报，2001，21（5）：581 - 585.

［8］ 高梅. 运动模糊的点扩展函数及图像恢复研究 ［D］. 太原：华北工学院，2004.

［9］ XUE B，CHEN X，et al. Image quality degradation analysis induced by satellite platform harmonic vibration ［C］. Optoelectronic Imaging and Process Technology（SPIE），2009，7513.

［10］ BARTH J，ASSEL M，et al. Determination stabilization accuracies of vibrationally excited FPA cameras by frame - to - frame measurements of MTF - values ［C］. Infrared Imaging Systems （SPIE），2004，5407：8 - 18.

［11］ 付中梁，冯华君，徐之海，等. 基于快速CCD位移探测的运动模糊图像的恢复 ［J］. 光电工程，2009，36（3）：69 - 73.

［12］ RAITER S，HADAR O，et al. The influence of motion sensor error on image restoration from vibrations and motion ［C］. Sensors and Camera System for Scientific，Industrial，and Digital Photography Application II（SPIE），2001：414 - 424.

［13］ 吴航行. 傅立叶变换光谱仪技术 ［J］. 红外，2002，7：4 - 7.

［14］ 相里斌. 傅立叶变换光谱仪中的主要技术环节 ［J］. 光子学报，1997，26（6）：550 - 554.

［15］ 吴航行，华建文，等. 傅立叶变化光谱仪中干涉信号的畸变 ［J］. 红外技术，2004，26（4）：25 - 30.

［16］ VOLLMERHAUSEM R，FRIEDMAN M H，et al. Modeling the blur associated with vibration and motion ［C］. Infared Imaging Systems（SPIE），2007，6543.

［17］ 相里斌，赵葆常，等. 干涉成像光谱仪动镜运动误差分析——平面动镜倾斜容限分析 ［J］. 光电子激光，1997，8（3）：195 - 198.

［18］ 相里斌，杨建峰，等. 干涉光谱仪动镜倾斜误差容限分析 ［J］. 光子学报，1997，26（2）：132 - 135.

第 3 章　振源特性分析

航天器在轨运行中存在许多扰动源，如飞轮、力矩陀螺、太阳翼驱动机构、压缩机及扫描机构等。这些扰动源在正常运行状态下，均会产生不同频段、不同量级的振动响应，弄清这些扰动源的特性，是进行抑制研究的基础和前提。因此需要开展星上扰动源的特性分析和研究。

本章从各种扰动源的机理分析出发，并结合实际使用的相关卫星的扰动开展了扰动特性产生机理的分析和研究，在此基础上研究了扰动特性仿真模型，为后续的微振动抑制方法提供了依据。

3.1　微振动源

航天器在轨扰动极其复杂，主要包括：飞轮、陀螺、驱动机构等正常工作时由于加工误差造成的转动零件静不平衡和动不平衡等造成的宽带扰动；太阳翼、天线等柔性附件的伺服机构、热控中使用的制冷泵和百叶窗等由于摩擦、啮合等原因产生的宽带扰动；由于推力器开关过程产生的类似于脉冲或阶跃的覆盖全部频段的扰动；制冷机的机械运动产生的中低频扰动；推进剂、冷却剂等在液体失重状态下的晃动和泵作用下的流动等造成的中低频扰动；由于太阳翼等大型柔性附件进出阴影冷热交变过程产生的类似于冲击的热扰动。这些引起微振动的设备统称为微振动源。

可以看出，星上主要扰动为转子引起的振动响应。其振动信号从时域和频域都实时地反映了设备工作状态的信息。因此，了解和掌握转子系统的振动机理，对于监测部件运行状态和提高振动抑制的有效性具有重要的理论意义和实际工程应用价值。本章主要介绍几种常见振动的产生机理及其辨识方法。

3.2　微振动产生机理

3.2.1　转子不平衡

转子受材料质量以及加工、装配和运行过程中各种因素的影响，其质量中心和旋转中心线之间存在一定的偏心矩，使得转子在工作时形成周期性的离心力干扰，在轴承上产生动载荷，从而引起机器的振动。由此引起的机器振动或运行时产生的其他问题称为不平衡故障。

所有不平衡都可归结为转子的质量偏心，其机理如图 3-1 所示，带有偏心质量的单圆盘转子转轴和实际质心不重合，设转子的质量为 m，偏心矩为 e。

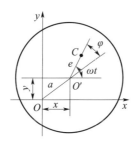

图 3-1　转子质量偏心模型

设转子偏心质量集中于 C 点，考虑到阻尼的作用，转子以角速度 ω 转动时，其轴心 O' 的运动微分方程为

$$\begin{cases} m\ddot{x} + c\dot{x} + kx = me\omega^2\cos(\omega t) \\ m\ddot{y} + c\dot{y} + ky = me\omega^2\sin(\omega t) \end{cases} \tag{3-1}$$

式中　k——转子的支撑刚度；

　　　c——支撑结构的阻尼系数。

式（3-1）的特解为

$$\begin{cases} x = A\cos(\omega t - \varphi) \\ y = A\sin(\omega t - \varphi) \end{cases} \tag{3-2}$$

其中

$$A = \frac{\left(\dfrac{\omega}{\omega_n}\right)^2 e}{\sqrt{\left[1 - \left(\dfrac{\omega}{\omega_n}\right)^2\right]^2 + \left(2\xi\dfrac{\omega}{\omega_n}\right)^2}} \tag{3-3}$$

$$\omega_n = \sqrt{\frac{k}{m}},\ \xi = \frac{c}{2m\omega_n} \tag{3-4}$$

分析可知，x 和 y 方向的振动为幅值相同、相位相差 $90°$ 的简谐振动，因此其轴心轨迹为圆。而实际的转子，由于轴的各向弯曲刚度有差别，特别是由于支承刚度各向不同，因而转子对不平衡质量的响应在 x 和 y 方向上不仅振幅不同，相位差也不是 $90°$，因此一般其轴心轨迹是椭圆。

由上述分析可知，转子质量不平衡的主要振动特征为：

1）转子的稳态振动是一个与转速同频的强迫振动，振动幅值随转速的变化上按振动理论中的共振曲线规律变化，在临界转速处达到最大值。因此转子不平衡的突出表现为一倍频振动幅值大。

2）转子的轴心轨迹是圆或椭圆。

3）当工作转速一定时，相位稳定。

4）转子振幅对转速变化很敏感，转速下降，振幅将明显下降（在一阶临界转速之内）。

由于实际转子系统并非完全是线性振动系统，它还受一些非线性因素的影响，因此典型的不平衡振动频谱图中，除转速频率成分在总振幅中占有绝对优势外，常常还会出现较小的高次谐波，使整个频谱呈现出所谓的"枞树形"，如图 3-2 所示。

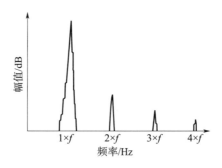

图 3-2 转子不平衡谱图

3.2.2 轴系不对中

转动部件多数是由多个转子和轴承组成的机械系统，转子和转子之间用联轴器连接。转子轴系不对中通常是指相邻两转子的轴心线与轴承中心线发生倾斜或偏移的程度。当转子存在不对中时，不仅设备的振动量级将加大，还会发生轴承偏摩、联轴器过度发热等。转子不对中可分为联轴器不对中和轴承不对中，联轴器不对中又可分为平行不对中、偏角不对中和平行偏角不对中三种情况，如图 3-3 所示。

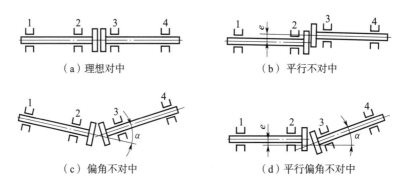

（a）理想对中　　　　　　　　　　（b）平行不对中

（c）偏角不对中　　　　　　　　　　（d）平行偏角不对中

图 3-3 转子不对中类型

（1）联轴器不对中

① 平行不对中

当转子轴线之间存在径向位移时，联轴器的中间齿套与半联轴器组成移动副，不能相对转动，但中间齿套与半联轴器产生滑动而作平面圆周运动，即中间齿套的中心是沿着以径向位移 Δy 为直径作圆周运动，如图 3-4 所示。设 A 为主动转子的轴心投影，B 为从动转子的轴心投影，K 为中间齿套的轴心，那么 AK 为中间齿套与主动轴的连线，BK 为中间齿套与从动轴的连线，AK 垂直 BK，如图 3-5 所示。设 AB 长为 D，K 点坐标为 $K(x,y)$，取 θ 为自变量，则有

$$x = D\sin\theta\cos\theta = \frac{1}{2}D\sin(2\theta) \tag{3-5}$$

$$y = \frac{1}{2}D(1 - 2\cos^2\theta) = \frac{1}{2}D\cos 2\theta \tag{3-6}$$

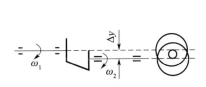

图 3 - 4　平行不对中

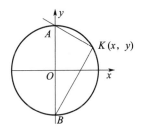

图 3 - 5　联轴器齿套运动分析

对 θ 求导，得

$$dx = D\cos(2\theta)d\theta , \quad dy = D\sin(2\theta)d\theta$$

K 点的线速度为

$$V_K = \sqrt{(dx/dt)^2 + (dy/dt)^2} = Dd\theta/dt \tag{3-7}$$

由于中间齿套平面运动的角速度（$d\theta/dt$）等于转轴的角速度，即（$d\theta/dt$）$=\omega$，所以 K 点绕圆周中心运动的角速度为

$$\omega_K = 2V_K/D = 2\omega \tag{3-8}$$

由式（3-7）可知，K 点的转动角速度为转子转动角速度的 2 倍，因此当转子高速运转时，就会产生很大的离心力，激励转子产生径向振动，其振动频率为转子转频的 2 倍。由于离心力与转速的平方成正比，因此不对中对转速的敏感程度是不平衡对转速的敏感程度的 4 倍。

②偏角不对中

当转子轴线之间存在偏角位移时（如图 3-6 所示），从动转子与主动转子的角速度是不同的。从动转子的角速度为

$$\omega_2 = \omega_1\cos\alpha/(1 - \sin^2\alpha\cos^2\varphi_1) \tag{3-9}$$

式中　ω_1，ω_2——主动转子和从动转子的角速度；

　　　α——从动转子的偏斜角；

　　　φ_1——主动转子的转角。

图 3 - 6　联轴器偏角不对中

从动转子每转动 1 周其转速变化 2 次，如图 3-7 所示，变化范围为

$$\omega_1\cos\alpha \leqslant \omega_2 \leqslant \omega_1/\cos\alpha \tag{3-10}$$

由此可知，当转子轴线发生偏角位移时，其传动比不仅随转子每转 1 周变动 2 次，而且其变动的幅度随偏角的增加而增大，因而从动转子由于传动比变化所产生的角加速度激

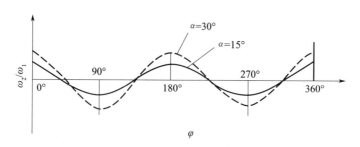

图 3-7　转速比的变化曲线

励转子而发生振动，其径向振动频率亦为转子转频的 2 倍。

偏角不对中使联轴器附加一个弯矩，弯矩的作用是力图减小两轴中心线的偏角。轴旋转一周，弯矩作用方向交变一次，因此，偏角不对中增加了转子的轴向力，使转子在轴向产生转频振动。

③平行偏角不对中

实际上，各转子轴线之间往往既有径向位移又有偏角位移，因此当转子运转时，就有一个两倍频的附加径向力作用于靠近联轴器的轴承上，有一个同频的附加轴向力作用于止推轴承上，从而激励转子发生径向和轴向振动。

（2）轴承不对中

由于结构上的原因，轴承在水平方向和垂直方向上具有不同的刚度和阻尼，不对中的存在加大了这种差别。虽然油膜既有弹性又有阻尼，能够在一定程度上弥补不对中的影响，但当不对中过大时，会使轴承的工作条件发生改变，使转子产生附加的力和力矩，甚至使转子失稳和产生碰摩。

轴承不对中使轴颈中心的平衡位置发生变化，使轴系的载荷重新分配。负荷大的轴承油膜呈现非线性，在一定条件下出现高次谐波振动；负荷较轻的轴承易引起油膜涡动，进而导致油膜振荡。支承负荷的变化还使轴系的临界转速和振型发生改变。

由上述分析可知，不对中的主要振动特征为：

1）转子径向振动出现二倍频，以一倍频和二倍频分量为主，不对中越严重，二倍频所占比例越大。

2）相邻两轴承的油膜压力反方向变化，一个油膜压力变大，另一个则变小。

3）典型的轴心轨迹为香蕉形、正进动。

4）联轴器不对中时轴向振动较大，振动频率为一倍频，振动幅值和相位稳定。

5）联轴器同一侧相互垂直的两个方向，二倍频的相位差是基频的 2 倍；联轴器两侧同一方向的相位在平行不对中时为 0°，在偏角不对中时为 180°，在平行偏角不对中时为 0°～180°。

6）轴承不对中时径向振动较大，有可能出现高次谐波，振动不稳定。

7）振动对热载荷变化敏感。当负荷改变时，由联轴器传递的扭矩立即发生改变，如果联轴器不对中，则转子的振动状态也立即发生变化。由于温度分布的改变，轴承座的热膨胀不均匀而引起轴承不对中，使转子的振动也发生变化。但由于热传导的惯性，振动的变化在时间上往往比负荷的变化滞后一段时间。

3.2.3 转子碰摩

转子与定子的碰摩是旋转机械中最常发生的现象。当转子的振动幅值大于转子与定子之间的间隙时，就会发生连续的或者间歇性的碰撞。质量不平衡、转子与静止部件的弯曲、不对中、热膨胀造成的间隙不足，都可能引起转子与定子的碰摩。多数情况下，首先可以观察到局部摩擦的发生，它引起旋转机械的不规则振动。随着振动加剧，局部摩擦向整周摩擦过渡，剧烈的振动将使得部件无法正常运转。

转定子的碰摩一般可分为四个阶段：无碰摩、带有碰摩的初始阶段、摩擦相互作用阶段和分离阶段，每一阶段所表现的物理现象是不同的，而有些碰摩，仅包含其中部分阶段。转子的实际碰摩过程较复杂，为了方便研究问题，对实际的碰摩转子系统作了一些简化，如不考虑摩擦热效应和转定子的塑性变形等。由于碰撞发生的时间间隔非常短，碰撞时定子的变形假定为弹性变形，转子与定子的摩擦符合库仑定律，即摩擦力与接触面的法向作用力成正比。

如图 3-8 所示，设静止时转子与定子的平均间隙为 δ，则碰摩时的法向碰撞力 F_N 和切向摩擦力 F_T 可以表示为

$$F_N = (e-\delta)k_c, \quad F_T = fF_N, \quad (e \geqslant \delta) \tag{3-11}$$

式中 f ——转子与定子间的摩擦系数；

k_c ——定子的径向刚度；

$e = \sqrt{x^2 + y^2}$ ——转子的径向位移。

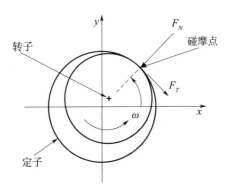

图 3-8 碰摩力示意图

在 $x\text{-}y$ 坐标系中，碰摩力可以表示为

$$\begin{cases} F_{fx}(x,y) = -F_N\cos\gamma + F_T\sin\gamma \\ F_{fy}(x,y) = -F_N\sin\gamma - F_T\cos\gamma \end{cases} \tag{3-12}$$

因为 $\sin\gamma = \dfrac{y}{e}$，$\cos\gamma = \dfrac{x}{e}$，则碰摩力可以表示成

$$\begin{bmatrix} F_{fx} \\ F_{fy} \end{bmatrix} = -\frac{(e-\delta)k_c}{e}\begin{bmatrix} 1 & -f \\ f & 1 \end{bmatrix}\begin{bmatrix} x \\ y \end{bmatrix} \tag{3-13}$$

因此，碰摩转子系统的运动微分方程可以描述为

$$\begin{cases} m\ddot{x} + c\dot{x} + kx = me\omega^2\cos(\omega t + \varphi_0) + F_{fx} \\ m\ddot{y} + c\dot{y} + ky = me\omega^2\sin(\omega t + \varphi_0) + F_{fy} - mg \end{cases} \tag{3-14}$$

把式（3-13）代入式（3-14）可得

$$\begin{cases} m\ddot{x} + c\dot{x} + kx + \dfrac{(e-\delta)k_c}{e}x - \dfrac{f(e-\delta)k_c}{e}y = me\omega^2\cos(\omega t + \varphi_0) \\ m\ddot{y} + c\dot{y} + ky + \dfrac{f(e-\delta)k_c}{e}x + \dfrac{(e-\delta)k_c}{e}y = me\omega^2\sin(\omega t + \varphi_0) - mg \end{cases} \tag{3-15}$$

从式（3-15）可知，在发生碰摩前，系统是线性的，它的运动是不平衡响应的同步涡动，测得的振动为同频分量。发生碰摩后，系统中产生了一个附加的非线性刚度 $\dfrac{(e-\delta)k_c}{e}$。相对于 k，k_c 一般要大得多，因而在发生局部碰摩时，这个附加刚度的值可以在很大的范围内变化。从式（3-15）还可见，系统具有异号的交叉刚度，这样的系统常常会出现运动不稳定，造成损坏，或由于非线性阻尼的作用而发展为极限环。同时，式（3-15）是一个非线性微分方程组，一般情况下很难求出解的解析表达式。然而，只要满足利普希茨（Lipschitz）条件，根据初始条件能用数值积分的方法求解出系统的稳定解。对式（3-15）采用数值解法，所得的结果表明：转子与定子发生径向接触的瞬间，转子刚度增大；转定子脱离接触时，转子刚度减小，并且发生横向自由振动。因此，转子刚度在接触与非接触两者之间变化，变化的频率就是转子的涡动频率。转子横向自由振动与强迫的旋转运动、涡动运动叠加在一起，就会产生一些特有的、复杂的振动响应频率。

发生局部碰摩时，转子产生非线性振动，在频谱图上表现出频谱成分丰富，不仅有转频，还有 $2X$，$3X$…高次谐波和分数谐波成分（X 为基础频率）。局部碰摩一般是不对称的非线性振动，因此多数情况下产生转速频率的 $X/2$ 谐波响应。但是，转子实际碰摩情况比较复杂，既有对称型又有不对称型的非线性振动，因此转子的振动响应中除了 $1X$ 和 $2X$，$3X$…这些高次谐波成分外，还会出现 $(1/n)X$ 的分数谐波成分（$n = 2，3，4，…$）。在重度碰摩时，一般出现 $X/2$ 次谐波，而在轻度碰摩时，随着转速变化，一般会出现 $X/2$，$X/3$，$X/4$，$X/5$，…各个谐波成分。分数谐波的范围取决于转子的不平衡状态，在阻尼足够高的系统中，也可能只出现高次谐波，而不出现分数次谐波振动。图 3-9 给出了轻度碰摩转子和重度碰摩转子的三维频谱图和轴心轨迹图。图 3-9（a）显示发生轻度碰摩时出现了 $2X$，$3X$ 的高次谐波，还出现了 $X/2$，$X/3$，$X/4$，$X/5$ 谐波成分；图 3-9（b）显示了在严重碰摩时，仅出现 $X/2$ 次谐波和 $2X$，$3X$ 的高次谐波。对分数谐波进行相位分析可知，垂直和水平方向上相位差为 $180°$。

转子径向碰摩主要影响转子的径向振动，对转子的轴向振动影响较小；但当转子发生轴向碰摩时，除了对径向振动产生影响外，由于存在轴向力，使轴向位移和轴向振动增大，有时还会使级间压力发生变化，造成设备工作效率的下降。

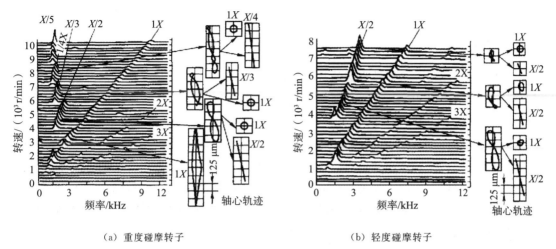

（a）重度碰摩转子　　　　　　　　　　（b）轻度碰摩转子

图 3-9　转子碰摩时的三维频谱图和轴心轨迹图

此外，在不同转速下发生的摩擦对机器的影响是不同的。对于柔性转子，在临界转速以下发生摩擦时，由于相位差小于 90°，摩擦引起的热变形将加大转子的偏心，进而发生转子越摩越弯、越弯越摩的恶性循环，如果不紧急停机势必造成大轴的永久弯曲。在临界转速以上发生摩擦时，由于相位差大于 90°，摩擦引起的热变形有抵消原始不平衡的趋向，如果发生轻微摩擦，可以迅速提升到工作转速。在工作转速下发生轻微摩擦时，如图 3-10 所示，设 A 为原始不平衡矢量，转子高点与静止件发生摩擦产生热变形，设 B 为摩擦热变形形成的偏心矢量，A，B 两个矢量合成新的矢量 A'，相当于新的原始不平衡矢量，它使转子产生新的摩擦热变形矢量 B'，A' 和 B' 又合成新的矢量，如此持续下去，即可发现振动矢量逆转动方向旋转。

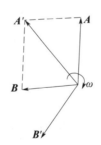

图 3-10　振动矢量图

由以上分析可以看出，转子碰摩的主要特征如下：

1）转子失稳前频谱丰富，波形畸变，轴心轨迹不规则变化，正进动。

2）转子失稳后波形严重畸变或削波，轴心轨迹发散，反进动。

3）轻微碰摩时同频幅值波动，轴心轨迹带有小圆环内圈；随着碰摩严重程度的增加，内圈小圆环增多，且形状变化不定；轨迹图上键相位置不稳定，出现快速跳动现象。

4）碰摩严重时，出现 $X/2$ 频率成分，其轴心轨迹形状为"8"字形。

5）系统的刚度增加，临界转速区展宽，各阶振动的相位发生变化。

6）工作转速下发生的轻微碰摩振动，其振幅随时间缓慢变化，相位逆转动方向旋转。

3.2.4　基础松动

机械部件松动故障是旋转机械的常见故障之一，通常是由安装质量不高及长期的振动引起的。松动故障分为两大类，一类是转动部件配合松动，另一类是非转动部件的配合松动。

（1）转动部件配合松动的分析与特征

高速运行的转子，如果转轴与旋转体之间的配合过盈量不足，当转子由于质量不平衡或弯曲等原因挠度增大时，转轴与旋转体配合面之间将产生相对滑动，如图 3 - 11 所示。转轴凸面在纵向伸长，配合面就受到剪切力 T 的作用，圆盘对转轴的摩擦力的方向朝内；转轴凹面的摩擦力方向朝外，摩擦力形成两个力偶，力偶矩以 M_t 表示。

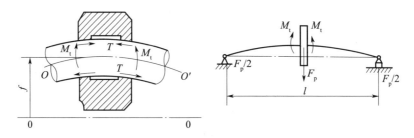

图 3 - 11　配合面受力情况

将力偶矩转化为作用于轴心的等效横向力 F_p，则

$$F_p = \frac{4M_t}{l} \tag{3 - 16}$$

F_p 的方向与转轴圆盘中心的位移方向相反。由于摩擦力的大小与配合面的正压力成正比，转轴曲率正比于挠度，因此相对滑动速度正比于该处的相对速度。转子在频率为 ω 的简谐干扰力

$$x = a\sin(\omega t - \varphi) \tag{3 - 17}$$

作用下，速度为

$$\dot{x} = a\sin(\omega t - \varphi) \tag{3 - 18}$$

振动时等效外力与速度的关系如图 3 - 12 所示。

摩擦力为非线性时，转子的运动方程为

$$m\ddot{x} + c\dot{x} + kx \pm F = me\omega^2\cos(\omega t - \varphi) \tag{3 - 19}$$

式中　F ——摩擦力。

转动部件松动的特征为：

1）有低频谐波及高频谐波响应；

2）转子失稳时是正进动；

3）转子失稳的涡动频率高于转子的固有频率；

4）轴心轨迹波动较大，其相位也不稳定。

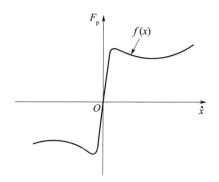

图 3 - 12　等效外力与速度的关系

（2）非转动部件配合松动的机理与特征

非转动部件配合松动的典型情况是轴承座的松动，支座的松动，机架松动，地脚螺栓没有拧紧等。发生非转动部件配合松动故障的转子系统在不平衡力的作用下，会引起支座的周期性跳动，导致系统发生刚性变化并伴有冲击效应，因而常常引起非常复杂的运动现象。

当轴承座螺栓紧固不牢时，由于结合面上有间隙，系统将发生不连续的位移。如图 3 - 13 所示的简单转子系统，设其左端轴承配合松动，发生松动的支座质量为 M。

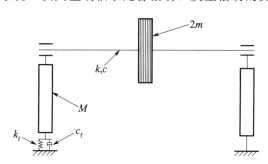

图 3 - 13　松动结构示意图

设转子右端的径向位移为 x_1，y_1；转盘处的径向位移为 x_2，y_2；转子左端的位移为 x_3，y_3；忽略松动的支座在水平方向的微小摆动，设其在垂直方向的位移为 y_4，则系统的运动微分方程可以表示为

$$\begin{cases} c(\dot{x}_1 - \dot{x}_2) + k(x_1 - x_2) = P_{x1}(x_1, y_1, \dot{x}_1, \dot{y}_1) \\ c(\dot{y}_1 - \dot{y}_2) + k(y_1 - y_2) = P_{y1}(x_1, y_1, \dot{x}_1, \dot{y}_1) \\ m\ddot{x}_2 + c(\dot{x}_2 - \dot{x}_1) + c(\dot{x}_2 - \dot{x}_3) + k(x_2 - x_1) + k(x_2 - x_3) = mu\omega^2 \cos \omega t \\ m\ddot{y}_2 + c(\dot{y}_2 - \dot{y}_1) + c(\dot{y}_2 - \dot{y}_3) + k(y_2 - y_1) + k(y_2 - y_3) = mu\omega^2 \sin \omega t - mg \\ c(\dot{x}_3 - \dot{x}_2) + k(x_3 - x_2) = P_{x3}(x_3, y_3 - y_4, \dot{x}_3, \dot{y}_3 - \dot{y}_4) \\ c(\dot{y}_3 - \dot{y}_2) + k(y_3 - y_2) = P_{y3}(x_3, y_3 - y_4, \dot{x}_3, \dot{y}_3 - \dot{y}_4) \\ M\ddot{y}_4 + c_f \dot{y}_4 + k_f y_4 = -P_{y3}(x_3, y_3 - y_4, \dot{x}_3, \dot{y}_3 - \dot{y}_4) - Mg \end{cases}$$

$$(3 - 20)$$

式中　c——旋转轴本身的阻尼系数;

　　　k——刚度系数;

　　　u——不平衡量;

　　　P_{x1}，P_{y1}，P_{x3}，P_{y3}——轴承油膜力;

　　　c_f，k_f——地面对于支承座的阻尼和刚度系数，当松动发生时，这两个系数可以表示为

$$\begin{cases} c_f = c_{f1}, y_4 < 0 \\ c_f = c_{f2}, 0 \leqslant y_4 \leqslant \delta \\ c_f = c_{f3}, y_4 > \delta \end{cases}, \begin{cases} k_f = k_{f1}, y_4 < 0 \\ k_f = k_{f2}, 0 \leqslant y_4 \leqslant \delta \\ k_f = k_{f2} + k_{f3} - k_{f3}\dfrac{\delta}{y_4}, y_4 > \delta \end{cases} \qquad (3-21)$$

　　这是一个带有分段线性刚度和阻尼的非线性振动系统。转子运动呈现出非常复杂的特性，在某些条件下，也会出现混沌和分叉现象。一个典型的松动转子分叉和轴心轨迹如图3-14所示。

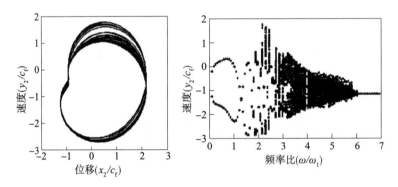

图 3-14　松动故障的分叉图和轴心轨迹图

　　非转动部件松动的特征如下:

　　1）松动会引起转子的 $X/2$、$X/3$ 等分数次谐波频率。

　　2）松动的另一特征是振动的方向性，特别是松动方向上的振动。由于约束力的下降，将引起振动加大。松动使转子系统在水平方向和垂直方向具有不同的临界转速，因此分数次谐波共振现象有可能发生在水平方向，也有可能发生在垂直方向。

　　3）发生松动时，振动形态会发生"跳跃"现象。当转速增加或减小时，振动会突然增大或减小。

　　4）松动部件的振动具有不连续性，有时用手触摸也能感觉到。

　　5）松动除产生上述低频振动外，还产生同频或倍频振动。

3.2.5　轴承分析

　　滚动轴承是航天器活动部件的主要零件，而轴承的加工工艺将会使设备产生振动，甚至会引起设备疲劳损坏。在航天精密机械中，对轴承的要求较高，轴承的加工和安装精度直接影响着高精度载荷的正常工作和整星任务的顺利完成。

　　图 3-15 为滚动轴承的结构示意图，由图可见，滚动轴承是由内圈、外圈、滚动体和保持架四部分组成。内圈与外圈之间装有若干滚动体，通过保持架使滚动体保持一定间隔，进行圆滑滚动。使用时，内圈装在轴颈上，外圈装在轴承孔内，通常内圈随轴转动，外圈固定。滚动体是滚动轴承的核心组件，当内外圈相对转动时，滚动体在内外圈的滚道间运动。内外圈上的滚道多为凹槽形，它起着降低接触应力和限制滚动体出现轴外移动的作用。保持架将滚动体均匀地隔开，以避免滚动体之间直接接触，减少发热和磨损。

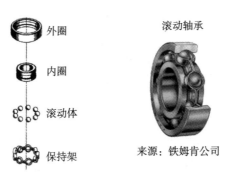

图 3-15　滚动轴承的结构

　　一般来讲，滚动轴承内部主要有以下几种因素引起振动：

　　第一种为由轴承本身特点及加工装配误差引起的振动，例如由滚动体数目的不一致引起的振动具有确定性，波纹度、粗糙度、形位误差、装配误差等产生的交变激励随机性比较强。

　　第二种为由轴承运行故障引起的振动，包括磨损类故障和表面损伤类故障（点蚀、剥落、擦伤）等，前者产生的振动同正常轴承性质相同（即波形无规则、随机性强），仅仅是振动幅值明显偏高，通常用诊断有效值和振动峰值的方法对其进行判断。对于表面损伤类故障，当损伤点滚过轴承元件的表面时要产生突变的冲击脉冲力，该脉冲力为一宽带信号，所以必然会覆盖轴承系统的高频固有振动频率而引起谐振，从而产生冲击振动，从性质上其又可以分为两类：一类为故障特征频率，为低频振动，通常在 1 kHz 以下，有时称为通过振动，采用频谱分析时，其基本原理就是查看振动信号中有无此故障特征频率成分，并可以根据这些频率成分的大小进一步确定故障部位；另一类是由损伤冲击作用引发的轴承系统的高频固有振动成分，这里的"高"是相对于故障特征频率而言，例如内外圈的径向弯曲固有振动、滚动体的固有振动，甚至传感器的固有振动等。

　　滚动轴承主要振动特征如下：

　　1）轴承外圈通过频率：由于轴承外圈一般固定，缺陷的位置相对传感器的位置是固定的，所以传感器所受到的冲击振动的大小和方向都是不变的。冲击脉冲间距为外圈频率的倒数，如图 3-16 所示，其中 f_o 为外圈通过频率。

　　2）轴承内圈通过频率：内圈滚道上的工艺缺陷与各个滚动体接触时，因为内圈在转动，缺陷位置也在转动，与滚动体的接触力不相同，所以脉冲信号的强度发生周期性变化，当内圈缺陷最接近传感器时，振动测量值最大，而且随着与传感器距离的加大，其振动冲击逐渐向两边衰减，如图 3 - 16 所示，其中 f_i 为内圈通过频率。

3）轴承滚动体通过频率：滚动体上有工艺缺陷，所产生的波形与内圈缺陷类似，但由于滚动体自转一周分别与内外圈各接触一次，会产生 2 个脉冲力，但缺陷与内圈接触时产生的脉冲力远不及损伤点与外圈接触时的大，如图 3 - 16 所示，其中 f_b 为滚动体的通过频率。

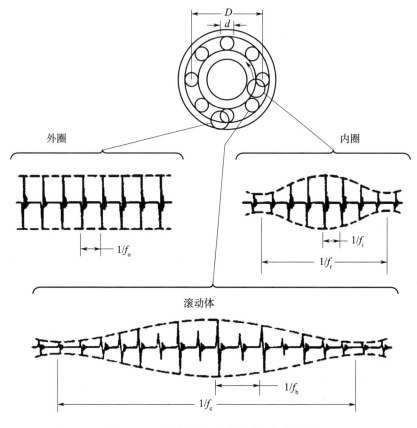

图 3 - 16　滚动轴承不同类型振动示意图

当内圈、外圈、滚动体出现缺陷时，根据轴承结构参数计算的各个特征频率如下。

内圈转动频率，即工作轴转频

$$f_r = \frac{n}{60} \tag{3-22}$$

保持架旋转频率

$$f_c = \frac{1}{2}\left(1 - \frac{d\cos\beta}{D}\right)f_r \tag{3-23}$$

滚动体在内圈滚道上通过频率

$$f_i = \frac{Z}{2}\left(1 + \frac{d\cos\beta}{D}\right)f_r \tag{3-24}$$

滚动体在外圈滚道上通过频率

$$f_{\circ} = \frac{Z}{2}\left(1 - \frac{d\cos\beta}{D}\right)f_{r} \tag{3-25}$$

滚动体在保持架上的通过频率

$$f_{b} = \frac{D}{2d}\left[1 - \left(\frac{d\cos\beta}{D}\right)^{2}\right]f_{r} \tag{3-26}$$

式中　Z——滚动体数量；

　　　　D——轴承节圆直径（mm）；

　　　　d——滚动体直径（mm）；

　　　　β——接触角（rad）；

　　　　n——工作转速（r/min）。

3.3　典型微振动源特性及建模技术

3.3.1　飞轮

根据目前积累的飞轮试验样本，对比分析了三组飞轮的微振动响应，图 3-17 所示分别为日本 OICETS 卫星飞轮、FY-3 卫星采用德国 TELDIX 公司的飞轮和国内某飞轮的地面微振动时域信号，加速度的量级随着飞轮转速的改变而改变。

通过图 3-17 的测试数据可以看出，国内飞轮的振动量级时域上要高于日本 OICETS 飞轮振动量级和德国 TELDIX 公司飞轮的振动响应，并且幅值基本上高出一个数量级，这主要是由于飞轮不平衡量的程度以及飞轮本体的固有频率等因素造成的。考虑到地面微振动试验过程中，部分振动能量以热或者声音的形式散播到空气中，在轨状态下则不会发生此类能量的泄漏，因此在轨振动量级可能会更大。这些影响因素都需要在未来的在轨测试中进行验证。

从图 3-18（a）和（b）的瀑布图中可以看出，飞轮在从 0 r/min 加速过程中，存在的频率成分主要是转频及其倍频成分，而200 Hz内国内飞转的频率成分分布相对较为丰富，而德国飞轮的频谱分布较为单一，仅为转频成分，而且量级相对国内的飞轮也较低。

从图 3-18 所示的国内偏置和零动量轮微振动频谱分布可以看出，大部分的扰动频率和转速成比例的"脊线"，对应不同谐波数下的扰动，其中直线为系统的固有频率，点划线为飞轮转频及其倍频，而虚线部分可以看出是明显的 V 形扰动，这是飞轮旋转模态（whirl mode）的明显特征，为飞轮内部轴向平动模态和径向平动模态导致的扰动，分别代表摇摆模态的逆进动分支和正进动分支。逆进动分支的频率随着转速的增加而降低，正进动分支的频率随着转速的增加而升高。从图 3-18 中还可以看到，当谐波频率与飞轮固有频率相交时，会产生明显的共振，导致扰动放大，因此进行减振或者隔振系统设计时，需要考虑对频率交错部位进行处理。

针对飞轮的振动特性，可以建立飞轮产生的干扰力和力矩的频域模型，根据推导分析，可将飞轮的扰动模型简化为

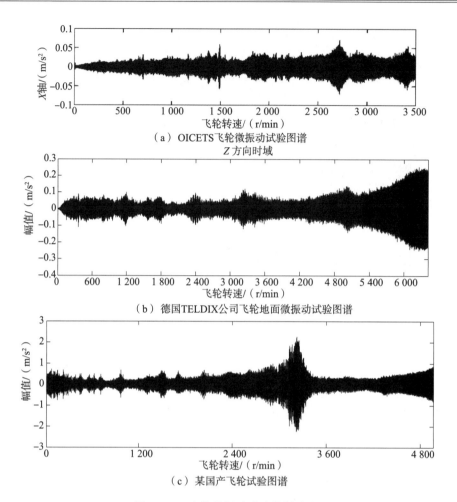

（a）OICETS飞轮微振动试验图谱

（b）德国TELDIX公司飞轮地面微振动试验图谱

（c）某国产飞轮试验图谱

图 3-17　飞轮微振动试验数据对比

$$m(t) = \sum_{i=1}^{n} C_i f_r^2 \sin(2\pi h_i f_r t + \phi_i) \tag{3-27}$$

式中　$m(t)$ ——扰动力或者扰动力矩；

　　　n ——模型中的谐波数；

　　　C_i ——第 i 次谐波的幅值大小；

　　　f_r ——飞轮的转频（Hz）；

　　　h_i ——第 i 次谐波数；

　　　ϕ_i ——随机相位，范围为 $[0, 2\pi]$。

3.3.2　力矩陀螺

力矩陀螺也是卫星姿态控制系统中的一类执行机构，但同时也是卫星的主要干扰源之一。力矩陀螺的高速转子在旋转过程所产生的振动，同样不能忽视。

某力矩陀螺力矩输出 25 N·m，其转速恒定在 6 000 r/min 时进行微振动特性测试。

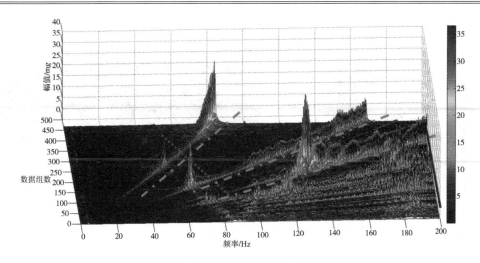

（a）某国内偏置动量轮 300～5 000 r/min 瀑布图

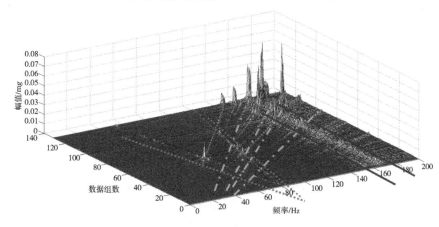

（b）某国内零动量轮 0～2 300 r/min 瀑布图

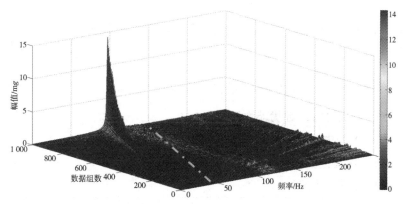

（c）德国飞轮 0～6 000 r/min 瀑布图

图 3-18　飞轮加速过程瀑布图

测试现场如图 3-19 所示，此工况下的微振动响应如图 3-20 所示。力矩陀螺的时域曲线
和频谱如 3-21 所示。

图 3-19　力矩陀螺试验现场图

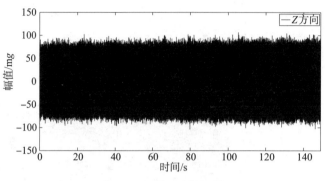

图 3-20　力矩陀螺时域图

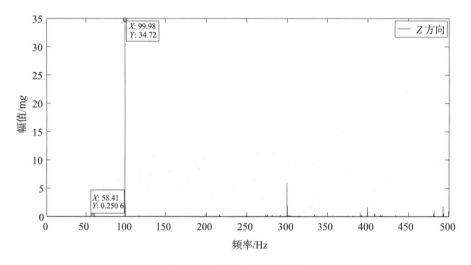

图 3-21　力矩陀螺频谱图

从频谱图（图 3-21）中可看出，力矩陀螺的主要频率成分是以 $f = 6\,000$ r/min $=$ 100 Hz 及其倍频为主；针对力矩陀螺的振动特性，可以建立力矩陀螺的简化扰动模型

$$f_k(k\Delta t) = \sum_{n=1}^{N} A_n \sin(n\omega\Delta t + \varphi_n) \tag{3-28}$$

式中　$f_k(k\Delta t)$——扰动力或者扰动力矩；

　　　　N——扰动模型中的谐波数；

　　　　A_n——第 n 次谐波的幅值大小；

　　　　ω——力矩陀螺角速度；

　　　　φ_n——随机相位，范围为 $[0, 2\pi]$。

3.3.3　驱动机构

驱动机构主要实现太阳翼的对日定向控制，如图 3-22 所示。一般情况下，卫星在轨工作时驱动机构始终处于运行状态，其产生的微振动响应特性也是始终存在的。驱动机构工作时域曲线和频谱分别如图 3 - 23 和图 3 - 24 所示。

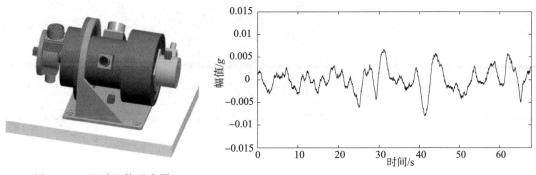

图 3 - 22　驱动机构示意图

图 3 - 23　驱动机构工作时域曲线

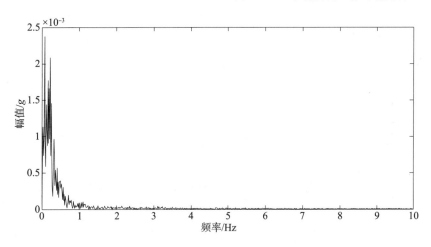

图 3 - 24　驱动机构工作时频谱图

　　从图 3 - 23 和图 3 - 24 的测试结果可以看出，驱动机构的微振动时域响应量级在
10 mg 左右，而且能量主要集中在 2 Hz 以下的低频区域，频域量级最大 2.5 mg。

3.3.4　压缩机

　　压缩机一般用于载荷制冷，其距离载荷最近，极易影响有效载荷的性能下降；其产生
的振动是由于活塞等运动部件动量不平衡等产生干扰力，并形成谐波扰动。对某型号卫星
压缩机工作时的微振动特性进行试验和仿真分析，具体结果如图 3 - 25 所示，频率成分分
析如表 3 - 1 所示。

（a）压缩机试验现场图

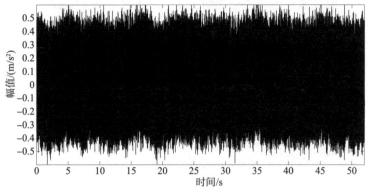

（b）压缩机安装面时域图

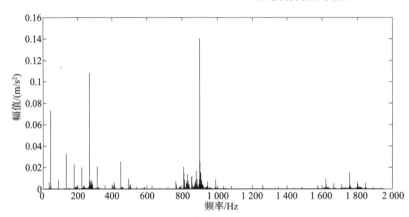

（c）工作时频谱分布（0～2 000 Hz）

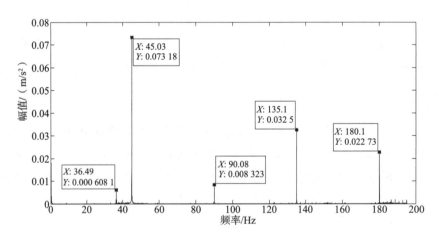

（d）工作时频谱分布（0～200 Hz）

图 3 - 25　压缩机微振动特性分析

表 3 - 1　频率成分分析

频率成分/Hz	倍频
45.03	基频
135.07	3
180.08	4
225.09	5
270.16	6
315.13	7
450.18	10
810.31	18
855.32	19
900.33	20
1 755.65	39

从试验分析可以看出，压缩机的振动特性主要是包含基频在内的一系列离散谐波扰动，主要由工作频率及其倍频构成，频率分布较宽，但成分相对单一。因此针对压缩机的频谱分布特性，可建立以下简化模型

$$f_k(k\Delta t) = \sum_{n=1}^{N} A_n \sin(n\omega\Delta t + \varphi_n) \qquad (3-29)$$

式中　A_n ——第 n 次谐波的微振动幅值；

　　　ω ——压缩机驱动频率；

　　　N ——扰动谐波次数；

　　　φ ——相位角。

可以看出，压缩机的扰动特性是以基频及其谐波成分为主的，频率成分相对固定。

3.3.5　扫描机构

扫描机构作为卫星载荷的关键部件，通常用于反射地物信号、扩大视场范围和对遥感目标的垂直飞行方向上进行扫描，其工作时的振动特性直接影响载荷的性能，是遥感相机、探测仪、温湿度计等载荷的重要组成部分。本部分对风云系列气象卫星上几种载荷扫描机构微振动特性测试和分析的结果进行介绍。

（1）干涉仪扫描机构

干涉仪扫描机构的微振动特性测试结果如图 3 - 26 所示，从时域图观察微振动波形具有调制现象，仅进行快速傅立叶变换，并未得出扫描机构的工作频率，如图 3 - 27 所示；因此，考虑对响应数据进行调制解调分析，即进行希尔伯特（Hilbert）包络解调分析，分析后发现图 3 - 28 包络谱能够清晰分辨出的频率成分有：0.011 5 Hz，0.419 Hz，0.838 Hz，1.257 Hz，2.095 Hz。运行过程中扫描机构完成一个周期扫描所需时间为 2.4 s，正好与 0.419 Hz 相吻合，因此可以判定 0.419 Hz，0.838 Hz，1.257 Hz，2.095 Hz 为扫描机构的工作频率及其倍频。

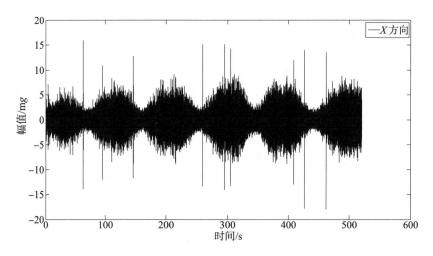

图 3 - 26　扫描机构振动时域信号

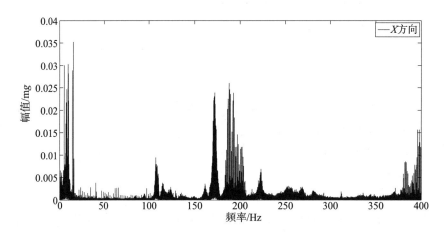

图 3 - 27　扫描机构振动频域图

（2）微波温度计

微波温度计也有扫描机构，其中还包含步进电机、传动齿轮、天线轴、轴承和联轴器等；另一方面，微波温度计工作时，扫描机构驱动天线反射器及活动天线罩进行 360°的圆周扫描，并且按加速—恒速—减速—驻留的控制方式，实行恒加速度起步和停止，加速度为 50 rad/s²。上述过程使得微波温度计工作时的微振动特性更加复杂。

图 3 - 29 所示为微波温度计正常工作时的时域信号，量级大约为 300 mg，从幅值谱上看到频率主要集中于 100 Hz 以上（见图 3 - 30），但是局部细化后发现高频上出现调制波，明显的特征是在高频信号的附近出现边频带，这是幅值调制造成的，因此必须进行调制解调分析，即包络分析。

分析经过希尔伯特变换后的包络（图 3 - 31）发现，频率成分主要是以 0.38 Hz 及其倍频为主，而微波温度计的转动周期为 8/3 s，因此转动频率为 0.38 Hz，振动量级转频处最高为 40 mg。

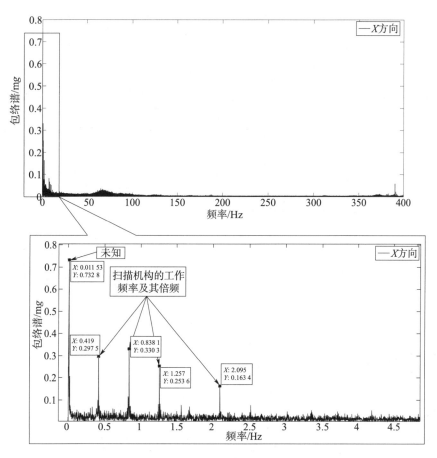

图 3 - 28　扫描机构振动包络谱图

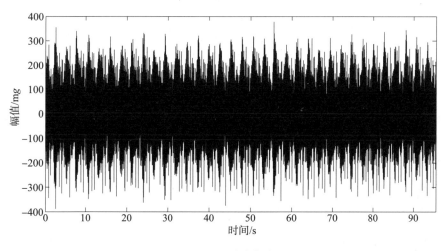

图 3 - 29　时域曲线

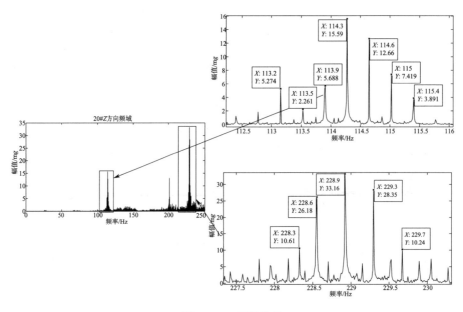

图 3-30　频域信号

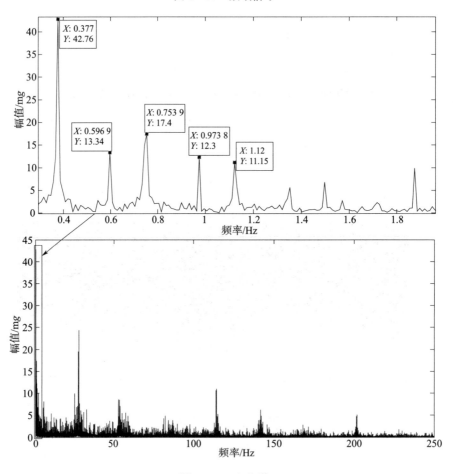

图 3-31　包络谱

（3）微波湿度计

　　微波湿度计的扫描驱动机构主要用于驱动天线反射面，反射面与轴成 45°，由一个电机带动两个天线反射面进行扫描。卫星高度、地面顺轨方向速度、空间分辨率（足印尺寸）及积分时间等要素决定了扫描周期为 2.667 s。为延长对地观测时间，微波湿度计采用变速扫描方式，其中对地观测入射角范围相对于天底点为 ±53.35°，用时 1.71 s，冷空间定标角度距天底点为 73°，用时 0.1 s，热源定标角度位于天顶点，0.1 s 剩余时间用于快速空运转。微波湿度计微振动测试的时域和频域结果如图 3-32 和图 3-33 所示。

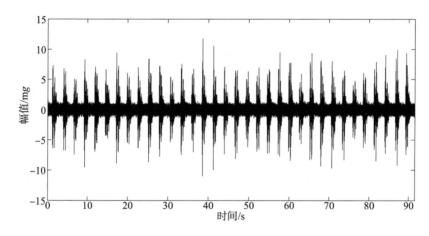

图 3-32　时域曲线

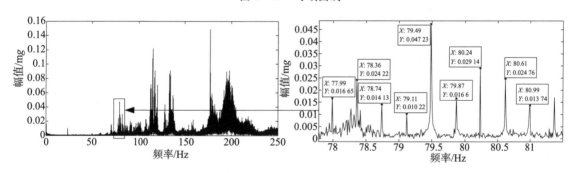

图 3-33　频域曲线

　　图 3-32 所示为微波湿度计正常工作时的时域信号，量级大约为 10 mg，从幅值谱上看到频率主要集中于 80 Hz 以上，但是局部细化后亦看到与微波温度计类似的信号成分分布，即高频部分出现调制；径包络分析发现，频率成分主要是以 0.37 Hz 及其倍频为主，如图 3-34 所示，振动量级转频处最高为 40 mg，微波温度计的主频和倍频分布见表 3-2。

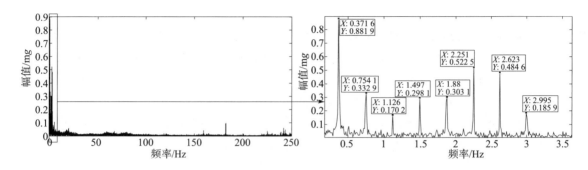

图 3-34　包络谱

表 3-2　微波湿度计工作频率分布

频率成分/Hz	倍频
0.371 6	基频
0.754 1	2
1.126	3
1.497	4
1.88	5
2.251	6
2.623	7
2.995	8

　　总结上述扫描机构的微振动信号可知，其具有幅值调制特性，可以给出调频、调幅共存的微振动扰动信号的仿真信号模型为

$$x(t) = a(t)\cos[2\pi f_a t + b(t)] \tag{3-30}$$

式中　f_a——转频引起的频率；

　　　$a(t)$——调幅信号；

　　　$b(t)$——调频信号。

　　$a(t)，b(t)$ 是由各转轴的转频及其谐波频率组成的周期信号，其表达式为

$$a(t) = \sum_n \sum_m A_{n,m}\cos(2\pi tm f_n + \theta_{n,m})$$
$$b(t) = \sum_n \sum_m B_{n,m}\cos(2\pi tm f_n + \eta_{n,m}) \tag{3-31}$$

式中　$A_{n,m}，B_{n,m}$——调幅和调频信号中各调制成分的调制因子；

　　　f_n——转频。

3.3.6　太阳翼的挠性振动

　　严格来说，太阳翼等挠性结构本身并不是振动源，但由于在高变热载荷或其他激励的作用下，可以诱发太阳翼的挠性振动，使其成为一个低频的振动源。下面以哈勃望远镜为例，分析太阳翼挠性振动特性。

航天器太阳翼以及其他大型附件等在进出地影时,由于冷热交变产生的巨大温度梯度将诱发附件的振动,从而产生干扰力矩。图 3 - 35 为哈勃望远镜太阳翼热颤振曲线。

热颤振模型可表示为

$$d(t) = \sum_{i=1}^{k} A_i \sin(p_i t + \varphi_i) \qquad (3 - 32)$$

式中　d ——热颤振的扰动力矩;

　　　A ——颤振扰动幅值;

　　　p_i ——第 i 阶颤振频率;

　　　φ_i ——初相位,可看做 $[0,2\pi]$ 范围内均匀分布的随机变量。

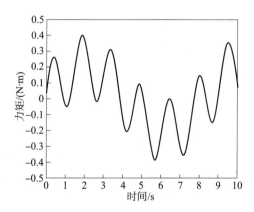

图 3 - 35　哈勃望远镜太阳翼热颤振曲线

3.4　小结

本章主要介绍了微振动的产生机理,总结了航天器上主要活动部件的微振动特性,并结合振动特征给出了微振动扰动模型,本章内容可为后续的微振动仿真和抑制工作提供准确可靠的输入。

参 考 文 献

［1］ 汪凌，卜毅博．高分辨率遥感卫星及其应用现状与发展［J］．测绘技术装备，2006，8（4）．

［2］ 何正嘉，陈进，等．机械故障诊断理论及应用［M］．北京：高等教育出版社，2010．

［3］ 韩捷，张瑞林，等．旋转机械故障机理及诊断技术［M］．北京：机械工业出版社，1997．

［4］ 钟林，黄仁．机械故障诊断学［M］．北京：机械工业出版社，2006．

［5］ 黄文虎，夏松波，刘瑞岩，等．设备故障诊断原理、技术及应用［M］．北京：科学出版社，1996．

［6］ 张正松，傅尚新，冯冠平，等．旋转机械振动监测及故障诊断［M］．北京：机械工业出版社，1991．

［7］ 陈大禧，朱铁光．大型回转机械诊断现场实用技术［M］．北京：机械工业出版社，2002．

［8］ 盛顺，尹琦岭．设备状态监测及故障诊断技术及应用［M］．北京：化学工业出版社，2003．

［9］ 安胜利、杨黎明．转子现场动平衡技术［M］．北京：国防工业出版社，2007．

［10］ ISO1940 Balance Quality Requirement of Rigid Rotors［S］．

［11］ ISO1940 - 2 Balance Quality Requirement of Rigid Rotors Part2 Balance Errors［S］．

［12］ GB/T 7221 — 87 现场平衡设备的说明和评价［S］．

［13］ GB/T 11348.1 — 89 旋转机械转轴径向振动的测量和评定 第一部分 总则［S］．

［14］ GB/T 11347 — 89 大型旋转机械振动烈度现场测量与评定［S］．

［15］ ISO/CD19499 - 2007 Mechanical Vibration-Balancing and Balancing Standards-Introduction［S］．

［16］ 黄文虎，夏松波，焦映厚，等．旋转机械非线性动力学设计基础理论与方法［M］．北京：科学出版社，2006．

［17］ 沈庆根，郑水英，等．设备故障诊断［M］．北京：化学工业出版社，2006．

［18］ 闻邦椿，顾家柳，夏松波，等．高等转子动力学［M］．北京：机械工业出版社，2000．

［19］ 刘雄，赵振毅，屈梁生．转子检测和诊断系统［M］．西安：西安交通大学出版社，1991．

［20］ 韩捷，张瑞林，等．旋转机械故障机理及诊断技术［M］．北京：机械工业出版社，1997．

［21］ 陈进．机械设备振动检测与故障诊断［M］．上海：上海交通大学出版社，1999．

［22］ 王江萍．机械设备故障诊断技术及应用［M］．西安：西北工业大学出版社，2001．

［23］ SILVA D, CLARENCE W. Vibration: fundamentals and practice［M］．2 ed. Boca Raton, FL: CRC Press, 2007．

［24］ MADDEN M. GeoEye - 1, the world's highest resolution commercial satellite［J］．IEEE, 2009．

［25］ BRIAN R, CLAPP, et al. Hubble space telescope pointing performance due to micro - dynamic disturbances from the NICMOS cryogenic cooler［J］．AIAA, 2002．

［26］ BRONOWICKI A J, JOHN W. Innis a family of full spacecraft - to - payload isolators［J］．Technology Review Journal, 2005．

［27］　王济，胡晓 . MATLAB 在振动信号处理中的应用［M］. 北京：知识产权出版社，2006.

［28］　BRONOWICKI A J，Madden M. Evaluation of a vibration diagnostic system for the detection of spur gear pitting failures［J］. Journal of Spacecraft and Rockets，1993.

［29］　OPPENHEIM A V，SCHAFER R W. Discrete – time signal processing［M］. Prentice – Hall Inc.，1999.

［30］　师汉民 . 机械振动系统——分析、测试、建模、对策［M］. 2 版 . 武汉：华中科技大学出版社，2003.

［31］　王孚懋，任勇生，韩宝坤 . 机械振动与噪声分析基［M］. 北京：国防工业出版社，2006.

第 4 章　微振动仿真分析

　　微振动仿真分析是指在卫星结构动力学、多体动力学和姿态动力学等力学以及光学工程、SAR 成像等相关遥感理论支撑下，利用虚拟仿真软件，模拟卫星微振动的产生、传递及耦合等特性以及载荷性能指标（如图像质量等）。微振动仿真分析是微振动研制过程中必须进行的一个重要环节（参见第 1 章），应该在微振动研制初期就开始实施，并贯穿在整个研制过程中。

　　微振动仿真分析的目的在于预示卫星在轨微振动环境，获取卫星在轨状态下振源、传递路径及载荷安装界面的微振动特性；为微振动抑制和测量等提供输入；评估微振动抑制效果；评价载荷性能指标（如图像质量）等。

4.1　微振动仿真系统构成

　　如前所述，微振动仿真涉及结构动力学、多体动力学和姿态动力学等多个学科领域，将各领域仿真模型整合构成微振动仿真分析系统。微振动仿真分析对于指导微振动抑制系统设计、微振动地面与在轨试验均起着极为重要的作用。

　　自 20 世纪 90 年代初开始，美国国家航空航天局在起源计划（Origins Plan）中研制的各类高精度空间观测系统（包括 Nexus，SIM 和 TPF 大型复杂空间望远镜等）都应用了微振动集成建模和综合评估技术。由于系统结构复杂，光学分辨率要求极高，远远超出当时的技术水平，美国国家航空航天局委托麻省理工大学（MIT）的空间系统实验室（Space System Laboratory，SSL）进行系统分析设计。为此 SSL 提出了基于集成建模的微振动综合评估分析方法。1998 年，基于类似的思想开展了光学系统集成建模分析方法的研究，喷气推进实验室（JPL）基于 MATLAB 开发了光学系统集成建模工具（integrated modeling of optical systems，IMOS），并用于新一代大型空间望远镜（NGST）的建模和评估；美国国家航空航天局开发了集成建模环境（integrated modeling environment，IME），建立了工程化的集成建模评估流程和大型软件平台，并用于詹姆斯·韦伯太空望远镜（JWST）的研制；Ball Aerospace 公司利用 MATLAB 开发了集成望远镜模型（integrated telescope model，TTM）对空间望远镜进行建模分析；集成建模还广泛应用于高分辨率大口径天文望远镜的建模和分析，如欧洲空间局（ESA）的 TMT（thirty meter telescope）和 VLTI（very large telescope interferometer）等。如图 4-1 所示为集成建模基本框架，图 4-2 为国内微振动仿真分析体系。

　　综上所述，微振动系统仿真主要由振源模拟模块、平台传递模拟模块、姿控模拟模块和载荷成像仿真模块等组成，详述如下。

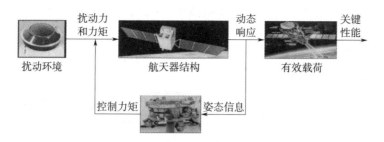

图 4-1　集成建模基本框架

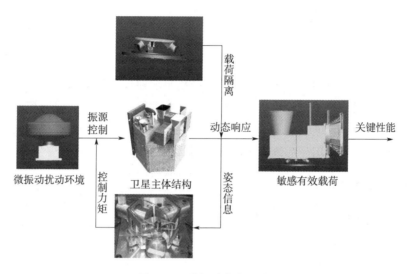

图 4-2　微振动仿真系统

（1）振源模拟模块

卫星星上振源主要有飞轮，太阳翼、展开天线等星外展开附件，以及载荷内部运动部件等（详见第 3 章）。

卫星微振动环境主要源于星上振源产生的微振动，因此，对星上振源有效的仿真模拟，是准确开展微振动仿真的关键。而振源模拟的方式一般有两种，一种为利用振源的构型和运动形式建立纯数字化仿真模型，另一种为利用振源的测试数据进行建模。前者建立的振源模型较为灵活，易于控制和模拟在轨运动过程，但扰动输出难免与实际有所偏差；后者输入数据与实际更为接近，其扰动输出也更为准确，但是需要具备在轨各种工作模式的测试数据，否则难以完全模拟卫星在轨状态。工程实践中经常利用地面环境下的振源测试数据进行建模，这与在轨环境有一定的差别，但比纯数字化仿真模型数据更接近实际。

（2）平台传递模拟模块

平台传递模拟模块，主要是指微振动传递的卫星结构平台（含太阳翼、天线板等展开附件及减、隔振系统）的模拟，一般采用有限元法建立其数学模型。

（3）载荷模拟模块

载荷模拟模块，主要是基于载荷工作原理，建立微振动环境下载荷工作过程的仿真模型，以此判别微振动对载荷性能指标（如图像质量）的影响。

（4）姿控系统模拟模块

姿控系统模拟模块，主要是模拟卫星在轨姿态控制过程，建立可以反映卫星姿态控制与卫星微振动之间耦合影响的仿真模型。

关于微振动振源建模详见第 3 章，本章将主要对卫星结构平台有限元模型、多体动力学模型及太阳翼等展开附件的微振动仿真模型的建模与分析进行详述，同时以某卫星为例描述微振动仿真分析的过程。由于载荷模拟模块中的模型建立与载荷的工作原理相关，不能一概而论，故本书不作介绍。

4.2　结构平台建模

结构平台具有微振动的传递与耦合特性，结构平台建模采用有限元法建立整星有限元模型，在利用模态试验振动试验数据及微振动试验数据修正模型后，进行模态计算分析并生成模态中性文件（modal neutral file，MNF），获取代表整星结构平台的模态特性。同时，结构平台建模也可应用于后续多体动力学仿真模型中。

4.2.1　结构平台建模内容

结构平台建模内容主要有结构平台有限元建模及其修正、结构平台模态分析及平台MNF 制作等，一般流程如图 4-3 所示。

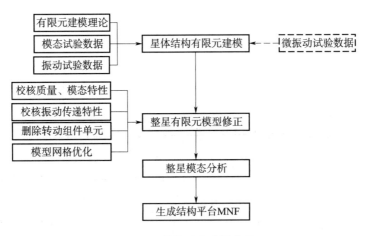

图 4-3　结构平台建模流程

由图 4-3 可知，结构平台建模就是进行整星的模态分析并获得 MNF。卫星模态是卫星系统的固有特性，而不单是卫星结构的特性。卫星模态主要取决于卫星结构的刚度、卫星系统的质量分布和边界条件（本节所讲的模态是指系统的固有频率和与其相对应的振型）。

在卫星微振动仿真分析过程中，进行卫星结构模态分析的目的是通过计算得到 MNF。因此，卫星结构模态分析是卫星微振动仿真分析中首先要分析的内容，同时也是极为关键的一步。

（1）卫星结构模态分析是微振动分析的第一步

卫星微振动仿真分析的过程，首先是依据卫星地面模态试验和振动试验的数据以及有限元理论，进行卫星结构有限元模型建模与修正，同时进行卫星结构模态分析，并通过计算获得 MNF；依据姿控及星上其他转动部件的地面微振动试验数据建立和修正星上转动部件仿真模型；建立微振动仿真模型，分别根据地面试验状态建立地面仿真模型及去掉地面约束建立在轨微振动仿真模型；根据地面试验数据、运动部件及其控制模式以及模态价值降阶法，对卫星微振动仿真模型进行修正；进行地面试验状态的微振动仿真分析，并利用地面微振动试验数据进行模型修正；将修正后的模型地面约束条件去掉，建立完成卫星在轨微振动仿真模型。

由此可见，卫星结构有限元模型建模和模态分析，是卫星微振动仿真分析的第一步。

（2）卫星结构模态分析是微振动分析的关键步骤之一

通过结构模态分析，可以对卫星结构设计进行有效验证，通过与地面试验数据比对，可以修正并获得较为准确的卫星结构有限元模型。而较为准确的卫星结构有限元模型将会有效地反映星体的振动传递路径特性。

从微振动分析过程可知，通过结构模态分析获得的 MNF，将代表着微振动仿真分析中卫星的微振动传递特性。无论是否通过试验进行模型修正，微振动传递特性都将由通过结构模态分析计算得到的 MNF 来提供，因此，模态分析是微振动分析的关键步骤之一。

由此可见，开展卫星模态分析并最终获得 MNF，既是进行微振动仿真分析的第一步，同时也是非常关键的一步。

4.2.2　提高模态分析准确性的手段

（1）建模方法

由于卫星的模态主要取决于结构的刚度（卫星系统的质量分布容易较准确地反映在模型中），因此，对于模态分析，在建模时应当充分注意这一点。

对于对结构刚度影响较小的因素，可以进行较多的简化。例如，结构板上开的较小的孔或缺口，它们对结构的强度可能有较大的影响，但对结构刚度的影响较小；在建立模态分析的模型时就可以忽略它们的影响，可视为没有进行开口。

与此相反，对于对结构刚度影响较大的因素，就需要认真考虑。例如，卫星蜂窝板结构间的各种螺接连接情况，究竟简化成铰接还是刚性连接，可能对结构刚度产生很大影响，建模时要认真进行分析。边界约束条件对结构刚度的影响也是很大的，建模时也不能忽视。

（2）局部试验

对于不易进行简化或者进行了简化但难以确定参数的结构进行局部试验，根据试验数据进行建模，可以有效地提高模态分析的准确性。

（3）模型修正

模型修正即充分利用试验数据，确定难以正确给出的结构参数，从而提高模态分析的准确性。通常情况下，结构件自身的简化和参数的确定相对准确，而结构间连接的简化和参数的确定就难以做到准确、合理。而结构间连接的简化合理与否对模态分析的准确性往往有较大的影响。如果有试验结果，就可以利用试验数据修正模型，得到不易确定的参数。

对于有一定继承性的结构设计以及正样阶段结构设计，应根据以往型号的试验结果或初样研制阶段的试验结果，进行模型修正，从而提高模态分析的精度。

4.3　太阳翼等卫星展开附件建模

太阳翼等大型柔性附件的模态频率计算是否准确，直接关系到整星姿态系统设计的有效性、卫星在轨的安全性及卫星在轨工作的寿命；同时，也关系到整星微振动环境的特性。由于太阳翼一般具有低频特性，是否会与星上微振动发生耦合是进行微振动仿真分析时必须解决的问题。

然而在工程实践中，太阳翼模态很难计算得准确，常与在轨遥测的太阳翼模态数据不吻合，甚至可能导致某卫星太阳翼旋转扫描机构之间发生耦合，使得卫星功能、性能以及安全性难以保证。因此，在卫星研制的实际工程中，如何准确和高效地通过计算得到太阳翼在轨模态频率，显得至关重要。

本节从工程实际应用角度出发，采用了更多的工程测试数据，建立并验证了一种太阳翼模态有限元建模的修正方法，同时，该方法也适用于卫星其他展开附件的仿真建模。

4.3.1　太阳翼建模内容

本节所述的太阳翼建模方法，首先应建立包含连接架、基板和铰链实测刚度数据的有限元模型，再通过地面试验数据修正仿真模型，并计算某型号太阳翼在轨模态频率，利用该卫星太阳翼在轨模态数据验证太阳翼建模修正方法的准确性。本节将从更贴近工程实际的角度建立更为准确的太阳翼有限元模型，获得更为准确的太阳翼模态特性。

为了确保分析模型和分析结果的可靠性，需要对有限元模型进行必要的检查和验证。根据不同的分析软件，有限元模型验证有非常多的具体方法，有的仅通过前后处理软件进行，有的需要进行简单的有限元分析和计算。在这里不一一罗列所有的模型验证方法，一个有限元模型也不必对其实施所有的模型验证措施。但是，根据刚性太阳翼模态分析的特点，必须对有限元模型的总质量和质心位置进行验证。

总结上述建模分析方法，太阳翼有限元建模流程或技术途径如图 4-4 所示。

4.3.2　模型性能对比验证

建立某卫星（卫星一）太阳翼有限元模型，如图 4-5 所示。

卫星一太阳翼地面展开试验选择悬吊系统进行，在太阳翼展开锁定状态下，进行展开状态模态试验，其试验状态如图 4-6 所示。

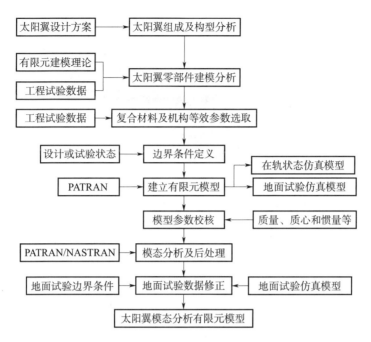

图 4 - 4　太阳翼有限元建模分析与修正方法

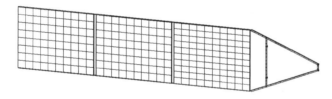

图 4 - 5　卫星—太阳翼有限元模型

图 4 - 6　卫星—太阳翼地面试验

　　建立地面试验状态的有限元模型，需要考虑地面试验所增加的一些边界条件。地面模态试验过程中，边界条件除了根部固接外，还有空气阻力、悬吊系统部分质量大小（如悬吊弹簧）和摩擦等。因此，在计算地面状态太阳翼的模态频率时，需要考虑空气阻力、悬吊系统部分质量大小（如悬吊弹簧）和摩擦，考虑地面状态后的太阳翼有限元模型如图4-7所示。

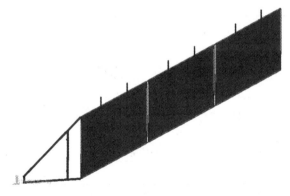

图 4-7　考虑地面因素的卫星—太阳翼仿真模型

从网格密度、网格质量、单元类型、连接方式和等效刚度等方面进行参数调整，使地面仿真模型与地面试验数据吻合。然后，将附加质量部分去掉，则可以仿真计算在轨状态太阳翼的模态，计算得到一阶模态频率值为 0.41 Hz，如图 4-8 所示。

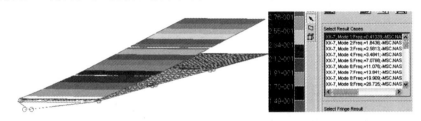

图 4-8　卫星—太阳翼在轨模态计算结果

卫星—太阳翼在轨模态频率的遥测数据显示，其一阶模态频率为 0.42 Hz，与计算值相差较小。

为进一步验证本节提出的太阳翼模态建模分析方法的准确性，将其应用在其他型号卫星太阳翼的分析过程中。图 4-9 和图 4-10 分别为另一卫星（卫星二）太阳翼有限元模型及地面试验状态图，与卫星一太阳翼相比，卫星二除了系统设计参数不同外，其他相关处理类似。

图 4-9　卫星二的太阳翼仿真模型

图 4 - 10　卫星二太阳翼地面试验现场

卫星二遥测数据时域及傅立叶变换曲线如图 4 - 11 所示。两颗卫星太阳翼模态分析的一阶频率与遥测数据对比结果，如表 4 - 1 所示。

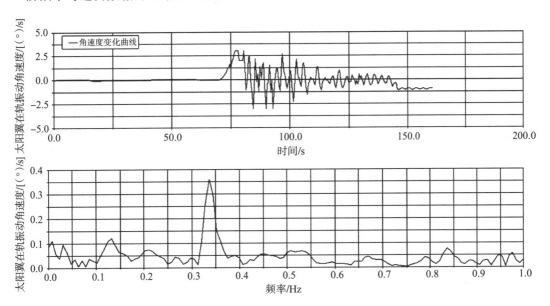

图 4 - 11　卫星二太阳翼展开锁定后陀螺在轨遥测数据及快速傅立叶变换分析曲线图

表 4 - 1　两颗卫星太阳翼模态分析与遥测数据对比

型号	模态分析数值/Hz	在轨遥测数据/Hz	误差率/%	备注
卫星一	0.41	0.42	2.4	
卫星二	0.31	0.34	8.8	在轨遥测数据见图 4 - 11

从表 4 - 1 中可以看出，由太阳翼模态分析法得出的数值与在轨遥测数据的误差在 10% 以内，是较为准确的太阳翼模态分析方法。需要注意的是，由于遥测数据的限制，现

阶段只能获得太阳翼在轨状态的一阶模态频率值，尽管其他几阶模态频率在地面试验数据上均能获得比较好的吻合度，但依然有待在轨数据验证。

另外，基于本节太阳翼有限元模型所建立的卫星在轨过程展开运动学分析也与在轨遥测数据相吻合（具体如表4-2所示）进一步验证了有限元模型的准确性。

表4-2　太阳翼展开过程仿真数据、地面试验数据及在轨遥测数据对比

型号	展开时间/s				备注
	地面仿真数据	地面试验数据	在轨仿真数据	在轨实测数据	
卫星一	13.8	14	7.5	7.5	
卫星二	19.6	20	10.5	10	遥测数据见图4-11

需要注意的是，本节提出的太阳翼有限元模型是太阳翼稳态情况下的仿真模型，针对进行大范围刚体运动的太阳翼，需要考虑其动力刚化现象，即太阳翼刚体运动与其本身挠性运动的耦合现象。一般稳态模态频率值要小于发生动力刚化现象太阳翼的模态频率值。有关动力刚化现象，本书不作赘述。

4.4　微振动多体动力学建模

用于整星微振动仿真的模型显然是一个多体动力学仿真模型，一般为振动源运动部件与平台结构的刚柔耦合模型，其中平台结构还应包含太阳翼等挠性结构的精细模型。

4.4.1　多体动力学建模内容

多体动力学建模内容主要有转动部件刚体动力学模型建模、转动部件与结构平台刚柔耦合建模、太阳翼与结构平台柔柔耦合建模及多体动力学模型修正等，如图4-12所示。

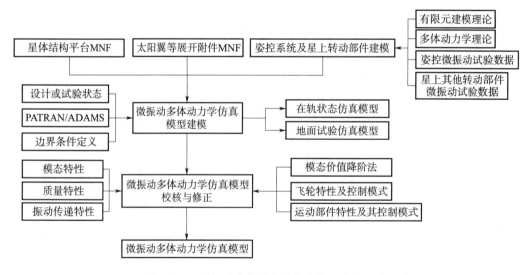

图4-12　微振动多体动力学仿真模型建模思路

由上可知，整星多体动力学仿真模型建模的内容就是将结构平台、太阳翼等设置为柔性体模型（其形式为 MNF），将星上转动部件设置为刚性体模型，并将上述模型在多体动力学仿真软件，如 ADAMS 中进行耦合建模。同时，利用模态/质量/振动传递等特性、边界条件修正及地面试验数据等进行模型修正。

4.4.2　多体动力学中的问题

刚性问题存在于多刚体系统动力学某些情形中，更普遍地存在于多柔体系统动力学中，是多体系统动力学的一个重要问题。刚性首先是在常微分方程求解理论中提出的，并形成了完整的定义和求解理论。常微分方程刚性理论是多体系统动力学中刚性问题的理论基础。

1）微分方程的刚性问题是微分方程的一个重要问题，微分-代数方程（DAE）中同样存在刚性问题。在微分-代数方程早期的数值求解中，并没有考虑到这个问题，采用的大多是显式方法；到了 20 世纪 80 年代，发现一些隐式方法不仅具有更好的适应性，而且可用于求解刚性问题。

2）在多刚体系统运动过程中，可能会由于系统中构件之间过大的差异，如不同物体特性参数的差异、力元（如弹簧、阻尼器）参数的差异等，致使系统中构件的运动速度相差很大，从而使描述系统运动的微分代数方程呈现出刚性特性。在多柔体（或刚-柔混合）系统动力学中，由于柔性体空间大范围的运动和其本身小幅值弹性变形发生耦合，更容易出现刚性问题。

微分-代数方程的求解，无论是缩并法还是增广法，都是将问题归结为常微分方程初值问题的数值求解，只是求解常微分方程的公式或是用于微分-代数方程转化为常微分方程之后，或是用于转化过程之中。为了使求解的数值方法具有普遍性，也可用于求解刚性问题，微分-代数方程所用的常微分方程数值方法一般采用的都是求解刚性微分方程的方法。除了最常用的延迟微分方程（BDF）方法，隐式龙格-库塔（RK）方法也被考虑用于求解微分-代数方程问题，此外，预估-校正方法也广泛地用于求解微分-代数方程问题之中，它们都可求解存在刚性问题的微分-代数方程。

4.5　微振动仿真分析方法及流程

根据上述内容，本节对卫星微振动仿真分析方法与流程进行梳理，并以某卫星为例对微振动仿真分析方法进行详述。

4.5.1　分析方法与流程

微振动仿真分析常用的软件有：MSC. PATRAN，MSC. NASTRAN、MSC. ADAMS 和 MATLAB/SIMULINK，一般的仿真分析流程如图 4-13 所示。

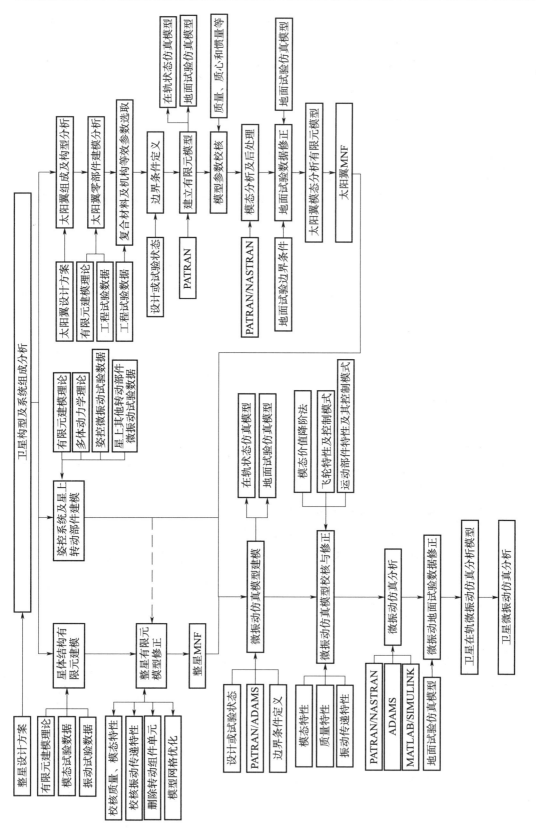

图 4 - 13　微振动仿真分析方法及流程

4.5.2　带控制系统的微振动仿真分析案例

以某卫星为例，按照微振动仿真分析方法及流程，建立整星微振动仿真模型，经过仿真数据与在轨数据的对比分析后，确认仿真模型的准确性，再进行某在研卫星的在轨微振动环境预示分析。

4.5.2.1　微振动仿真建模

根据微振动仿真建模流程，利用 MSC. PATRAN、MSC. NASTRAN 和 MSC. ADAMS 建立整星刚柔耦合微振动仿真模型，利用 MATLAB/SIMULINK 建立卫星姿态控制仿真模型（并经过地面模拟验证），并将两者进行联合建模，具体为利用 ADAMS/CONTROLS 控制模块同 MATLAB/SIMULINK 模块联合计算仿真，机械系统采用 ADAMS 解算器或者控制系统解算器，控制系统采用控制软件解算器，两者之间通过状态方程进行联系。建立的模型示意图如图 4 - 14 所示。

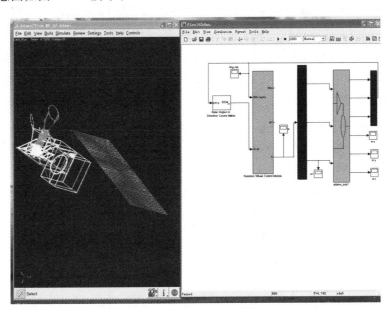

图 4 - 14　某卫星微振动仿真模型示意图

4.5.2.2　微振动仿真分析

在微振动联合仿真分析过程中，由于综合了控制系统和机械系统而采用了两类软件的实时通信计算，其中需要注意的是其仿真分析步骤和系统分析求解器的选取。

（1）仿真分析步骤

ADAMS - MATLAB 联合仿真的主要步骤如下：

1）ADAMS 平台下建立状态变量、设计状态方程，以及确定输入、输出变量。

本次仿真中，闭环输入、输出参量有：ADAMS 的输入（也即 MATLAB 的输出）为三个飞轮的角速度；ADAMS 的输出为星体三向姿态角和三向角速度。此时，软件间生成初始化交互通信的文件：.m 文件（MATLAB 初始化用）、.cmd 文件（Interactive 方式下供 View 载入用）、.adm 文件（Batch 方式下供 Solver 载入用）等三个文件。

2）MATLAB 平台下读入 ADAMS 机械系统信息并进行初始化。

3）生成 ADAMS 控制模板，并根据系统特性修改子模块中机械动力学参数。

4）将 ADAMS 作为一个环节组建联合控制系统模型。

5）依据控制系统与机械系统的特性，修改联合仿真参数。

6）控制系统初始化。

7）开始联合仿真。

8）仿真过程中的信息反馈和控制（可暂停或进行分段仿真控制）。

9）仿真结束后，利用 ADAMS/POSTPROCESSOR 模块读取结果文件并进行后处理。

（2）系统分析求解器选取

系统分析主要是分析机械系统和控制系统的特性及其对联合仿真的影响，进而将此作为求解器选择的依据。比如机械系统的刚性/非刚性，控制系统的线性/非线性、离散状态/连续状态、对误差的敏感程度以及控制系统中的子模块对仿真参数的要求等。

显然，本系统中机械系统模型是刚柔耦合系统，利用适合刚性系统的算法求解显然不合适；控制系统呈现非线性，可能为一个连续控制系统，或者是含有大量连续函数信号的离散系统，而这些连续信号又大多参与联合仿真的信息交换，因此，采用离散模式时的求解算法可能会使仿真出错。

在 SIMULINK/SOLVER 中，存在定步长、变步长两种模式的求解器，其中变步长模式求解器有：discrete、ode45、ode23、ode113、ode15s、ode23s、ode23t 和 ode23tb；定步长模式求解器有：discrete、ode5、ode4、ode3、ode2、ode1 和 ode14x。

从理论及需求上比较分析各求解器，很显然，根据机械系统为非刚性，控制系统含有大量连续信号等特性，排除掉了 discrete 、ode15s、ode23s、ode23t；而变步长模式虽然可以在仿真中自动改变步长，但是比较困难的是，它很难确定合理的最小/最大步长参数、相对/绝对误差等参数，因为它们中的任何一个参数都会影响联合仿真的成败，同时，变步长也会导致联合仿真在开始阶段步长很小，需要大量的时间来度过开始的几秒，如果误差以及步长参数设置不合理，将极易产生错误，因此，放弃变步长的做法；欧拉法适合解算非线性大位移的问题，单纯的欧拉法不如欧拉-牛顿法在刚柔耦合计算中的能力，因此，排除 ode1、ode2；从 MATLAB 的帮助文档里看到，当控制系统存在很多 Fcn 子模块的时候，变阶的求解器，如 ode3，对这样的控制系统将不论是在求解精度还是在求解速度上都要逊色一些。同时，使用 ode3 的时候还要求求解问题不太难，因此，可以排除 ode3。那么，剩下可以采用的求解器有：ode5、ode4、ode14x 三个。

上述三个求解器均可实现联合仿真，但最后基于资源消耗和计算效率方面的考虑，本次仿真选择的求解器为固定步长模式下的 ode5 求解器。

4.5.2.3　结果分析

对微振动联合仿真结果进行分析，以该卫星在轨姿态角速度为目标，将模型的仿真结果曲线与该卫星在轨实测的姿态角速度变化曲线进行对比，以验证模型的准确性。分析结果的对比如图 4 - 15 所示。

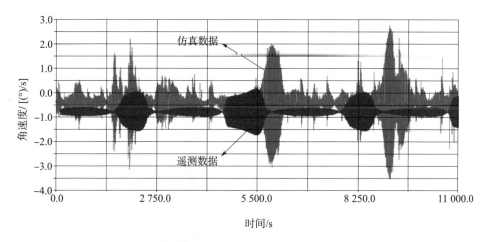

图 4 - 15　某卫星模拟仿真-在轨实测姿态角速度变化曲线

从图 4 - 15 可以看出，仿真数据与遥测数据虽然由于阻尼的不确定性而导致在量级上存在一定的偏差，但是从整体的变化趋势看，姿态耦合角速度变化曲线的特性基本一致。

因此，从上述结果的分析也可以看出，微振动仿真模型能从较大程度上准确反映卫星在轨的真实特性。

4.5.3　微振动环境预示案例

我国第二代静止轨道气象卫星装载有对微振动极为敏感的高精度遥感探测仪，如图4 - 16 所示，星上遍布着载荷扫描镜驱动机构、飞轮、陀螺等大量速度各异的运动部件。在轨工作过程中，这些运动部件的运动将会引起卫星微振动，影响卫星载荷的指向精度、稳定度和成像质量。

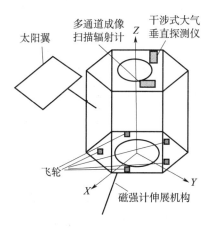

图 4 - 16　某卫星结构示意图

本节将利用上述微振动仿真分析方法及流程，分析研究该卫星有效载荷所面临的微振动力学环境，建立一种刚柔耦合多体动力学微振动仿真模型，通过地面微振动试验验证仿真模型后，再运用仿真模型预测卫星在轨的微振动响应以及微振动传递特性。

4.5.3.1　微振动仿真建模

根据上述仿真方法及流程，建立的某卫星微振动仿真模型如图 4-17 所示。

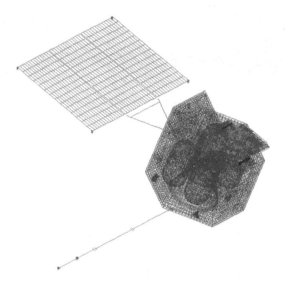

图 4-17　整星刚柔耦合动力学模型

为了进一步验证整星动力学模型的正确性，需要从各方面对整星模型再次进行校核。这些校核应该包括：模型质量特性（含质心、质量、惯量等）、部件约束、运动驱动等。

计算 PATRAN 建立的模型中包含所有转动部件的整星有限元模型的质心、质量和惯量信息，与整星动力学模型的质心、质量和惯量对比，若两者基本吻合或者接近，证明该动力学模型较为准确。分别计算 ADAMS 软件平台下、PATRAN 软件平台下整星有限元模型的质心、质量、惯量信息，并进行对比，对比结果如表 4-3 所示。

表 4-3　模型信息对比

名称	单位	设计值	模型值	备注
质量	kg	3 022.2	3 027.7	基本相同（模型中多出的质量是辅助底盘的质量）
质心位置	m	-4.602×10^{-2}，-3.989×10^{-2}，1.382	-4.103×10^{-2}，-4.468×10^{-2}，1.367	基本相同
转动惯量	kg·m^2	1.097×10^{4}，9.563×10^{3}，5.689×10^{3}	1.087×10^{4}，9.463×10^{3}，5.722×10^{3}	基本相同，惯性积也基本一致

由表 4-3 的数据分析可知，两者质量特性基本吻合，即整星动力学模型较为准确，能较准确地描述和反映物理模型的实际动力学状态。

4.5.3.2　试验数据对比分析及模型修正

为了便于分析问题，地面微振动试验设计了整星固支和整星低刚度悬吊两种工况，具体的试验内容和目的如表 4-4 所示。

表 4-4　整星微振动试验情况

序号	试验内容	试验目的
1	整星固支飞轮组件扰动试验	考察结构共振及固支状态下的振动响应
2	整星悬吊飞轮组件扰动试验	模拟在轨状态

整星悬吊飞轮组件扰动试验（如图 4-18 所示）中，卫星由低刚度悬吊系统吊挂，悬吊系统频率小于 1 Hz，使卫星在微振动测试中获得准自由态状态。相对地，整星固支飞轮组件扰动试验将卫星固支在水平振动台上。试验中，卫星 Z 轴均与重力加速度方向一致。控制飞轮以 3 200 r/min 稳速转动，记录各传感器三向的响应。传感器粘贴位置如图 4-19 所示。

图 4-18　卫星悬吊试验状态图

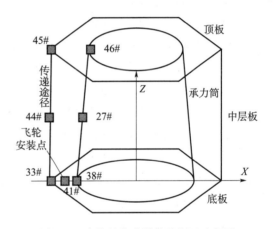

图 4-19　整星传感器粘贴位置示意图

在地面试验状态的仿真中，先参考地面试验卫星技术状态修正仿真模型，然后简化试验的边界条件，将卫星动力学模型固支在重力环境下来模拟整星地面固支试验；利用卫星在轨动力学模型仿真地面悬吊试验，并取其仿真数据和试验数据进行对比，如表 4-5 和表 4-6 所示。

表 4-5　地面固支试验传递途径振动响应

传递途径	X 方向/g		Y 方向/g		Z 方向/g	
	试验值	计算值	试验值	计算值	试验值	计算值
振源 41#	0.000 35	0.000 38	0.000 29	0.000 36	0.009 3	0.010 06
底板端角 33#	0.000 45	0.000 36	—	0.000 28	0.000 57	0.000 80
中层板端角 44#	0.000 5	0.003 4	—	0.000 06	0.000 8	0.000 75
顶板端角 45#	0.000 6	0.000 9	—	0.000 16	0.001 07	0.001 2

（1）试验数据与仿真数据比较分析

试验数据与仿真数据进行对比分析的结果如表 4-5 和表 4-6 所示。

表 4-6　地面悬吊试验传递途径振动响应

传递途径	X 方向/g		Y 方向/g		Z 方向/g	
	试验值	计算值	试验值	计算值	试验值	计算值
振源 41#	0.002 4	0.002 6	0.002 1	0.002 3	0.007 9	0.012
底板承力筒 38#	0.000 6	0.000 69	0.000 89	0.000 73	0.006 4	0.004 9
中层板承力筒 27#	—	0.000 19	—	0.000 31	0.005 3	0.004 1
顶板承力筒 46#	0.001 5	0.001 11	—	0.000 28	0.004 6	0.004 4

从表 4-5 和表 4-6 数据的对比分析可知，虽然试验数据样本略微不完整，但是也处于振源处及传递路径上，仿真数值与试验数据吻合程度较高。

（2）传递路径变化分析

分析表 4-5 和表 4-6 的数据可知，仿真数据与试验数据在传递路径上的表现基本一致，且有一个共同的现象，即在响应传递过程中，底板到中层板之间存在响应稍微放大的现象，这也与卫星振动试验中的响应传递特性一致。同时，表中数据也表明了在一定程度上，仿真模型能表现出卫星微振动传递特性。

通过传递路径上的数值对比分析，虽然试验数据较为欠缺，但是仍可得出仿真模型在一定程度上，与微振动试验数据及响应传递变化趋势较为吻合的结论。同时，可以推断，某卫星刚柔耦合动力学微振动仿真模型及其仿真方法是较为准确的，可以有效地反映卫星微振动及其传递特性。

4.5.3.3　在轨微振动仿真结果

利用上述经地面试验校验过的模型，可以进行整星在轨的微振动仿真。

（1）星上关敏部件安装处微振动响应

星上的关键部位和敏感部位简称为关敏部位。在转动部件正常运动时，星上关敏部位响应如何，是卫星设计过程中非常关注的问题，它们甚至直接关乎到载荷的稳定性和卫星的工作性能。

对于载荷部件，所关心的响应有加速度响应和位移响应，其中位移响应的计算，是以星体质心作为参考，指相对于星体质心的相对位移的变化，因此可以理解为载荷工作时载荷本身（或者近似认为为载荷安装板）相对于星体的振动振幅情况。

计算部分关敏部位处的加速度响应和位移响应，其结果如图 4-20～图 4-23 所示。

仿真结果表明，由星上各转动部件引起的响应，经过结构体本身的阻尼作用，使得响应传递到顶层载荷板上时，已经衰减很多，加速度响应大约在 $10^{-3}g$ 量级，位移响应约在 μm 量级。

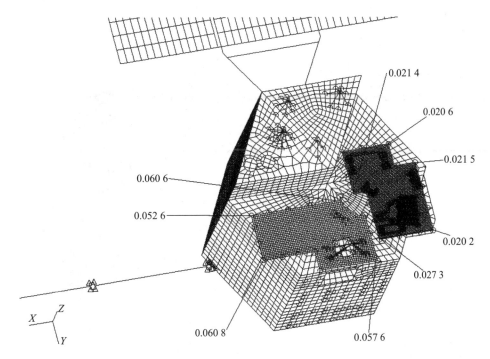

图 4 - 20　顶层载荷板-加速度响应

单位为 m/s²

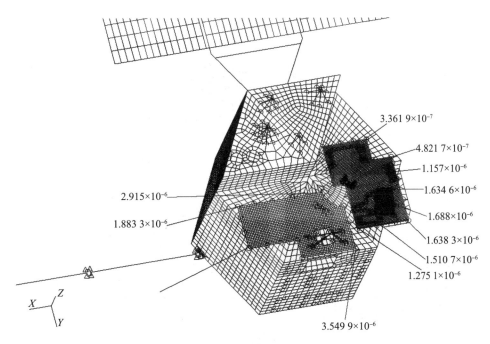

图 4 - 21　顶层载荷板-位移响应

单位为 m，数值表示该节点相对于卫星质心的相对位移的变化

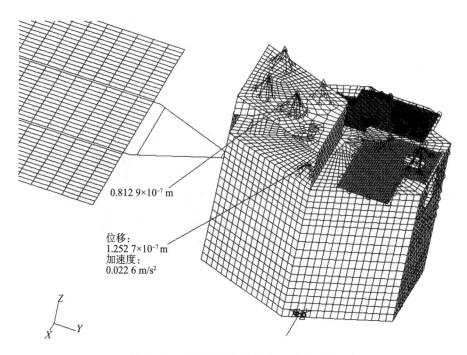

图 4-22 顶板（闪电成像仪）-位移响应

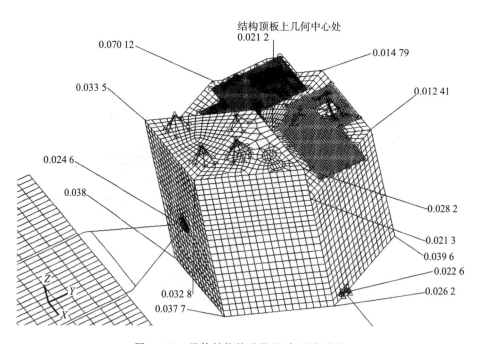

图 4-23 星体结构特殊位置-加速度响应

（2）太阳翼和磁强计的影响

在转动部件转动过程中，是否会激起太阳翼和磁强计与挠性结构的某阶频率，造成后者出现大幅振荡，干扰整星在轨姿态，同时也可能降低挠性结构自身的工作可靠性？为了解决这个疑问，了解太阳翼和磁强计在微振动激励下的动力学特性，需要通过仿真分析太阳翼、磁强计的运动状态，得到的仿真结果曲线如图 4-24～图 4-27 所示。

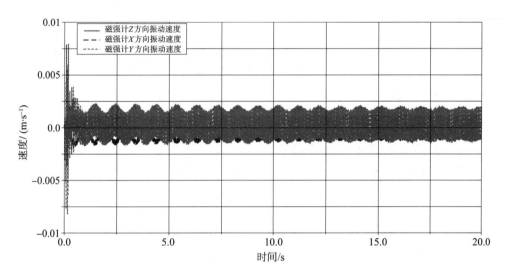

图 4-24　太阳翼角速度变化曲线（时域曲线）

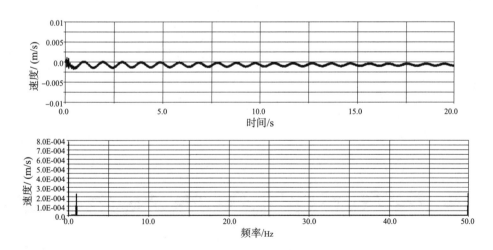

（a）X 方向快速傅立叶变换

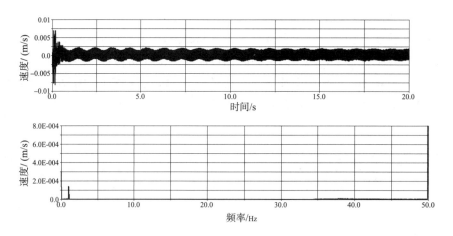

（b）Y方向快速傅立叶变换

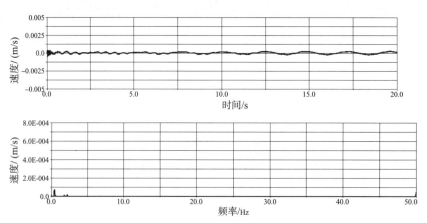

（c）Z方向速度快速傅立叶变换

图 4-25　快速傅立叶变换计算太阳翼振动频率（频域曲线）

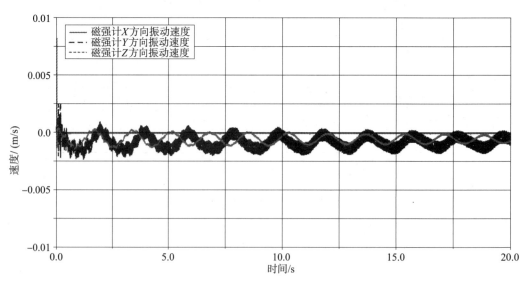

图 4-26　磁强计角速度变化曲线（时域曲线）

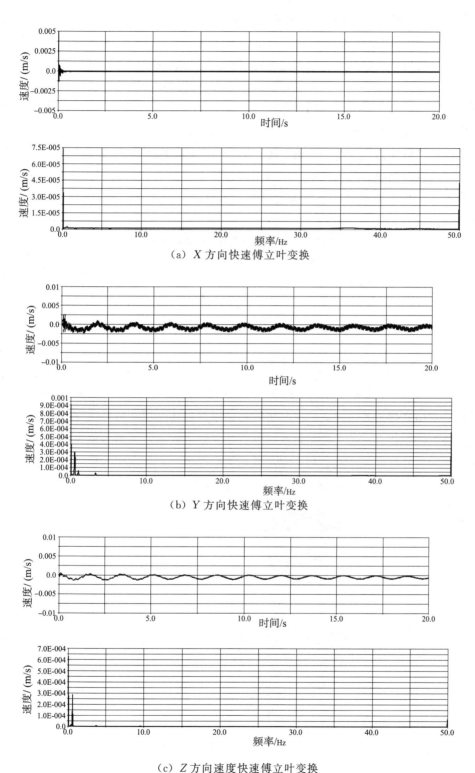

（a）X 方向快速傅立叶变换

（b）Y 方向快速傅立叶变换

（c）Z 方向速度快速傅立叶变换

图 4 - 27　快速傅立叶变换计算磁强计振动频率（频域曲线）

由图 4 - 24～图 4 - 27 中的曲线可知，星体有一个小的残余速度〔其中，角速度最大为 10^{-3}（°）/s；平动速度最大为 10^{-5} m/s〕，即并非完全静止，这来自于转动部件的偏心在仿真启动之初所带来的冲量。但是这种情况并不影响整星响应和等效应力的分析值，对于太阳翼和磁强计的角速度变化曲线，以及经过快速傅立叶变换处理的频域曲线，均没有什么影响。

观察图 4 - 24～图 4 - 27 中的仿真曲线，并比较太阳翼与磁强计在仿真过程中的振型和扰动情况，可以认为仿真结果可信。仿真结果表明，太阳翼和磁强计虽有几阶低频被激起，但是因为其能量小，且逐渐衰减，故可得出结论：虽然太阳翼和磁强计在轨工作时，可能会有某几阶频率被激起，但是能量很小，不足以影响星体姿态或者造成部分结构不稳。详细信息见表 4 - 7。

表 4 - 7　太阳翼和磁强计的影响情况

部件名称	快速傅立叶变换计算频率值（快速傅立叶变换计算得到）/Hz	被激起频率值（模态分析得到）/Hz	振型	最大振幅/mm	测点最大加速度响应/（m/s²）
太阳翼	1.025	1.033	见图 4 - 28	0.35	0.041
	0.439	0.428	见图 4 - 29	0.005	
磁强计	0.488	0.506	见图 4 - 30	0.7	0.026
	0.586	0.585	见图 4 - 31	0.153	

针对本次仿真过程及结果，经过分析和总结，可以认为仿真过程是完全遵循各种动力学定律（理）的，仿真方法可行，过程可信。仿真结果表明，虽然卫星在轨工作时，太阳翼和磁强计的某几阶频率会被激起，但是共振能量很小，不足以影响星体的正常工作。图 4 - 28～图 4 - 31 为太阳翼、磁强计被激起时的振型图。

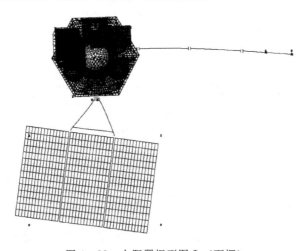

图 4 - 28　太阳翼振型图 I（面摆）

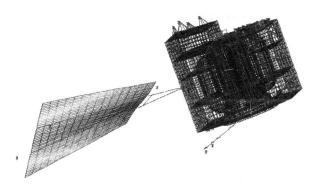

图 4-29　太阳翼振型图Ⅱ（扭转）

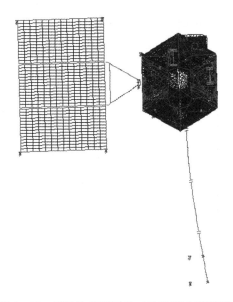

图 4-30　磁强计振型图Ⅰ（垂直传感器侧面）

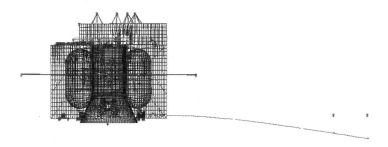

图 4-31　磁强计振型图Ⅱ（垂直传感器法向面）

（3）仿真结论

针对本次仿真过程及结果，经过分析和总结，可以认为仿真模型、过程和结果完全遵循多体动力学定律（理），仿真方法可行、过程可信。仿真结果表明：

1）飞轮等转动部件引起的响应最大，但是在结构体本身的阻尼作用下，使得响应在传递到顶层载荷板上时，已经衰减很多，加速度响应大约在 $0.002 \sim 0.006\ g$，位移响应约在 μm 量级。

2）虽然卫星在轨工作时，太阳翼和磁强计的某几阶频率会被激起，但是共振能量很小，不足以影响星体的正常工作。

4.6　小结

本章系统介绍了卫星微振动模拟仿真技术方法，并以某卫星微振动动力学仿真模型的建立和仿真分析为例进行了说明，对仿真结果采用了地面微振动试验进行了验证。验证结果表明仿真模型能较为准确地反映卫星微振动响应及其传递特性，表明该建模方法的可行性以及卫星微振动动力学仿真模型的正确性。同时，应用该模型，仿真预测了该卫星在轨工作时载荷面的微振动响应，在探究卫星微振动力学环境的同时，为载荷研制及后续微振动抑制提供了参考，也为高精度航天器微振动研究探索了一种新的思路。

参 考 文 献

［1］ 马兴瑞．大型复杂航天器的柔性附件展开的动力学分析［J］．中国空间科学技术，2000（4）．

［2］ 蒋建平，李东旭．带太阳帆板航天器刚柔耦合动力学研究［J］．航空学报，2006，27（3）．

［3］ 蒋丽忠．作大范围运动柔性结构的耦合动力学［M］．北京：科学出版社，2007．

［4］ 蒋丽忠，洪嘉振．柔性多体系统产生动力刚化原因的研究［J］．计算力学学报，1996，16（4）．

［5］ 贾书惠．刚体动力学［M］．北京：高等教育出版社，1987．

［6］ 陈昌敢，高红．太阳帆板地面展开的气动阻力数值仿真［J］．上海航天，2006（4）．

［7］ 李淑娟．太阳能电池阵在空气介质中展开的动力学仿真［J］．振动与冲击，2002，21（4）．

［8］ 马爱军，周传月，王旭．Patran 和 Nastran 有限元分析专业教程［M］．北京：清华大学出版社，2005．

［9］ 郑建荣．ADAMS——虚拟样机技术入门与提高［M］．北京：机械工业出版社，2005．

［10］ 陈力平，张云清，任卫群，等．机械系统动力学分析及 ADAMS 应用教程［M］．北京：清华大学出版社，2005．

［11］ MSC Software．MSC．ADAMS/View 高级培训教程［M］．刑俊文，陶永忠，译．北京：清华大学出版社，2004．

［12］ T·R凯恩，D·A·列文松．动力学理论与应用［M］．北京：清华大学出版社，1988．

［13］ 芮莜亭，隋文海，劲允中．刚体的场传递矩阵及其在多体动力学中的应用［J］．宇航学报，1993（4）．

［14］ 郭峰，黄振华，邓扬明．基于 ADAMS 航天器刚性太阳帆板动力学仿真分析［J］．机械设计与制造，2004（8）．

［15］ 李震，桂长林，李志远，等．弹性轴——轴承系统动力学行为研究［J］．农业机械学报，2006（4）．

［16］ 赵希芳．ADAMS 中的柔性体分析研究［J］．电子机械工程，2006（4）．

［17］ 赖一楠，张广玉，陈志刚．基于虚拟样机的航天器对接转动模拟装置仿真研究［J］．系统仿真学报，2005（3）．

［18］ 马爱军，周传月，王旭．Patran 和 Nastran 有限元分析［M］．北京：清华大学出版社，2004．

［19］ 刑俊文．MSC．ADAMS/FLEX 与 AutoFlex 培训教程［M］．北京：科学出版社，2006．

［20］ 何柏岩，王树新．航天器太阳帆板展开过程动力学建模与仿真［J］．计算机辅助设计与图形学学报，2006（2）．

［21］ 王正林．MATLAB/Simulink 与控制系统仿真［M］．北京：电子工业出版社，2008．

［22］ 蒋建平，李东旭．带挠性附件航天器刚柔耦合动力学［J］．上海航天，2005（5）．

［23］ 杨雷，庞世伟，曲广吉．高精度航天器微振动集成建模与综合评估技术——进展综述与研究思路［C］//全国结构动力学学术研讨会，2007．

［24］ 庞世伟，杨雷，曲广吉．高精度航天器微振动建模与评估技术最近进展［J］．强度与环境，2007，34（6）．

［25］　赵伟．航天器微振动环境分析与测量技术发展［J］．航天器环境工程，2006，23（4）．

［26］　张振华，杨雷，庞世伟．高精度航天器微振动力学环境分析［J］．航天器环境工程，2009，26（6）．

［27］　蒋国伟，周徐斌，申军烽，等．卫星微振动虚拟仿真技术研究及应用［J］．计算机测量与控制，2011，19（9）．

［28］　蒋国伟，周徐斌，申军烽，等．某卫星微振动建模与仿真［J］．航天器环境工程，2011，28（1）：36－40．

第 5 章　微振动振源抑制设计

现代大型航天器，振源相对较多，Eyerman 和 Shea 认为飞轮和控制力矩陀螺工作时产生的扰动是影响有效载荷成像质量的主要扰动源，结合 Bialke、Melody、Kim、Castles 和 James 等人及哈勃望远镜飞轮振动的研究成果，可以得出，飞轮、控制力矩陀螺以及载荷内部的运动部件是引发航天器微振动的主要因素。

常用的飞轮振动抑制技术有：1）动力吸振技术，如被动式动力吸振器、变频动力吸振器、变阻尼动力吸振器等；2）被动隔振技术，如被动式阻尼隔振器、金属阻尼减振器、飞轮支架敷设约束阻尼层；3）主动隔振技术，如压电式 Hexapod 主动控制技术、电磁作动式 Bipod Strut 隔振技术等；4）阻尼减振技术。

本章重点介绍动力吸振技术和颗粒阻尼减振技术，用于飞轮等振源抑制的相关情况，其他抑制技术，如主、被动振动隔离技术等将在后续章节中介绍。

5.1　动力吸振器的原理

吸振是振动控制领域里的经典方法之一，当前仍为研究的热点。动力吸振器（dynamic vibration absorber，DVA）包括调谐质量阻尼器（tuned mass dampers，TMD）和调谐液体阻尼器（tuned liquid dampers，TLD）。H. Frahm 在 1909 年发明了吸振器专利之后，经过了一百多年的发展形成了一套较为完整的设计理论。该方法简单易行，减振效果好，在信息技术硬件产业、汽车、潜艇、工程机械、建筑桥梁等领域得到了广泛的应用。

动力吸振器是一种安放在被控对象（主结构）上的被动式振动控制装置，被控对象可能受到基础激励或外界激振力作用，卫星姿轨控推力、有效载荷短时间作用以及爆炸冲击等，可以视作基础加速度激励；飞轮转子不平衡引发的扰动力可以视作外界激振力。当外界激励频率和动力吸振器固有频率接近时，吸振器能有效地降低被控对象的振动响应，其原理是吸振器自身受到的惯性力削弱甚至抵消作用在受控对象上的干扰力。

减振系统（见图 5-1）由主振系统和吸振器两部分组成，主振系统包括飞轮安装板（蜂窝板），蜂窝板质量 m_s、刚度 k_s、阻尼 c_s；吸振器质量 m_d 通过阻尼（c_d）和弹簧（弹性系数 k_d）附着在主振系统上。x_s，x_d 分别表示主振系统和吸振器的振动幅值。

假设飞轮作用在蜂窝板上的扰动是谐波激励 $f(t)$，则减振系统的动力学方程为

$$M\ddot{X} + C\dot{X} + KX = F \tag{5-1}$$

其中

$$X = \begin{bmatrix} x_s & x_d \end{bmatrix}^{\mathrm{T}} \tag{5-2}$$

减振系统的质量、阻尼和刚度矩阵 M,C,K 分别为

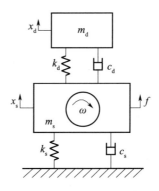

图 5-1　减振系统模型

$$M = \begin{bmatrix} m_s & 0 \\ 0 & m_d \end{bmatrix} \tag{5-3}$$

$$C = \begin{bmatrix} c_s + c_d & -c_d \\ -c_d & c_d \end{bmatrix} \tag{5-4}$$

$$K = \begin{bmatrix} k_s + k_d & -k_d \\ -k_d & k_d \end{bmatrix} \tag{5-5}$$

方程（5-1）经过拉普拉斯变换后为

$$\begin{cases} (m_s s^2 + c_s s + c_d s + k_s + k_d) X_s(s) - (c_d s + k_d) X_d(s) = F(s) \\ (m_d s^2 + c_d s + k_d) X_d(s) - (c_d s + k_d) X_s(s) = 0 \end{cases} \tag{5-6}$$

求解方程组（5-6）得到主振系统中飞轮安装板的位移传递函数如下

$$G_s(s) = \frac{X_s(s)}{F(s)} = \frac{m_d s^2 + c_d s + k_d}{(m_s s^2 + c_s s + c_d s + k_s + k_d)(m_d s^2 + c_d s + k_d) - (c_d s + k_d)^2} \tag{5-7}$$

为了无量纲化，定义参数如下

$$\mu = \frac{m_d}{m_s}, \omega_s = \sqrt{\frac{k_s}{m_s}}, \omega_d = \sqrt{\frac{k_d}{m_d}}, f = \frac{\omega_d}{\omega_s}, g = \frac{\omega}{\omega_s}, \zeta_s = \frac{c_s}{2\sqrt{m_s k_s}}, \zeta_d = \frac{c_d}{2\sqrt{m_d k_d}}, x_0 = \frac{f_0}{k_s}$$

则

$$\frac{c_d \omega}{m_d \omega_s{}^2} = 2\zeta_d g f, \frac{c_s \omega}{m_s \omega_s{}^2} = 2\zeta_s g, \frac{c_d \omega}{m_s \omega_s{}^2} = 2\zeta_d g f \mu$$

令 $s = j\omega$，则得到主振系统中飞轮安装板的位移频率响应函数为

$$H_s(\omega) = \frac{1}{k_s} \cdot \frac{A + jB}{C + jD} \tag{5-8}$$

由式（5-8）得到主振系统动力放大系数为

$$\mathrm{DMF} = \frac{|H_s(\omega)| f_0}{x_0} = \frac{\sqrt{A^2 + B^2}}{\sqrt{C^2 + D^2}} \tag{5-9}$$

其中

$$\begin{cases} A = f^2 - g^2 \\ B = 2\zeta_{\mathrm{d}}gf \\ C = (g^2 - 1)(g^2 - f^2) - \mu f^2 g^2 - 4\zeta_{\mathrm{s}}\zeta_{\mathrm{d}}fg^2 \\ D = 2g[\zeta_{\mathrm{d}}f(1 - g^2 - \mu g^2) + \zeta_{\mathrm{s}}(f^2 - g^2)] \end{cases} \qquad (5-10)$$

5.2　动力吸振器参数设计

5.2.1　李雅普诺夫法最优吸振器参数设计

抑制主结构在非零初始状态（初位移和初速度）下振动响应的目的在于提高其瞬态响应性能，本节利用状态方程建立主结构的李雅普诺夫函数，求解二次型性能指标的最小值，即最小化主结构瞬态响应的能量。以主结构速度和位移为控制对象，分别得到主结构无阻尼时，最优吸振器结构参数的封闭解析解；再通过拟牛顿法得到主结构有阻尼时，最优吸振器结构参数的数值解。

图 5-2 是本节的研究对象，其中 m_{d}，k_{d}，c_{d}，x_{d} 分别表示动力吸振器的质量、刚度系数、阻尼系数和吸振器绝对位移；m_{s}，k_{s}，c_{s}，x_{s} 分别表示主结构的对应参数。主结构和吸振器受到基础激励作用，即初始状态非零，但不受外部激励的作用时，建立系统的物理模型，如图 5-2 所示。

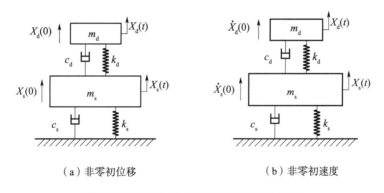

（a）非零初位移　　　　　　　　　（b）非零初速度

图 5-2　两种初始条件下动力吸振器模型

图 5-2（a）中主结构和动力吸振器受到初始位移的作用，图 5-2（b）中主结构和动力吸振器受到初始速度的作用，两种工况下的状态方程如下

$$\begin{cases} \dot{\boldsymbol{X}}(t) = \boldsymbol{A}\boldsymbol{X}(t) \\ \boldsymbol{Y}(t) = \boldsymbol{C}\boldsymbol{X}(t) \end{cases} \qquad (5-11)$$

其中

$$\boldsymbol{X}(t) = \begin{bmatrix} \dot{x_{\mathrm{s}}} & \dot{x_{\mathrm{d}}} & \omega_{\mathrm{s}}x_{\mathrm{s}} & \omega_{\mathrm{d}}x_{\mathrm{d}} \end{bmatrix}^{\mathrm{T}} \qquad (5-12)$$

$$A = \begin{bmatrix} -\dfrac{c_s + c_d}{m_s} & \dfrac{c_d}{m_s} & -\dfrac{k_s + k_d}{m_s \omega_s} & \dfrac{k_d}{m_s \omega_d} \\[3mm] \dfrac{c_d}{m_d} & -\dfrac{c_d}{m_d} & \dfrac{k_d}{m_d \omega_s} & -\dfrac{k_d}{m_d \omega_d} \\[3mm] \omega_s & 0 & 0 & 0 \\[2mm] 0 & \omega_d & 0 & 0 \end{bmatrix} \tag{5-13}$$

定义参数 $\mu = \dfrac{m_d}{m_s}, \omega_s = \sqrt{\dfrac{k_s}{m_s}}, \omega_d = \sqrt{\dfrac{k_d}{m_d}}, f = \dfrac{\omega_d}{\omega_s}, \zeta_s = \dfrac{c_s}{2\sqrt{m_s k_s}}, \zeta_d = \dfrac{c_d}{2\sqrt{m_d k_d}}$ 分别为质量比、主结构固有频率、吸振器固有频率、吸振器和主结构的调谐频率比、主结构阻尼比以及吸振器阻尼比，则系数矩阵 A 经过无量纲化可表示为

$$A = \omega_s a \tag{5-14}$$

其中

$$a = \begin{bmatrix} -2\zeta_s - 2\mu f \zeta_d & 2\mu f \zeta_d & -1-\mu f^2 & \mu f \\[2mm] 2f\zeta_d & -2f\zeta_d & f^2 & -f \\[2mm] 1 & 0 & 0 & 0 \\[2mm] 0 & f & 0 & 0 \end{bmatrix} \tag{5-15}$$

式（5-11）中，$Y(t)$ 是系统的输出函数；C 是 1×4 矩阵，矩阵中的元素根据控制对象不同而变化。若要控制主结构的位移，则

$$C = \begin{bmatrix} 0 & 0 & 1 & 0 \end{bmatrix}, Y(t) = \omega_s x_s \tag{5-16}$$

若要控制主结构的速度，则

$$C = \begin{bmatrix} 1 & 0 & 0 & 0 \end{bmatrix}, Y(t) = \dot{x}_s \tag{5-17}$$

将控制对象函数表示为二次型性能指标，系统参数最优化是要求以下二次型性能指标为极小

$$J = \int_0^\infty Y(t)^T Y(t) dt = \int_0^\infty X(t)^T C^T C X(t) dt = \int_0^\infty X(t)^T Q X(t) dt \tag{5-18}$$

式中　$Q = C^T C$——正定或半正定实对称矩阵。

根据李雅普诺夫第二法，对于渐进稳定系统，必然存在一个正定实对称矩阵 P，使得

$$A^T P + P A = -Q \tag{5-19}$$

成立，则

$$J = \int_0^\infty X^T Q X dt = -\int_0^\infty X^T (A^T P + P A) X dt = -\int_0^\infty (\dot{X}^T P X + X^T P \dot{X}) dt$$

$$= -\int_0^\infty \frac{d(X^T P X)}{dt} = X(0)^T P X(0) - X(\infty)^T P X(\infty) \tag{5-20}$$

因为系统是渐进稳定的，所以当 $t \to \infty$ 时，$X(\infty) \to 0$，于是

$$J = X(0)^T P X(0) \tag{5-21}$$

式中，初始条件 $X(0)$ 为已知量，考虑已知初位移和已知初速度两种情况。

图 5-2（a）是系统受到非零初位移作用的情况，令

$$X(0) = \begin{bmatrix} 0 & 0 & 1 & f\eta \end{bmatrix}^T \tag{5-22}$$

式中　　η——吸振器和主结构初始位移的比值。

则

$$\eta = x_d(0)/x_s(0) \qquad (5-23)$$

图 5-2（b）是系统受到非零初速度作用的情况，令

$$\boldsymbol{X}(0) = \begin{bmatrix} 1 & \rho & 0 & 0 \end{bmatrix}^T \qquad (5-24)$$

式中　　ρ——吸振器和主结构初始速度的比值。

则

$$\rho = \dot{x}_d(0)/\dot{x}_s(0) \qquad (5-25)$$

5.2.2　基于多变异位自适应遗传算法的最优吸振器参数设计

5.2.1 节研究了主结构在基础激励下（非零初始状态）最优吸振器的设计方法，获得了主结构无阻尼时吸振器最优参数的解析解，以及主结构有阻尼时吸振器最优参数的数值解。本节着重研究主结构在外界激励下最优动力吸振器的设计方法，采用多变异位自适应遗传算法（multi-mutation adaptive genetic algorithm，MMAGA）计算最优参数，通过回归分析分别得到最优调谐频率比和吸振器最优阻尼比的数学表达式，并对最优参数表达式的精度进行分析。

5.2.2.1　多变异位自适应遗传算法

遗传算法模拟自然界选择和遗传中发生的选择、交叉和变异等现象，从任一初始群体出发，通过遗传操作产生更适应环境的个体，使群体进化到搜索空间中越来越好的区域，最后收敛到最优解。

选择的目的是确定交叉个体，标准是按照适应度计算结果来进行。常用的算法有轮盘赌选择、随机遍历抽样、局部选择、截断选择、锦标赛选择等。其中轮盘赌策略的思路是：令 $PP_i = \sum_{j=1}^{i} p_j$，$PP_0 = 0$，其中 PP_i 为累计概率，p_i 为个体的选择概率，计算公式为 $p_i = \dfrac{\text{fitness}(x_i)}{\sum\limits_{i=1}^{N_P} \text{fitness}(x_i)}$，其中 $\text{fitness}(x_i)$ 为个体的适应度。共转轮 N_P 次（N_P 为种群个体数），每次转轮时，随机产生 0 到 1 之间的随机数 r，当 $PP_{i-1} \leqslant r < PP_i$ 时，选择个体 i。从选择概率的计算公式可以看出，个体适应值越大，其选择概率越大，因此如果将目标函数作为适应函数，则遗传算法就是求目标函数的最大值。

遗传算法参数中交叉概率和变异概率的选择将影响算法的收敛性，而自适应遗传算法的交叉概率和变异概率能随适应度自动改变：当种群个体适应度趋于一致或者趋于局部最优时，使交叉概率和变异概率增加；而当群体适应度比较分散时，使交叉概率和变异概率减小。

交叉概率 P_c 的计算公式为

$$P_c = \begin{cases} \dfrac{k_1(f_{max} - f)}{f_{max} - f_{avg}}, & f \geqslant f_{avg} \\[2mm] k_2, & f < f_{avg} \end{cases} \qquad (5-26)$$

式中 f_{max} ——群体中的最大适应度值；

f_{avg} ——群体平均适应度值；

f' ——要交叉的两个个体中较大的适应度值；

k_1，k_2 ——常数。

变异概率 P_m 的计算公式为

$$P_m = \begin{cases} \dfrac{k_3(f_{max} - f')}{f_{max} - f_{avg}}, f' \geqslant f_{avg} \\ k_4, f' < f_{avg} \end{cases} \tag{5-27}$$

式中 f' ——要变异个体的适应度值；

k_3，k_4 ——常数。

为了增加种群的多样性，防止种群陷入"早熟"，在自适应遗传算法中引入多变异位的概念，即多变异位自适应遗传算法，其核心是将自变量二进制表示形式的多个位取反。若群体最大适应度值等于最小适应度值，则只产生一个变异位，否则随机产生变异位的个数，再随机产生每次变异的位置，然后对选中个体进行变异。具体求解步骤为：

1）随机生成初始种群，个体数目一定，每个个体表示为染色体的基因编码；

2）用轮盘赌策略确定个体的适应度，并判断是否符合优化准则，若符合，输出最佳个体及其代表的最优解，并结束计算，否则重复步骤2）；

3）依据适应度选择再生个体，适应度高的个体被选中的概率高，适应度低的个体可能被淘汰；

4）按照交叉概率和交叉方法，生成新的个体；

5）通过自适应方法产生变异概率，如果群体最大适应度值等于最小适应度值，则只产生一个变异位，否则随机产生变异位的个数，再随机产生每次变异的位置，然后对选中的个体进行变异；

6）由交叉和变异产生新一代的种群，返回到步骤2）。

经过以上6个步骤得到最优的计算结果，多变异位自适应遗传算法的流程如图5-3所示。

5.2.2.2 阻尼系统参数优化

主振系统无阻尼时，即 $\zeta_s = 0$，Ormondroyd 和 Den Hartog 根据固定点理论得到：动力吸振器阻尼变化时，主振系统所有动力放大系数曲线经过两个固定点 P,Q，如图5-4所示，则吸振器最优参数可以通过令 P,Q 两点响应幅值相等求出，最优参数如下

$$f = \frac{1}{1+\mu} \tag{5-28}$$

$$\zeta_s = \sqrt{\frac{3\mu}{8(1+\mu)}} \tag{5-29}$$

当主振系统阻尼比 $\zeta_s \neq 0$ 时，其动力放大系数曲线不经过任何一个固定点，如图5-5所示，应用于无阻尼系统的动力吸振器参数寻优方法并不适用于有阻尼系统，本节拟采用多变异位自适应遗传算法求解动力吸振器最优参数的数值解。

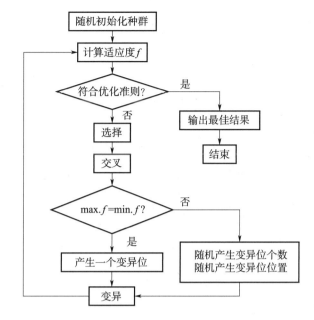

图 5-3　多变异位自适应遗传算法流程图

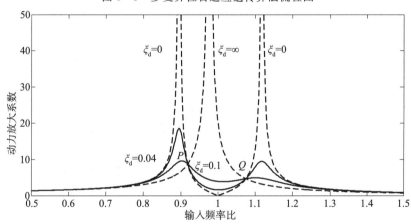

图 5-4　无阻尼系统动力放大系数（$f=1, \mu=0.05$）

根据图 5-5 中减振系统模型得到其状态方程为

$$\begin{cases} \dot{\boldsymbol{X}}(t) = \boldsymbol{A}\boldsymbol{X}(t) + \boldsymbol{B}f(t) \\ \boldsymbol{Y}(t) = \boldsymbol{C}\boldsymbol{X}(t) \end{cases} \qquad (5-30)$$

式中，$\boldsymbol{A}, \boldsymbol{C}$ 的取值与 5.2.1 节相同，$\boldsymbol{B} = [1/m_{\mathrm{s}} \quad 0 \quad 0 \quad 0]^{\mathrm{T}}$。

通过优化质量比 μ、主振系统阻尼比 ζ_{s}、吸振器阻尼比 ζ_{d} 和调谐频率比 f 使主振系统频率响应函数 y 最小。y 有 4 个决策变量，是优化问题的目标函数，采用多变异位自适应遗传算法求解参数最优值；为缩小决策变量取值范围，提高进化速度，首先确定吸振器结构参数的大致约束条件，则减振系统目标函数的优化问题可描述为

$$\min. \max \{ y(\mu, \zeta_{\mathrm{s}}, f, \zeta_{\mathrm{d}}) \}$$

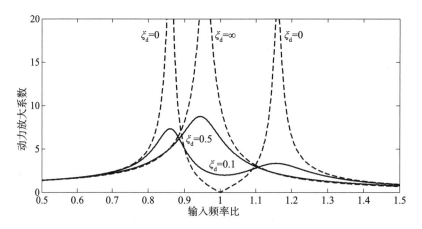

图 5-5　有阻尼系统动力放大系数（$f = 1, \mu = 0.08, \zeta_s = 0.02$）

$$\text{s. t.} \begin{cases} \mu = 0.005 : 0.005 : 0.1 \\ \zeta_s = 0.01 : 0.02 : 0.09 \\ 0.9 \leqslant f \leqslant 1 \\ 0.04 \leqslant \zeta_d \leqslant 0.2 \end{cases} \tag{5-31}$$

主要寻优过程如下：

1）参数编码。对决策变量进行二进制编码，考虑参数的实际情况，仅对频率比 f 和吸振器阻尼比 ζ_d 进行编码。

2）设定初始种群 N_P。在遗传算法处理流程中，编码后的任务是初始种群的设定，并以此为起点，一代代进化直到按某种进化停止准则终止进化过程，由此得到最后一代。初始种群的选取通常采用随机选取的方式。

3）适应度函数设计。遗传算法的求解目标是求目标函数的最大值，根据减振系统模型的优化准则，选取适应度函数为状态方程（5-30）在频域中振动响应最大值的倒数

$$\text{fitness} = \frac{1}{\max\{\text{bode}(\text{system})\}} \tag{5-32}$$

合理设置自适应遗传算法的参数如下：种群大小 $N_P = 50$，最大进化代数 $N_G = 200$，交叉概率常数 $k_1 = 0.5$，交叉概率常数 $k_2 = 0.9$，变异概率常数 $k_3 = 0.02$，变异概率常数 $k_4 = 0.05$，离散精度 eps $= 0.000\,1$，则最优参数（调谐频率比 f 和吸振器阻尼比 ζ_d）和主振系统的动力放大系数 DMF 如表 5-1 所示；图 5-6 为主振系统阻尼比不同时，其动力放大系数随质量比变化的曲线。

根据表 5-1 中的数据和图 5-6 可以看出：

1）增加主振系统的阻尼比使得吸振器的最优频率略微减小，吸振器最优阻尼比略微增加，主振系统的动力放大系数减小；

2）当质量比和主振系统阻尼比很小时，主振系统阻尼比增大使动力放大系数显著减小，因此主振系统的阻尼也有一定的抑制振动作用，其阻尼通过耗散能量达到降低主振系统振动响应的目的；

表 5-1　阻尼系统最优参数

μ	$\zeta_s = 0.01$			$\zeta_s = 0.02$			$\zeta_s = 0.03$			$\zeta_s = 0.04$			$\zeta_s = 0.05$		
	f_{opt}	ζ_{dopt}	DMF	f_{opt}	ζ_{dopt}	DMF	f_{opt}	ζ_{dopt}	DMF	f_{opt}	ζ_{dopt}	DMF	f_{opt}	ζ_{dopt}	DMF
0.005	0.993 9	0.044 8	14.824 9	0.992 6	0.046 4	11.707 5	0.991 2	0.046 9	9.647 4	0.989 5	0.048 2	8.189 1	0.987 6	0.049 5	7.106 9
0.010	0.988 6	0.062 5	11.372 8	0.986 9	0.064 6	9.465 2	0.985 0	0.065 7	8.091 1	0.983 0	0.066 4	7.057 3	0.980 7	0.067 5	6.251 5
0.015	0.983 4	0.076 6	9.655 5	0.981 4	0.076 6	8.255 5	0.979 3	0.077 9	7.200 5	0.976 9	0.079 4	6.377 0	0.974 3	0.082 0	5.719 2
0.020	0.978 3	0.088 4	8.569 8	0.976 1	0.089 3	7.453 9	0.973 7	0.089 7	6.588 6	0.971 1	0.091 1	5.898 9	0.968 3	0.092 6	5.337 0
0.025	0.973 3	0.098 3	7.799 4	0.970 9	0.097 9	6.869 1	0.968 3	0.099 2	6.132 2	0.965 4	0.102 8	5.534 2	0.962 4	0.104 0	5.040 2
0.030	0.968 4	0.106 5	7.215 1	0.965 8	0.107 3	6.415 9	0.963 0	0.108 2	5.771 9	0.960 0	0.109 3	5.242 4	0.956 8	0.110 8	4.799 9
0.035	0.963 6	0.113 5	6.752 6	0.960 7	0.115 1	6.050 7	0.957 8	0.116 5	5.477 1	0.954 6	0.118 6	5.000 5	0.951 2	0.121 3	4.599 1
0.040	0.958 8	0.121 0	6.373 6	0.955 8	0.123 3	5.746 9	0.952 7	0.123 9	5.229 7	0.949 3	0.127 2	4.795 9	0.945 8	0.128 7	4.427 4
0.045	0.954 0	0.129 0	6.055 4	0.950 9	0.130 0	5.489 4	0.947 6	0.132 5	5.017 7	0.944 2	0.132 9	4.618 9	0.940 5	0.135 8	4.278 1
0.050	0.949 3	0.135 8	5.783 8	0.946 1	0.136 9	5.267 2	0.942 7	0.138 2	4.833 2	0.939 1	0.140 0	4.463 9	0.935 4	0.140 2	4.146 3
0.055	0.944 7	0.141 4	5.548 0	0.941 3	0.142 6	5.072 8	0.937 8	0.144 9	4.670 6	0.934 1	0.146 4	4.326 4	0.930 2	0.148 4	4.028 9
0.060	0.940 1	0.147 5	5.340 9	0.936 6	0.148 5	4.900 6	0.933 0	0.150 6	4.525 8	0.929 2	0.152 0	4.203 3	0.925 2	0.153 8	3.923 2
0.065	0.935 6	0.152 6	5.157 0	0.932 0	0.154 7	4.746 7	0.928 3	0.155 5	4.395 7	0.924 4	0.156 8	4.092 2	0.920 3	0.158 5	3.827 3
0.070	0.931 1	0.158 2	4.992 0	0.927 4	0.159 7	4.608 1	0.923 6	0.161 2	4.277 8	0.919 6	0.162 5	3.991 0	0.915 4	0.164 4	3.739 8
0.075	0.926 6	0.164 1	4.843 4	0.922 9	0.164 9	4.482 4	0.918 9	0.167 4	4.170 4	0.914 9	0.167 4	3.898 5	0.910 6	0.169 4	3.659 5
0.080	0.922 2	0.169 1	4.708 3	0.918 4	0.170 4	4.367 6	0.914 4	0.171 3	4.071 9	0.910 2	0.173 1	3.813 3	0.905 9	0.173 8	3.585 4
0.085	0.917 9	0.173 2	4.584 9	0.913 9	0.174 7	4.262 3	0.909 9	0.175 8	3.981 3	0.905 6	0.177 9	3.734 6	0.901 2	0.178 9	3.516 6
0.090	0.913 6	0.177 7	4.471 5	0.909 6	0.179 3	4.165 1	0.905 4	0.180 9	3.897 3	0.901 1	0.181 9	3.661 6	0.896 6	0.183 3	3.452 7
0.095	0.909 2	0.182 5	4.366 9	0.905 2	0.184 1	4.075 1	0.901 0	0.185 2	3.819 3	0.896 6	0.186 6	3.593 6	0.892 0	0.188 5	3.392 9
0.100	0.905 1	0.186 6	4.270 0	0.900 9	0.189 0	3.991 5	0.896 6	0.189 9	3.746 7	0.892 2	0.190 4	3.530 0	0.887 5	0.192 8	3.336 9

续表

μ	$\zeta_s = 0.06$			$\zeta_s = 0.07$			$\zeta_s = 0.08$			$\zeta_s = 0.09$			$\zeta_s = 0.10$		
	f_{opt}	ζ_{dopt}	DMF	f_{opt}	ζ_{dopt}	DMF	f_{opt}	ζ_{dopt}	DMF	f_{opt}	ζ_{dopt}	DMF	f_{opt}	ζ_{dopt}	DMF
0.005	0.985 5	0.050 8	6.273 6	0.983 2	0.051 6	5.613 6	0.980 7	0.052 8	5.078 3	0.978 0	0.053 5	4.635 8	0.975 1	0.054 6	4.264 2
0.010	0.978 2	0.069 5	5.608 1	0.975 5	0.070 0	5.084 1	0.972 7	0.072 0	4.648 6	0.969 6	0.072 9	4.281 0	0.966 3	0.073 4	3.967 5
0.015	0.971 6	0.082 4	5.183 3	0.968 6	0.083 6	4.736 7	0.965 4	0.085 5	4.361 4	0.962 1	0.086 3	4.040 3	0.958 5	0.086 9	3.763 6
0.020	0.965 3	0.094 0	4.871 1	0.962 1	0.095 3	4.478 9	0.958 7	0.096 0	4.144 6	0.955 1	0.097 9	3.856 6	0.951 3	0.099 3	3.606 4
0.025	0.959 2	0.105 2	4.625 9	0.955 8	0.106 6	4.274 0	0.952 3	0.106 2	3.971 4	0.948 5	0.107 2	3.708 5	0.944 5	0.108 9	3.478 3
0.030	0.953 4	0.112 7	4.425 2	0.949 8	0.115 3	4.104 3	0.946 1	0.114 5	3.826 8	0.942 1	0.117 5	3.584 0	0.938 0	0.117 7	3.370 6
0.035	0.947 7	0.121 5	4.256 1	0.944 0	0.121 9	3.960 5	0.940 1	0.122 6	3.703 2	0.936 0	0.123 6	3.477 3	0.931 7	0.125 5	3.277 4
0.040	0.942 2	0.127 8	4.110 7	0.938 3	0.130 0	3.835 9	0.934 2	0.132 8	3.595 6	0.930 0	0.132 5	3.383 5	0.925 6	0.133 2	3.195 5
0.045	0.936 7	0.136 8	3.983 3	0.932 7	0.138 3	3.726 4	0.928 6	0.137 0	3.500 6	0.924 2	0.139 3	3.300 5	0.919 6	0.142 3	3.122 4
0.050	0.931 4	0.142 9	3.870 3	0.927 3	0.143 8	3.628 6	0.923 0	0.145 1	3.415 4	0.918 5	0.146 9	3.225 9	0.913 8	0.149 5	3.056 8
0.055	0.926 2	0.148 7	3.769 5	0.922 0	0.149 2	3.540 8	0.917 6	0.150 2	3.338 7	0.913 0	0.151 6	3.158 4	0.908 2	0.153 7	2.996 9
0.060	0.921 1	0.154 0	3.677 7	0.916 7	0.156 9	3.461 2	0.912 2	0.158 0	3.268 8	0.907 5	0.159 6	3.096 8	0.902 7	0.158 7	2.942 3
0.065	0.916 0	0.160 8	3.594 5	0.911 6	0.161 5	3.388 4	0.907 0	0.162 7	3.204 7	0.902 2	0.164 5	3.040 1	0.897 3	0.163 9	2.892 0
0.070	0.911 1	0.164 9	3.518 3	0.906 5	0.167 9	3.321 6	0.901 0	0.167 2	3.145 8	0.897 0	0.169 1	2.987 8	0.891 9	0.171 9	2.845 4
0.075	0.906 2	0.170 3	3.448 1	0.901 6	0.171 5	3.259 8	0.896 8	0.173 3	3.091 1	0.891 8	0.175 8	2.939 4	0.886 7	0.176 5	2.802 0
0.080	0.901 4	0.174 9	3.383 1	0.896 7	0.176 5	3.202 4	0.891 8	0.178 8	3.040 3	0.886 8	0.179 6	2.894 1	0.881 6	0.180 8	2.761 5
0.085	0.896 6	0.180 5	3.322 6	0.891 8	0.182 7	3.149 1	0.886 9	0.183 5	2.992 9	0.881 8	0.185 0	2.851 7	0.876 6	0.184 7	2.723 6
0.090	0.891 9	0.185 3	3.266 2	0.887 1	0.186 2	3.099 1	0.882 1	0.187 7	2.948 4	0.876 9	0.189 7	2.812 0	0.871 6	0.190 3	2.687 9
0.095	0.887 3	0.189 4	3.213 4	0.882 4	0.190 8	3.052 2	0.877 3	0.192 9	2.906 6	0.872 1	0.193 8	2.774 6	0.866 7	0.195 2	2.654 3
0.100	0.882 7	0.194 3	3.163 9	0.877 8	0.194 7	3.008 1	0.872 7	0.195 7	2.867 3	0.867 4	0.197 1	2.739 3	0.861 9	0.199 3	2.622 5

3）当质量比和主振系统阻尼比很小时，质量比的小范围增加会显著增大吸振器的减振效果。

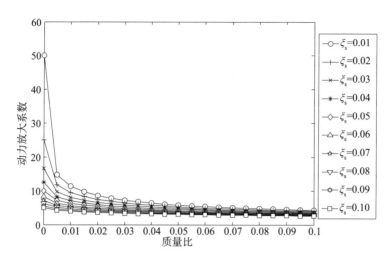

图 5-6　主振系统动力放大系数

图 5-7 是主振系统阻尼比 $\zeta_s = 0.01$，质量比 $\mu = 0.095$ 情况下决策变量的收敛曲线，图中曲线表明种群的决策变量（调谐频率比 f 和吸振器阻尼比 ζ_d）分别在第 50 代和第 160 代左右达到收敛状态时的最优值。为了达到和遗传算法同样的计算精度，穷举法需要计算 $1\,600 \times 1\,000 = 1.6 \times 10^6$ 次，比遗传算法多很多，因此遗传算法的求解过程不仅是收敛的，而且计算效率也得到了提高。

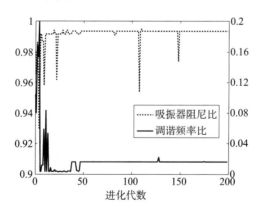

图 5-7　决策变量收敛曲线

为了评估主振系统阻尼比对吸振器抑振效果的影响，引入衰减系数 R，其表示安装最优吸振器和未安装吸振器（如图 5-8 所示）两种情况下主振系统最大动力放大系数的比值，$R = \dfrac{\mathrm{DMF}}{D_{\max}}$，如图 5-9 所示。

未安装吸振器的有阻尼系统动力放大系数为 $D_{\max}$，具体求法如下。

无吸振器系统的振动方程为

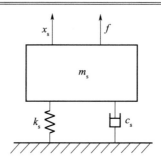

图 5-8　无吸振器系统

$$m_s \ddot{x}_s + c_s \dot{x}_s + k_s x_s = f \qquad (5-33)$$

经拉普拉斯变换为

$$m_s s^2 X_s(s) + c_s s X_s(s) + k_s X_s(s) = F(s) \qquad (5-34)$$

传递函数为

$$G(s) = \frac{X_s(s)}{F(s)} = \frac{1}{m_s s^2 + c_s s + k_s} \qquad (5-35)$$

频响函数为

$$H(\omega) = \frac{1}{k_s - m_s \omega^2 + \mathrm{j} c_s \omega} = \frac{1}{m_s} \frac{1}{{\omega_s}^2 - \omega^2 + \mathrm{j} \dfrac{c_s \omega}{m_s}} \qquad (5-36)$$

$$= \frac{1}{m_s {\omega_s}^2} \frac{1}{1 - g^2 + \mathrm{j} \cdot 2 \zeta_s g}$$

其中

$$\zeta_s = \frac{c_s}{2\sqrt{m_s k_s}}$$

则无吸振器系统动力放大系数为

$$D = \frac{|H(\omega)| f_0}{x_0} = \frac{1}{\sqrt{g^4 + 2(2{\zeta_s}^2 - 1)g^2 + 1}} \qquad (5-37)$$

无吸振器系统动力放大系数最大值为

$$D_{\max} = D(g^2 = 1 - 2{\zeta_s}^2) = \frac{1}{2\zeta_s \sqrt{1 - {\zeta_s}^2}} \qquad (5-38)$$

图 5-9 表明动力吸振器在低阻尼主振系统中的减振效果更好,即主振系统阻尼比越小,吸振器减振效果越好。例如选定质量比 $\mu = 0.05$,主结构阻尼比 $\zeta_s = 0.01$ 时衰减系数 $R = 0.115\,7$;而 $\zeta_s = 0.1$ 时,衰减系数 $R = 0.521\,9$。图 5-9 还表明增大质量比 μ 能进一步降低主振系统的响应,但是相同的质量增量,越重的吸振器减振效果的提升越不明显。

根据装有最优吸振器的阻尼系统动力放大系数曲线（见图 5-10）可以发现每条曲线有两个相等的幅值。当激励频率在主振系统固有频率附近时,吸振器能够明显降低主振系统振动响应;但是在低频段的减振效果不显著,而且在低频段增大质量比可能使得原来的响应增大。

5.2.3　动力吸振器最优参数表达式

为了便于工程应用,根据表 5-1 中的数据采用回归分析得到符合最优参数的数学表

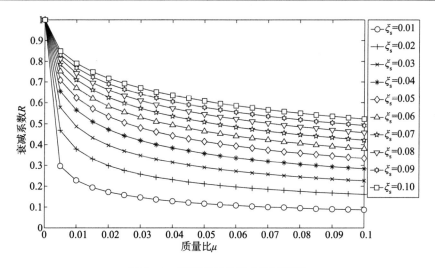

图 5 - 9　阻尼系统的动力衰减系数

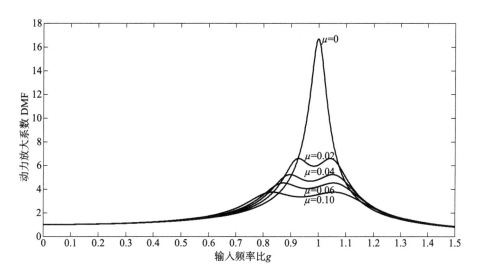

图 5 - 10　装有最优吸振器的阻尼系统不同质量比时的响应曲线（ $\zeta_{\mathrm{s}} = 0.03$ ）

达式。

5.2.3.1　最优调谐频率比 f 的表达式

图 5 - 11 为主振系统阻尼比 ζ_{s} 不同时，最优调谐频率比 f 和质量比 μ 之间的关系曲线以及无阻尼系统最优调谐频率比 f 和质量比 μ 之间的关系曲线。从图中可以发现主振系统阻尼比越大，阻尼系统的最优调谐频率比 f 偏离无阻尼系统最优调谐频率比 f 越远。

根据表 5 - 1 和图 5 - 11 中的数据，对图 5 - 11 中 $\zeta_{\mathrm{s}} = 0.01, 0.03, 0.05, 0.07, 0.09$ 五条曲线进行回归分析，得到关于曲线的数学表达式。分析过程如下。

无吸振器的阻尼系统共振频率为

$$f = \sqrt{1 - 2\zeta_{\mathrm{s}}^2} \tag{5-39}$$

对于阻尼系统来说，当质量比 $\mu \rightarrow 0$ 时，最优调谐频率比应接近式（5 - 39）的值；当

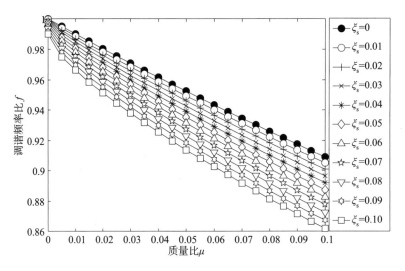

图 5-11　最优频率比

主振系统阻尼比 $\zeta_s \rightarrow 0$ 时，最优调谐频率比应接近式（5-28）的值。因此，阻尼系统的最优调谐频率的数学表达式应包括如下形式

$$f_0 = \frac{1}{1+\mu} + \sqrt{1-2\zeta_s^2} - 1 \tag{5-40}$$

将表 5-1 中最优调谐频率比 f 最优值与 f_0 的差值用 f_Δ 表示，如图 5-12 所示，则 $f = f_0 + f_\Delta$。通过回归分析得到 f_Δ 的显示数学表达式 F_Δ，即得到频率比 f 的表达式为 $f = f_0 + F_\Delta$。

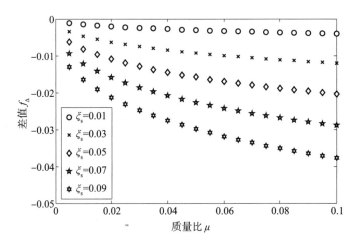

图 5-12　f 最优值与 f_0 的差值

显然差值 f_Δ 的数学表达式 F_Δ 是关于质量比 μ 和主振系统阻尼比 ζ_s 两个变量的函数，令 $x = \mu$，$y = \zeta_s$，则设 F_Δ 的二元模型为

$$F_\Delta = A + B\sqrt{x} + C\sqrt{y} + D\sqrt{xy} + Ex + Fy + Gxy + H\sqrt{x}x + I\sqrt{y}x + J\sqrt{xy}x +$$
$$K\sqrt{x}y + L\sqrt{y}y + M\sqrt{xy}y + N\sqrt{x}xy + O\sqrt{y}xy + P\sqrt{xy}xy$$

通过最小二乘法拟合求得回归系数 $A \sim P$，见表 5-2。

表 5-2　F_Δ 的拟合回归系数

A	B	C	D	E	F	G	H
4.573×10^{-4}	0.001 1	$-0.014\ 2$	-0.006	0.003	0.133 4	0.218 2	$-0.018\ 2$

I	J	K	L	M	N	O	P
$-0.019\ 5$	0.184 8	$-1.520\ 8$	$-0.456\ 8$	0.364 5	0.856 5	0.547 2	0.099 4

比较拟合函数值 F_Δ 和实际差值 f_Δ，得到差值 f_Δ 和其数学表达式 F_Δ 的相对误差为 $\mathrm{Err} = \dfrac{f_\Delta - F_\Delta}{f} \times 100\%$，如图 5-13 所示，从图中可以发现差值 f_Δ 数学表达式 F_Δ 的最大误差不超过 $\pm 0.007\%$，说明差值 f_Δ 的数学表达式 F_Δ 与实际值一致性很好，精度很高。

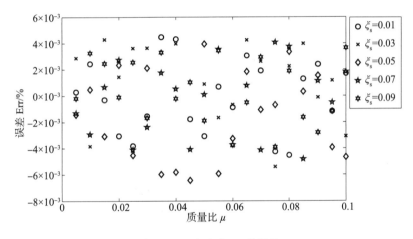

图 5-13　表达式 F_Δ 的误差

由于数学表达式 F_Δ 比较复杂，不利于工程应用，所以需要对 F_Δ 进行修正，将 F_Δ 表达式中的系数 $A \sim P$ 中小于 0.1 的舍去，此时得到新的表达式为

$$\widetilde{F}_\Delta = Fy + Gxy + J\sqrt{xy}x + K\sqrt{x}y + L\sqrt{y}y + M\sqrt{xy}y + N\sqrt{x}xy + O\sqrt{y}xy$$
$$= J\sqrt{x^3}y^{\frac{1}{2}} + (F + Gx + K\sqrt{x} + N\sqrt{x^3})y + (L + M\sqrt{x} + Ox)y^{\frac{3}{2}}$$
$$= J\sqrt{\mu^3}\zeta_\mathrm{s}^{\frac{1}{2}} + (F + G\mu + K\sqrt{\mu} + N\sqrt{\mu^3})\zeta_\mathrm{s} + (L + M\sqrt{\mu} + O\mu)\zeta_\mathrm{s}^{\frac{3}{2}}$$

修正后表达式 $\widetilde{F}_\Delta$ 的误差曲线如图 5-14 所示，通过比较 $\widetilde{F}_\Delta$ 相对于 f 的误差可以发现，最大误差不超过 0.6%；误差的规律性比表达式 F_Δ 更强。从图 5-14 中可以看出，误差与质量比成一定的线性关系，说明 $\widetilde{F}_\Delta$ 的显式表达式精度较高，能够满足工程需求。

因此，最优频率比的数学表达式为

$$f = \frac{1}{1+\mu} + \sqrt{1 - 2\zeta_\mathrm{s}^2} - 1 + J\sqrt{\mu^3}\zeta_\mathrm{s}^{\frac{1}{2}} + (F + K\sqrt{\mu} + G\mu + N\sqrt{\mu^3})\zeta_\mathrm{s} +$$
$$(L + M\sqrt{\mu} + O\mu)\zeta_\mathrm{s}^{\frac{3}{2}} \tag{5-41}$$

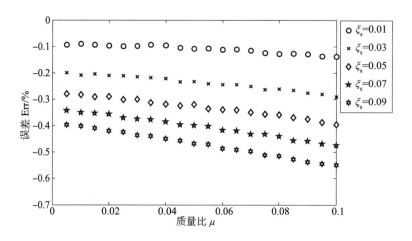

图 5 - 14　修正后表达式 $\widetilde{F}_\Delta$ 的误差

5.2.3.2　吸振器阻尼比 ζ_d 的表达式

图 5 - 15 所示为阻尼系统中主振系统阻尼比 ζ_s 不同时，吸振器最优阻尼比 ζ_d 和质量比 μ 之间的关系曲线以及无阻尼系统 ζ_d 和质量比 μ 之间的关系曲线。从图中可以发现主振系统阻尼比越大，吸振器阻尼比 ζ_d 偏离无阻尼吸振器阻尼比 ζ_d 越远。

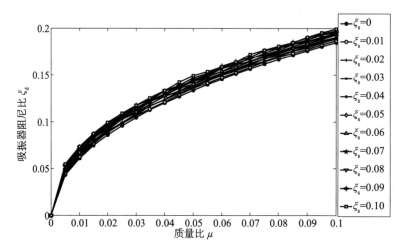

图 5 - 15　吸振器最优阻尼比

通过回归分析图 5 - 15 中 $\zeta_s = 0.01, 0.03, 0.05, 0.07, 0.09$ 五条曲线得到吸振器最优阻尼比 ζ_d 的数学表达式，分析过程如下。

无阻尼系统吸振器最优阻尼比为

$$\zeta_{d0} = \sqrt{\frac{3\mu}{8(1+\mu)}} \tag{5-42}$$

当主振系统阻尼比 $\zeta_s \to 0$ 时，吸振器最优阻尼比应接近式（5 - 42）无阻尼系统吸振器最优阻尼比的值。因此，阻尼系统的吸振器最优阻尼比数学表达式必须包括式（5 -

42）。令 $\zeta_d = \zeta_{d0} + \zeta_{d\Delta}$，$\zeta_{d\Delta}$ 为吸振器最优阻尼比数值解 ζ_d 与 ζ_{d0} 的差值，如图 5-16 所示。

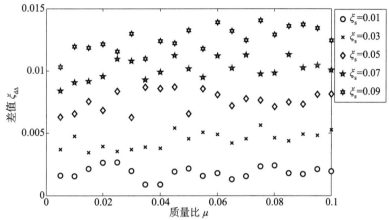

图 5-16　ζ_d 最优值与 ζ_{d0} 的差值曲线

差值 $\zeta_{d\Delta}$ 是关于质量比 μ 和主振系统阻尼比 ζ_s 两个变量的函数，令 $x = \mu$，$y = \zeta_s$，则设 $\zeta_{d\Delta}$ 的二元模型为

$$\zeta_{D\Delta} = B_1\sqrt{x} + B_2\sqrt{y} + B_3\sqrt{xy} + B_4 x + B_5 y + B_6 xy + B_7 x^2 + B_8 y^2 \qquad (5-43)$$

通过最小二乘法拟合求得回归系数 $B_1 \sim B_8$，见表 5-3。

表 5-3　$\zeta_{D\Delta}$ 的拟合回归系数

B_1	B_2	B_3	B_4	B_5	B_6	B_7	B_8
0.023 3	−0.024 7	0.039 3	−0.090 2	0.218 4	−0.022 3	0.257 2	−0.421 6

比较拟合函数值 $\zeta_{D\Delta}$ 和实际差值 $\zeta_{d\Delta}$，得到吸振器最优阻尼比 ζ_d 数学表达式的相对误差为 $\mathrm{Err} = \dfrac{\zeta_{d\Delta} - \zeta_{D\Delta}}{\zeta_d} \times 100\%$，如图 5-17 所示，从图中可以发现表达式的最大误差不超过 $\pm 1.2\%$，说明最优阻尼比 ζ_d 表达式的精度能满足工程应用需求。

则吸振器最优阻尼比的表达式为

$$\zeta_d = \sqrt{\frac{3\mu}{8(1+\mu)}} + (B_1\sqrt{\mu} + B_4\mu + B_7\mu^2) + (B_2 + B_3\sqrt{\mu})\zeta_s^{\frac{1}{2}} + (B_5 + B_6\mu)\zeta_s + B_8\zeta_s^{\ 2}$$

$$(5-44)$$

5.2.3.3　最优参数表达式精度分析

将式（5-39）和式（5-42）表示的无阻尼系统最优参数代入式（5-9）中得到主振系统动力放大系数，与表 5-1 中数值解比较相差很多，最大误差达到了 10%，如图 5-18（a）所示；同样的，将式（5-41）和式（5-44）表示的有阻尼系统最优参数代入式（5-9）得到动力放大系数，这时最大误差只有 0.021%，如图 5-18（b）所示，误差明显降低了；说明计算有阻尼系统的最优参数时，必须考虑主振系统的阻尼比对求解最优参数的影响。

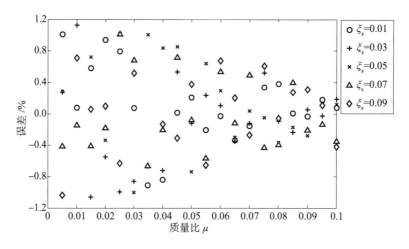

图 5-17　ζ_d 的表达式误差

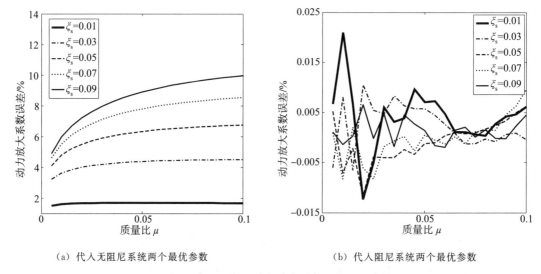

（a）代入无阻尼系统两个最优参数　　　　　（b）代入阻尼系统两个最优参数

图 5-18　动力放大系数误差

　　根据式（5-44）得到阻尼系统的吸振器最优阻尼比和无阻尼系统最优调谐频率比计算出的主振系统动力放大系数误差曲线如图 5-18（a）所示；根据式（5-41）得到阻尼系统的最优调谐频率比和无阻尼系统吸振器最优阻尼比计算出的主振系统动力放大系数误差曲线如图 5-18（b）所示。上述代入主振系统动力放大系数的参数分为两种工况（如图 5-19 所示）：

　　工况 1：阻尼系统中吸振器最优阻尼比＋无阻尼系统中最优调谐频率比；

　　工况 2：阻尼系统中最优调谐频率比＋无阻尼系统中吸振器最优阻尼比。

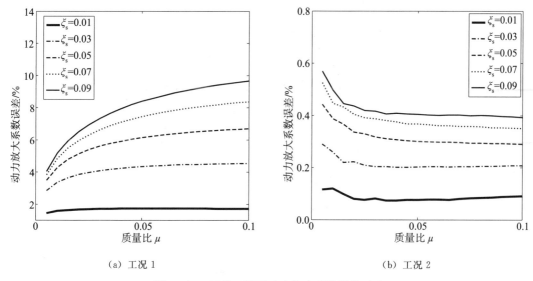

（a）工况 1　　　　　　　　　　　　　　　　　　　（b）工况 2

图 5 - 19　两种工况下动力放大系数误差对比

　　从图 5 - 18 和图 5 - 19 中可以发现，图 5 - 19（b）的动力放大系数误差明显比图 5 -
18（a）小很多，而图 5 - 19（a）与图 5 - 18（a）比较变化不明显，说明参数最优调谐频
率比比吸振器阻尼比更加敏感。

　　为了研究阻尼系统最优参数数学表法式［式（5 - 41）和式（5 - 44）］在其他工况下
的精度，令主振系统阻尼比 $\zeta_s = 0.02 : 0.02 : 0.1$，得到相应参数的误差曲线，如图 5 - 20
所示。图 5 - 20（a）为主振系统动力放大系数误差曲线，从图中可看出最大误差不超过
0.02%；图 5 - 20（b）为最优调谐频率比误差曲线，最大误差不超过 0.01%；图 5 - 20
（c）为吸振器最优阻尼比误差曲线，最大误差不超过 2%，由此看出最优参数的表达式非
常精确，误差很小；最优参数数学表达式对求解主振系统动力放大系数的误差影响也
很小。

5.3　吸振器结构设计实例

　　5.2.2 节采用多变异位自适应遗传算法研究了主振系统受到简谐激振力作用时，动力
吸振器结构参数的最优值，通过回归分析得到最优频率比和吸振器最优阻尼比的数学表达
式。本节设计、分析了主振系统（即吸振器性能测试的实验平台）的结构和特性，根据主
振系统动力学特性和最优参数表达式得到吸振器结构的最优参数，设计吸振器结构。

　　实际上，飞轮通过飞轮支架安装在蜂窝板上，因此，验证动力吸振器的减振性能首
先要为其设计模拟飞轮安装板（蜂窝板）的实验平台，即理论模型中的主振系统，仿真
分析得到实验平台动力学特性，根据 5.2.3 节的结论得到吸振器结构参数，详细设计吸
振器的具体结构。以弹簧单元自由长度为目标函数，采用数值寻优计算弹簧尺寸的最优
参数。

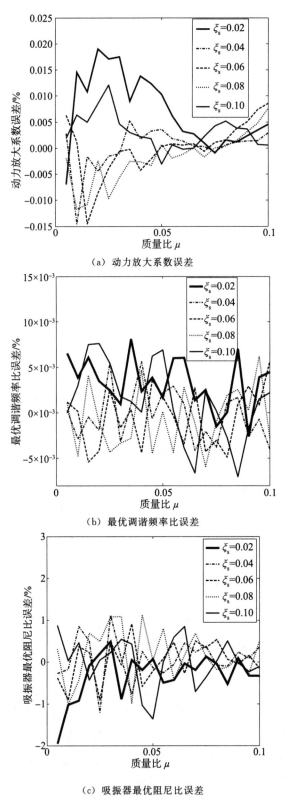

（a）动力放大系数误差

（b）最优调谐频率比误差

（c）吸振器最优阻尼比误差

图 5 - 20　最优参数表达式在其他工况下的误差

5.3.1　实验平台设计

采用典型的梁结构实验平台进行吸振器减振效果评估。两端固支梁因其结构简单、成本低廉等优点，国内外学者采用固支梁或简支梁作为主振系统研究动力吸振器的减振性能。搭建的主振系统如图 5 - 21 所示。

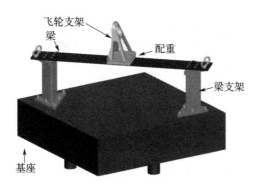

图 5 - 21　主振系统结构示意图

主振系统主要由 5 部分组成，分别为基座、梁支架、梁、配重和飞轮支架，主要参数如表 5 - 4 所示。

表 5 - 4　主振系统参数

	弹性模量/GPa	泊松比	密度/（kg/m³）	质量/kg
基座	200	0.3	7 850	1 973.6
梁支架	200	0.3	7 810	21.5
梁	200	0.3	7 810	13.86
配重	200	0.3	7 810	4.56
飞轮支架	71	0.33	2 800	1.61

根据主振系统各项参数建立其有限元模型，如图 5 - 22 所示，通过仿真计算得到主振系统动力学特性（振型和固有频率）：一阶振型为弯曲振动，固有频率为 26.546 Hz，模态质量为 13.89 kg；二阶振型为扭转振动，固有频率为 36.383 Hz；三阶振型为二阶弯曲振动，固有频率为 59.576 Hz。系统一阶模态参数因子为 0.836，远大于其他几阶的模态参数因子，仿真分析和实验过程中主要利用实验平台一阶振型的振动特性设计动力吸振器的结构。

5.3.2　吸振器结构设计

动力吸振器的整体结构如图 5 - 23 所示，导杆一方面起到质量块运动的导向作用，另一方面作为弹簧的预紧工装；弹簧压套用于限制弹簧的径向侧移；由于质量块加工误差以及弹簧端部平行度误差，在质量块上设计 8 个调节螺钉，一方面可以调节质量块的质量使之符合设计参数，另一方面调节质量块的不平衡量，防止吸振器在减振过程中由于不平衡量产生剧烈摆动，影响减振效果；为了简化质量块和弹簧之间的接口设计，用两根并联的

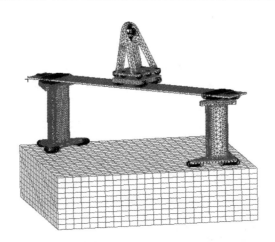

图 5-22　主振系统有限元模型

同型号弹簧代替原来的一根弹簧，质量块在上下两个弹簧初始预紧力的作用下，在运动过程中不和弹簧分离。

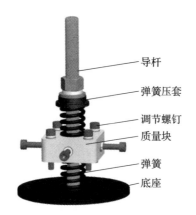

导杆

弹簧压套

调节螺钉

质量块

弹簧

底座

图 5-23　动力吸振器结构示意图

已知主振系统的质量 $m_1 = 13.89\ \text{kg}$ ，固有频率 $f_1 = 26.546\ \text{Hz}$ ，主振系统的材料为 45♯钢，令主振系统阻尼比和两者质量比分别为

$$\zeta_s = 0.01 \tag{5-45}$$

$$\mu = m_2/m_1 = 0.045 \tag{5-46}$$

则吸振器的质量 $m_2 = \mu m_1 = 0.625\ \text{kg}$ ，将式（5-45）和式（5-46）代入式（5-41）和（5-44），或根据表 5-1 分别得到两者频率比 f 和吸振器阻尼比 ζ_d 为

$$\begin{aligned} f &= 0.96 \\ \zeta_d &= 0.13 \end{aligned} \tag{5-47}$$

吸振器的固有频率 $f_2 = ff_1 = 26\ \text{Hz}$ ，则其刚度为

$$k_2 = m_2\omega_2^2 = m_2\,(2\pi f_2)^2 = 16\ 662\ (\text{N/m}) \tag{5-48}$$

5.3.3　弹簧设计

如前所述，动力吸振器采用两根弹簧并联的方式进行组合，根据式（5-48）得到每根弹簧的刚度为

$$k = k_2/2 = 8\ 331\ （\text{N/m}） \tag{5-49}$$

考虑到弹簧与质量块、压套、底座的接口问题，查阅相关的国家标准，拟采用圆柱螺旋压缩弹簧（两端圈并紧并磨平型）作为动力吸振器的弹性元件，其构型如图 5-24 所示。

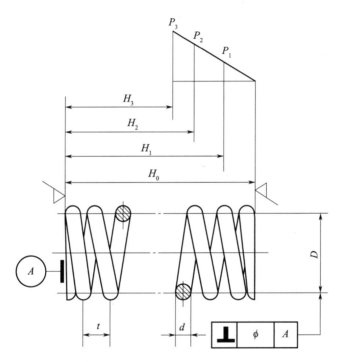

图 5-24　圆柱螺旋压缩弹簧结构示意图（两端圈并紧并磨平型）

考虑到吸振器的尺寸限制，应尽可能选择自由长度小的弹簧，因此需要求解弹簧自由长度最小化问题

$$\min_{d,D,n}\{0.34nD\}$$

$$\text{s. t.}\begin{cases}\dfrac{Gd^4}{8D^3 n} = k \\[2mm] \dfrac{8P_0 D}{\pi d^3} \leqslant [\tau]\end{cases} \tag{5-50}$$

式中　n ——弹簧有效圈数；

　　　d ——碳素弹簧钢丝直径；

　　　$0.34nD$ ——目标函数，代表弹簧自由长度的主要部分；

　　　G ——碳素弹簧钢丝剪切模量（标准中推荐值为 79 000 MPa）；

D —— 螺旋弹簧中径；

P_0 —— 单束弹簧的最大承载，即吸振器的质量乘以安全系数，则 $P_0 = 1.2 \times m_2 g$
$= 7.5 \, \text{N}$；

$[\tau]$ —— 许用剪切应力，弹簧受到 I 类负荷（受变负荷作用次数在 10^6 次以上的负荷）作用，因此其计算公式如下

$$[\tau] = 0.35\sigma_b \qquad (5-51)$$

式中　σ_b —— 由标准提供的抗拉强度，推荐值为 1 471 MPa（$\phi 2 \, \text{mm}$ 的 B 级碳素弹簧钢丝）。

式（5-50）提出的最优化问题其实是在满足刚度要求、安全性约束的前提下追求压簧自由长度的最小化。

优化时，碳素弹簧钢丝直径 d 按照标准取值，将 d，D，n 和每种压簧自由长度的优化结果列在表 5-5 中，计算了单根压簧的质量，计算公式如下

$$\text{单根压簧的质量} = D\pi n \times \frac{d^2}{4}\pi \times 7.9 \times 10^{-6} \qquad (5-52)$$

式中　7.9×10^{-6} —— 碳素弹簧钢丝的密度（kg/mm³）。

表 5-5　压簧最优化参数

d /mm	D /mm	n /圈	$0.34nD$ /mm	质量/ g
1	6.97	3.50	8.30	0.48
1.2	7.95	4.89	13.21	1.09
1.4	12.42	2.38	10.04	1.13
1.6	14.87	2.36	11.95	1.75
1.8	14.74	3.88	19.46	3.61
2	14.53	6.18	30.53	6.99
2.5	19.01	6.74	43.57	15.59
3	25.56	5.75	49.97	25.76
3.5	30.50	6.27	64.99	45.60
4	40.50	4.57	62.90	57.64

根据表 5-5 可知，弹簧钢丝直径越小，弹簧的自由长度越短，质量越轻。考虑到弹簧在安装时，需要一定的预紧力，即弹簧压缩一段初始位移，防止在吸振器工作过程中弹簧和底座或质量块分离，降低吸振器减振性能，因此弹簧的自由长度不宜过短；弹簧自由长度较长时，虽然通过预紧不会发生分离现象，但弹簧的质量会超标。

筛选出 $d = 2 \, \text{mm}$，$D = 14.53 \, \text{mm}$，$n = 6.18$ 和 $d = 2.5 \, \text{mm}$，$D = 19.01 \, \text{mm}$，$n = 6.74$ 这两种规格的弹簧，进行参数圆整并保证刚度参数匹配得到两种弹簧的最终参数

$$d_1 = 2 \, \text{mm}, D_1 = 14 \, \text{mm}, n_1 = 7 \qquad (5-53)$$

$$d_2 = 2.5 \, \text{mm}, D_2 = 20 \, \text{mm}, n_2 = 6 \qquad (5-54)$$

将弹簧参数式（5-53）和式（5-54）代入式（5-50）弹簧刚度 k 的计算公式中，得到两种规格弹簧的刚度分别为 8 225.7 N/m 和 8 036.3 N/m，刚度误差分别为 2.6% 和

0.3%，折算到频率上相对误差分别为 1.3% 和 0.14%，这个误差在工程上可以接受。

5.3.4　动力吸振器振动控制实验

（1）圆柱螺旋弹簧刚度测试

考虑材料、工艺、加工误差等因素，弹簧的实际刚度可能与设计刚度不相符，需要对弹簧进行刚度测试，从中选择匹配性最好的一组（两根）弹簧。刚度测试的拉力试验机是德国 Zwick/Roell 公司 Z050 电子万能试验机，选择其中一组弹簧，压力-位移曲线如图 5-25 所示。

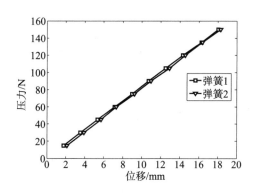

图 5-25　弹簧刚度测试曲线

图 5-25 表明该组弹簧线性度较好，刚度基本一致；根据图中曲线，得到两个弹簧的实际刚度分别为 $k_1 = 8\,314\ \text{N/m}$，$k_2 = 8\,357\ \text{N/m}$，则该组弹簧并联后的刚度为 $k = k_1 + k_2 = 16\,671\ \text{N/m}$，与式（5-48）中的刚度值基本一致。

（2）主振系统模态实验

实验平台加工完成后，对平台动力学特性进行测试，得到的响应谱如图 5-26 所示。

从图 5-26 可以看出，实验平台的一阶固有频率为 26 Hz，曲线光滑，峰值明显，说明平台的动力学特征清晰、单纯。实验结果与 5.3.1 节中有限元仿真结果基本一致，但存在一定的误差，误差可能是由于梁两端的约束条件不一致造成的。仿真过程采用理想的固支约束，但实际过程中很难达到理想固支状态，而是介于简支和固支两者之间，因此测得的平台一阶固有频率要略低于仿真结果。

（3）动力吸振器减振实验

在实验平台上进行吸振器的减振性能测试，伺服电机转速为 1 560 r/min，测得未装和安装动力吸振器（DVA）两种状态下飞轮支架安装点 Z 向时域和频率的响应如图 5-27 所示。

伺服电机转速达到 26 Hz（1 560 r/min）时，图 5-27（a）表明飞轮支架安装点的时域响应被大幅降低；图 5-27（b）中排除 50 Hz、100 Hz 和 150 Hz 工频干扰后，吸振器在 0~200 Hz 内的减振效果明显，时域和频域中 26 Hz 的响应峰值如表 5-6 所示。

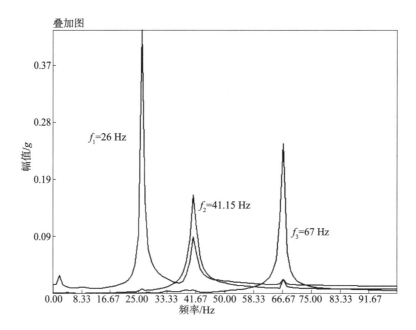

图 5-26　主振系统实验平台频响曲线

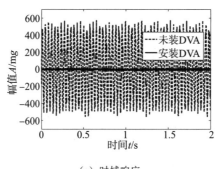

（a）时域响应

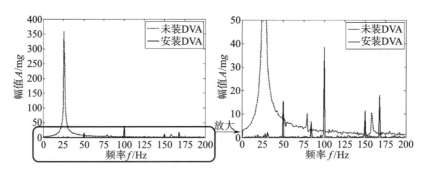

（b）频域响应

图 5-27　动力吸振器控制前后的响应曲线

表 5 - 6　安装吸振器后 Z 向响应峰值

	频域响应/mg	时域响应/mg
减振前	357.8	571.7
减振后	0.762 7	13.253

表 5 - 6 表明轻量化吸振器在时域中的减振效率为 97.7%，频域中 26 Hz 处的减振效率为 99.8%，说明吸振器减振性能优越。

5.4　变频动力吸振技术

被动式动力吸振器的动力放大系数如图 5 - 28 所示。从图中可以看出，参数固定的被动式动力吸振器的工作频带较窄，而星上振源如飞轮等工作时其转速是在一个相对较宽的范围内，其产生的振动频率范围也较大，因此参数固定的被动式动力吸振器不能满足星上振动频率在一定范围内变化的振源减振需求。为了解决上述问题，需要在被动式动力吸振器的基础上，引入主动控制技术。变频动力吸振器在被动式动力吸振器的结构中引入刚度调节环节，可根据振源激励频率的变化，实时调整吸振器的减振频带，保持最佳减振效果。

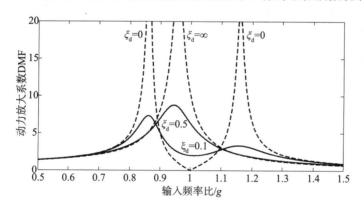

图 5 - 28　被动式动力吸振器的动力放大系数

5.4.1　变频动力吸振器的分类

如图 5 - 29 是变频动力吸振系统的示意图。

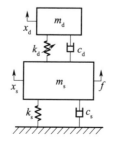

图 5 - 29　变频动力吸振器

根据不同的刚度调节方法，变频动力吸振器可以分为以下类型：机械式、空气弹簧式、电磁式、智能材料式等。

5.4.1.1 机械式变频动力吸振器

机械式变频动力吸振器采用机械结构进行等效刚度的调节。通过改变弹性元件的有效作用长度来调整结构刚度，是一种常见的刚度调节方法。Franchek 等人设计了一种应用于建筑减振的螺旋弹簧式变频动力吸振器。图 5-30 为该动力吸振器的原理图，它通过改变螺旋弹簧的有效作用圈数来改变弹簧的刚度，进而调整吸振器的固有频率。Nagaya 设计了一种悬臂梁式变频动力吸振器，如图 5-31 所示，该吸振器通过改变悬臂梁的有效作用长度来调节垂向刚度，进而调整吸振器的固有频率。参考文献 [18] 和 [19] 提出一种应用于海洋平台的梁式变频动力吸振器，采用如图 5-32 所示的两端伸出长度可调的对称悬臂梁构型，解决了单悬臂梁构型带来的角振动干扰问题。Carneal 等人将步进电机放置于两端固支梁弹簧的中间作为质量块，减小了动力吸振器的冗余质量。

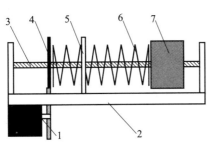

图 5-30　Franchek 螺旋弹簧式变频动力吸振器

1—电机和传动链；2—基座；3—导杆；

4—弹簧驱动齿轮；5—弹簧驻环；

6—螺旋弹簧；7—质量块

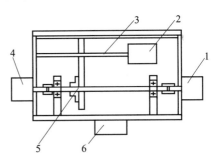

图 5-31　Nagaya 悬臂梁式变频动力吸振器

1—电机；2—质量块；3—悬臂梁；

4—编码器；5—滚珠丝杠；6—基座

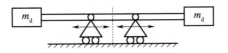

图 5-32　对称悬臂梁式变频动力吸振器

组合梁式刚度调节机构是另一种常见的刚度调节方法。Walsh 等人最先提出组合梁式变频动力吸振器的设计思想。如图 5-33 所示，将两条弯曲弹性梁的两端固接在一起作为弹性部件，在梁的两端放置两个质量块，组成动力吸振器。工作的时候，根据激振频率的变化而调整两根弹性梁中点的跨距，就可以调节吸振器的垂向等效刚度，进而控制吸振器的固有频率。Kidner 等人设计了如图 5-34 所示的四种组合梁式刚度调节机构，分别建立了垂向等效刚度和跨度之间关系的数学模型，并进行了试验验证。Heo 等人设计了一种应用于微机械的组合梁变刚度结构，图 5-35 是该变刚度结构的原理图，通过控制该结构左端点跨度的大小，就可以控制右端点的垂向刚度。

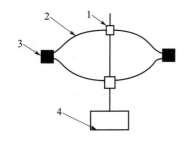

图 5-33　Walsh 等人设计的组合梁式
　　　　变频动力吸振器

1—螺母；2—弯曲梁；3—质量块；4—电机

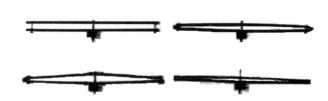

图 5-34　Kidner 等人设计的组合梁式变频动力吸振器

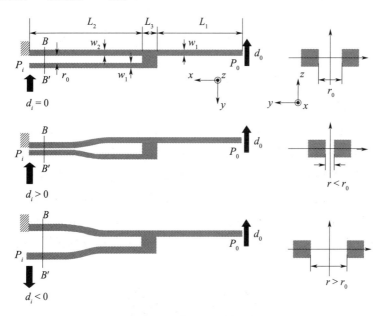

图 5-35　Heo 等人设计的微机械中应用的变刚度弹簧

　　利用组合弹簧机构也可以实现刚度调节的功能。李剑锋等人设计了如图 5-36 所示的组合弹簧式变频动力吸振器，该动力吸振器通过改变丝杠螺母的行程改变组合弹簧的垂向等效刚度，从而达到控制动力吸振器固有频率的目的。根据相同的组合原理，徐振邦利用金属簧片代替拉压弹性杆，设计了簧片式变频动力吸振器，并对其减振性能进行了研究。

5.4.1.2　空气弹簧式变频动力吸振器

　　靳晓雄等人利用空气弹簧设计了一种汽车用的变频动力吸振器，该吸振器在质量块上下两端各放置一个空气弹簧，通过调节气囊气压来控制吸振器的固有频率。空气弹簧式变频动力吸振器承载能力强，允许较大的变形，能够满足低频减振的需要，但是其非线性较强，调谐速度较慢，而且需要附加气泵作为变刚度驱动设备，冗余质量较大，不符合星上工作的条件。

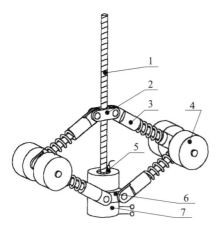

图 5-36　组合弹簧式变频动力吸振器

图 5-37　空气弹簧式变频动力吸振器

1—螺杆；2—螺母座；3—拉压弹性杆；

4—集中质量快；5—码盘；6—电机座；7—电机

5.4.1.3　电磁式变频动力吸振器

赵国迁设计了如图 5-38 所示的电磁式变频动力吸振器，它由定子、动子、励磁线圈、弹簧和直线轴承组成。定子和动子的磁路部分由良好的导磁材料制成，且工作面之间留有微小间隙。励磁线圈通电时产生的磁力线通过间隙在定、动子之间形成一个封闭的回路，进而在定子和动子之间形成电磁弹簧。电磁弹簧的刚度与励磁电流的大小成正比，因此可以通过调节励磁电流的大小来调节动力吸振器的固有频率。电磁式变频动力吸振器的频率调节速度快、精度高，但是能耗较大，且也对其他设备造成相对严重的电磁干扰。

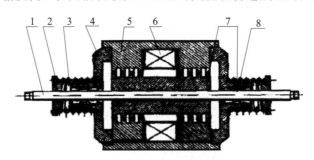

图 5-38　电磁式变频动力吸振器

1—轴；2—弹簧压板；3—弹簧；4—端盖；5—壳体（动子）；6—线圈；7—铁芯（定子）；8—直线轴承

5.4.1.4　智能材料式变频动力吸振器

用于设计变频吸振器的智能材料主要有压电材料、形状记忆合金和磁流变弹性体。智能材料的应用使得动力吸振器的结构更加紧凑，提供了更简洁的设计思路。

由于压电效应的作用，压电材料的形状随着两端施加电压的大小而改变。一般通过压电材料来改变弹性元件的变形量，进而控制吸振器的固有频率。Philip Bonello 等人设计了如图 5-39 所示的压电弯曲变频动力吸振器，该吸振器的弹性元件是两个具有一定曲率的金属片弹簧。片弹簧的表面贴有压电片，在压电片的两端施加不同的电压，就可以改变片弹簧的曲率，从而改变弹簧垂向等效刚度，实现对吸振器固有频率的调节。压电材料的位移量较小，对刚度调节的范围有限。

形状记忆合金的弹性模量随着自身温度的变化而变化，可以通过控制温度来调整记忆合金结构的刚度，进而对吸振器的固有频率进行调节。如图 5 - 40 所示，通常将形状记忆合金变频动力吸振器做成悬臂梁结构，通过在梁上铺设电热片和温度传感器等温控设备进行刚度调节。形状记忆合金对环境温度较为敏感，刚度调节的速度较慢。

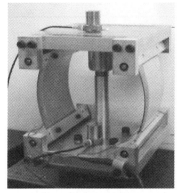

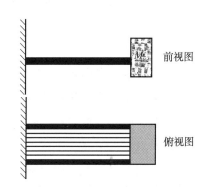

前视图

俯视图

图 5 - 39　压电弯曲变频动力吸振器　　　　　图 5 - 40　形状记忆合金变频动力吸振器

综上四种变频吸振器，机械式变频动力吸振器工作能耗小，性能稳定，构型多样，技术较为成熟。本书将重点介绍机械式变频动力吸振器。

5.4.2　变频动力吸振器的减振原理

变频动力吸振器（图 5 - 41）的刚度可根据激励频率的变化进行实时调整，保持最佳减振效果。吸振器通过调节吸振质量和主振结构的连接刚度 k_d 来调节减振区间的位置，使之覆盖激励频率的变化范围，从而将主振结构的振动幅值抑制在较低的量级上。

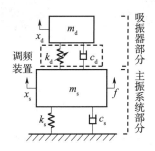

图 5 - 41　变频动力吸振系统

根据 5.1 节的建模和分析方法，可以得到变频动力吸振器的动力放大系数为

$$D_s(\lambda,\alpha)$$
$$= \sqrt{\frac{(\alpha^2 - \lambda^2)^2 + (2\zeta_d\lambda)^2}{[(1-\lambda^2)(\alpha^2-\lambda^2) - \lambda^2(\alpha^2\mu + 4\zeta_s\zeta_d)]^2 + [2\zeta_d\lambda(1-\lambda^2-\mu\lambda^2) + 2\zeta_s\lambda(\alpha^2-\lambda^2)]^2}}$$

$$(5-55)$$

式中　$\mu = \dfrac{m_d}{m_s}$ ——吸振质量和主振结构质量之比；

$\zeta_s = \dfrac{c_s}{2\sqrt{k_s m_s}}$ ——主结构的阻尼比；

$\zeta_d = \dfrac{c_d}{2\omega_s m_d}$ ——吸振器结构的阻尼比；

$\lambda = \dfrac{\omega}{\omega_s} = \omega\sqrt{\dfrac{m_s}{k_s}}$ ——激励频比；

$\alpha = \dfrac{\omega_d}{\omega_s} = \sqrt{\dfrac{m_s k_d}{m_d k_s}}$ ——吸振频比。

可以将放大系数看做以 λ 和 α 为自变量的二维函数。

5.4.2.1　变频动力吸振器的减振特点

图 5-42 是变频动力吸振器的放大系数曲面与云图，从图中可以看出变频动力吸振器具有如下减振特点：

1）$D_s(\lambda,\alpha)$ 曲面有两条弯曲的峰带，说明无论 α 取何值，主振结构都有两个共振峰；两条峰带均不与直线 $\lambda = 1$ 相交，说明这两个共振峰分布在主振结构固有频率的前后两边；

2）$D_s(\lambda,\alpha)$ 曲面有沿对角线分布的谷带，说明 $\alpha = \lambda$ 时主振结构的振幅较小，减振效率较高。

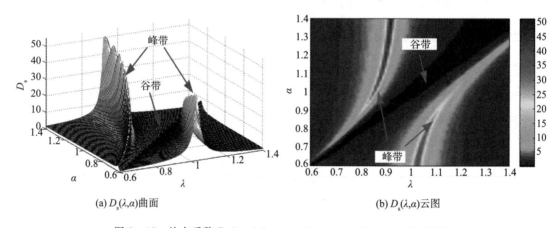

(a) $D_s(\lambda,\alpha)$ 曲面　　　　　　　　　　(b) $D_s(\lambda,\alpha)$ 云图

图 5-42　放大系数 $D_s(\lambda,\alpha)$（$\mu = 0.1$，$\zeta_s = 0.01$，$\zeta_d = 0.001$）

考察定频激励下，吸振频比 α 的取值对主振结构振幅的影响。选取 3 个 λ 的定值平面，在 $D_s(\lambda,\alpha)$ 曲面上截取定频激励下的放大系数曲线 $D_s(\alpha)$。$D_s(\alpha)$ 曲线的形状与 λ 的取值有关，如图 5-43 所示：

1）当 $\lambda < 1$ 时，存在一个临界点 α_s：若 $\alpha < \alpha_s$，则吸振器抑制主振结构的振幅；若 $\alpha > \alpha_s$，则吸振器放大主振结构的振幅；

2）当 $\lambda > 1$ 时，存在一个临界点 α_t：若 $\alpha < \alpha_t$，则吸振器放大主振结构振幅；若 $\alpha > \alpha_t$，则吸振器抑制主振结构的振幅；

3）当 $\lambda = 1$ 时，无论 α 取何值，吸振器都不会放大主振结构的振幅。

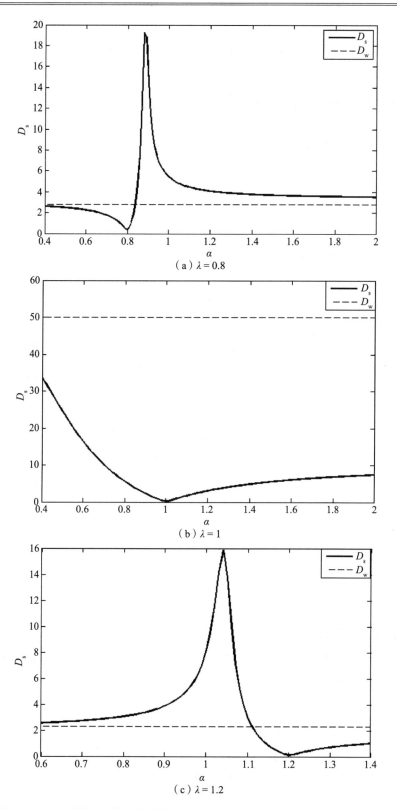

（a）$\lambda = 0.8$

（b）$\lambda = 1$

（c）$\lambda = 1.2$

图 5-43　定频激励下的放大系数 $D_s(\alpha)$（$\mu = 0.1$，$\zeta_s = 0.01$，$\zeta_d = 0.001$）

从图 5-43 中还可以看出，无论 λ 取何值，$D_s(\alpha)$ 总在 $\alpha = \lambda$ 点取得最小值。因此在已知激励频率的条件下，令吸振频率跟随激励频率，保持 α 接近 λ，就可以将主振结构的振动幅值降低至较小值。

5.4.2.2　频率跟随减振

理想条件下，变频动力吸振器可以保持吸振频率 ω_d 精确跟随激励频率 ω_s，从而保持 $\alpha = \lambda$。该条件下，吸振器的动力放大系数为

$$D_s{'}(\lambda) = \frac{2\zeta_d}{\sqrt{\lambda^2\ (\lambda^2\mu + 4\zeta_s\zeta_d)^2 + 4\zeta_d^2\ (1 - \lambda^2 - \mu\lambda^2)^2}} \tag{5-56}$$

图 5-44 为频率跟随减振效果图，图中虚线表示主振结构原有的振动幅值，从图中可以看出变频动力吸振器的频率跟随减振具有如下特点：

1）在全频段内均起到减振作用；

2）在 $\lambda = 1$ 处减振效率最高；

3）在低频激励段，吸振器的减振效果不明显。

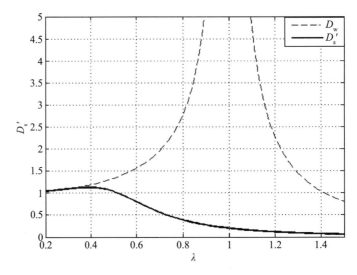

图 5-44　频率跟随减振（$\mu = 0.1$，$\zeta_s = 0.01$，$\zeta_d = 0.001$）

5.4.2.3　跟随精度影响分析

实际系统中，由于传感、控制等环节引入的误差，导致吸振频比 α 和激励频比 λ 存在一定误差，记跟随精度为 Δ_f，则有如下关系

$$\Delta_f \geqslant |\lambda - \alpha| \tag{5-57}$$

Δ_f 由两部分构成：激励频比的输入精度 $\Delta\lambda$ 和吸振频比的控制精度 $\Delta\alpha$，二者分别有如下关系

$$\Delta\lambda \geqslant |\lambda' - \lambda| \tag{5-58}$$

$$\Delta\alpha \geqslant |\alpha' - \alpha| \tag{5-59}$$

式中　λ'——实际激励频比；

λ' —— 输入激励频比；

α —— 实际吸振频比；

α' —— 期望吸振频比（$\alpha' = \lambda'$）。

根据点位误差分析图（图 5-45）可知道 $\Delta\lambda$ 和 $\Delta\alpha$ 对 Δ_f 的贡献是等权的。可采用如下公式估算吸振器的跟随精度

$$\Delta_f = \Delta\lambda + \Delta\alpha \tag{5-60}$$

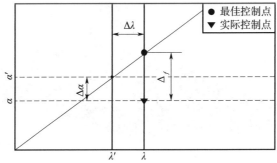

图 5-45　点位误差分析

由于跟随误差的存在，吸振频比 α 偏离最佳减振点，此时系统的放大系数有如下特点

$$D_s(\lambda,\alpha) \leqslant D_s^*(\lambda,\Delta_f) = \max\{D_s(\lambda,\alpha)\,|\,\alpha \in [\lambda - \Delta_f, \lambda + \Delta_f]\} \tag{5-61}$$

式中，D_s^* 是跟随精度为 Δ_f 时，系统放大系数的包络线。结合定频激励下放大系数曲线的分布特性（图 5-44），在 Δ_f 相对较小的条件下，D_s^* 可按以下方式估算

$$D_s^*(\lambda,\Delta_f) = \begin{cases} D_s(\lambda,\lambda - \Delta_f), & \lambda \geqslant 1 \\ D_s(\lambda,\lambda + \Delta_f), & \lambda < 1 \end{cases} \tag{5-62}$$

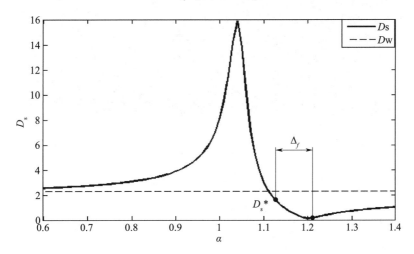

图 5-46　D_s^* 的估算方法（$\lambda = 1.2$，$\mu = 0.1$，$\zeta_s = 0.01$，$\zeta_d = 0.001$）

图 5-47（a）和（b）分别为 $D_s^*(\lambda,\Delta_f)$ 的曲面图和等高线云图。从图中可以看出：Δ_f 改变了 D_s^* 的形状，且随着 Δ_f 的增大，变频动力吸振器的减振效果变差；在高频段，

D_s^* 曲面对跟随误差比较敏感，说明当 Δ_f 大于一定数值时，变频动力吸振器可能在高频段放大主振结构的振幅。

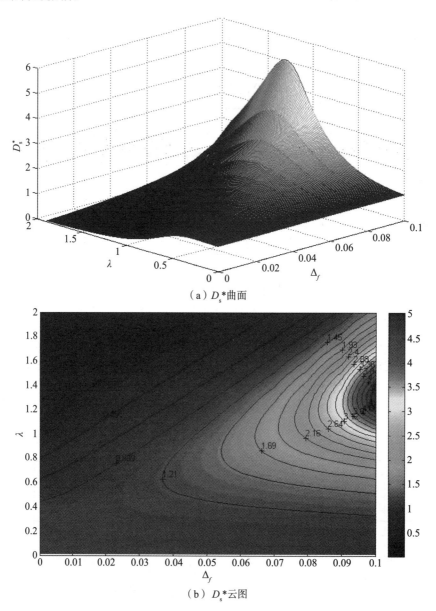

（a）D_s^*曲面

（b）D_s^*云图

图 5 - 47　放大系数包络面 $D_s^*(\lambda, \Delta_f)$（ $\mu = 0.1$，$\zeta_s = 0.01$，$\zeta_d = 0.001$ ）

5.4.3　变频动力吸振器设计实例

5.2 节已经论述过动力吸振器的参数设计方法，本节不再赘述。本节以一种机械式变频动力吸振器结构为例，主要介绍如何实现频率调节功能，并通过实验验证变频动力吸振技术的有效性。

5.4.3.1　变频动力吸振器结构

图 5-48 是一种机械式变频动力吸振器结构示意图,该吸振器主要分为五个部分:1)吸振质量;2)片弹簧;3)滚珠丝杠副;4)电机及其控制系统;5)限位导杆、底板等限位工装。

吸振质量受限位导杆约束,只沿导杆作垂向的平移运动。片弹簧的两端通过滚珠轴承分别与吸振质量和滚珠螺母铰接,主要承受拉力和压力。左、右两台步进电机反向等距运转,控制左、右滚珠螺母同时朝里/外运动,调节片弹簧的跨距,进而调节吸振器结构的吸振频率。

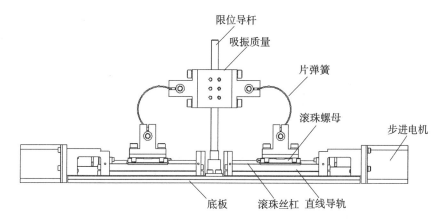

图 5-48　机械式变频动力吸振器结构图

5.4.3.2　频率调节原理

为了解上述吸振器结构的动力学特性,对该结构进行建模分析。由于片弹簧主要承受拉力和压力,因此将其简化为线性弹簧进行处理。如图 5-49 所示,固定滚珠螺母的位置,在吸振质量上作用垂向静力 F_0 后,结构发生变形并达到新的平衡状态。

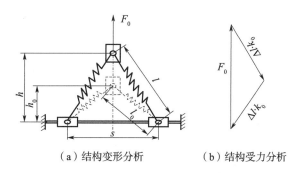

（a）结构变形分析　　　　（b）结构受力分析

图 5-49　自调谐吸振器结构受力和变形分析

记片弹簧的跨距为 s,结构受力变形前,片弹簧的初始长度为 l_0,吸振质量的高度为 h_0。根据勾股定理,有如下关系

$$h_0 = \sqrt{l_0{}^2 - (s/2)^2}$$

(5-63)

结构受力变形后，记弹簧的长度为 l，吸振质量的高度变为 h。同上，有如下关系

$$h = \sqrt{l^2 - (s/2)^2} \tag{5-64}$$

因此受力过程中，吸振质量的位移为

$$\Delta h = h - h_0 = \frac{\Delta l(l + l_0)}{h + h_0} \tag{5-65}$$

其中，Δl 指片弹簧的拉伸变形量，即

$$\Delta l = l - l_0 \tag{5-66}$$

记单根片弹簧的拉伸刚度为 k_0，则单根片弹簧承受拉力

$$F_拉 = k_0 \Delta l \tag{5-67}$$

根据静力平衡原理，有如下关系

$$F_0 = F_拉 \frac{2h}{l} = \frac{2h k_0 \Delta l}{l} \tag{5-68}$$

结构的垂向等效刚度指吸振质量受力与垂向位移之比，即

$$k_{eq} = \frac{F}{\Delta h} = \frac{2k_0 h(h + h_0)}{l(l + l_0)} \tag{5-69}$$

当结构变形量较小的时候，可对式（5-69）进行简化

$$k_{eq} \approx \frac{2k_0 h_0{}^2}{l_0{}^2} = 2k_0 \left(1 - \frac{s^2}{4l_0{}^2}\right) \tag{5-70}$$

将式（5-70）代入结构固有频率计算公式，可以得到自调谐吸振器结构固有频率的估算公式为

$$\omega_d \approx \sqrt{2\frac{k_0}{m_d}\left(1 - \frac{s^2}{4l_0{}^2}\right)} \tag{5-71}$$

吸振频率和片弹簧跨距关系曲线如图 5-50 所示。

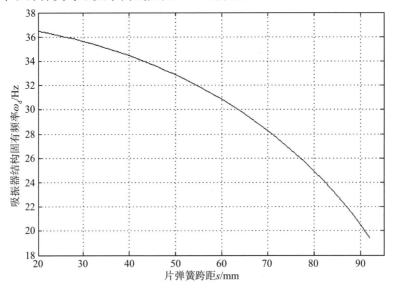

图 5-50　吸振频率和片弹簧跨距关系曲线

5.4.3.3　减振实验

搭建与 5.3.2 节类似的实验平台（如图 5 - 51 所示），采用两端固支梁结构作为主振结构。经过模态实验，测得主振结构的一阶振型为弯曲振动，频率为 30.4 Hz。

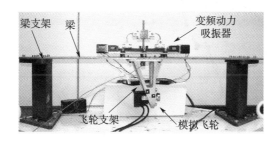

图 5 - 51　变频动力吸振实验平台

在不同电机转速的条件下，分别测试变频动力吸振器工作前后主振结构的垂向振动幅值，如图 5 - 52 所示。

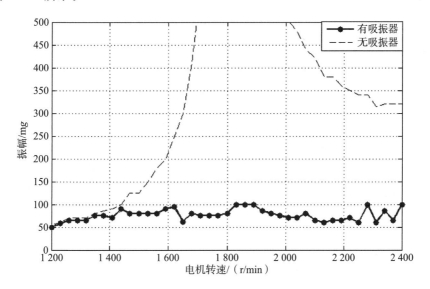

图 5 - 52　主振结构的振动幅值

图 5 - 53 是变频动力吸振器的减振效率曲线，从图中可以看出，变频动力吸振器在全频段均起到减振作用。在激振频率高于 26 Hz 时，减振效率高于 50%。当激振频率接近于主振结构固有频率时，达到最高减振效率（97.63%）。实验结果说明该型变频动力吸振器结构设计合理，减振效果显著。

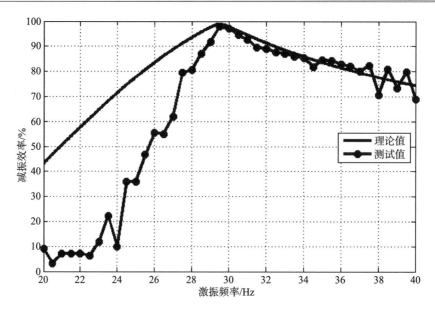

图 5-53 变频动力吸振器的减振效率

5.5 颗粒阻尼减振技术

5.5.1 颗粒阻尼减振原理

颗粒阻尼减振技术是从单个质量块冲击减振器发展而来的，最初是由 Pagat 在研究涡轮机叶片减振时提出来的。而非阻塞性颗粒阻尼（non-obstructive particle damping，NOPD）技术由 Panossion 在 1991 年首先提出，其目的是为了解决工作条件极端恶劣，或限于结构体本身的特殊性很难或无法采用其他减振措施的结构体振动问题。单粒子冲击减振器与颗粒阻尼减振器简图如图 5-54 所示。

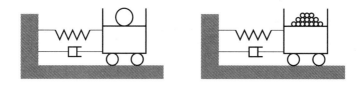

图 5-54 单粒子冲击减振器与颗粒阻尼减振器简图

NOPD 技术是将一定量的微颗粒装入结构空腔内，当结构发生振动时，微颗粒在腔体内进行往复运动，与腔体内壁之间发生碰撞，同时颗粒与颗粒之间也发生碰撞与摩擦，从而大量消耗振动能量，达到减振的目的。

颗粒阻尼器同单个质量块的冲击阻尼器相比具有两个显而易见的好处：1）每次冲击强加到阻尼器内壁的冲击力大大减小，因此引起的噪声也大大减小；2）同单个质量块冲击减振器相比，颗粒阻尼器需要的空间更小，更容易适应安装空间受限的部位。但是也正是由于微颗粒数量极多，带来了理论分析上的难点。由于颗粒阻尼具有高度非线性行为，其阻尼机理是通过颗粒本身的塑性变形、内摩擦、外摩擦以及颗粒间碰撞耗散能量，其复杂的耗能机理很难用理论模型加以描述。

尽管存在诸多难点，还是有学者进行了颗粒阻尼的理论研究。徐志伟等人用碰撞和摩擦理论建立 NOPD 的减振模型，进行了仿真分析和试验验证。有研究人员尝试用 DEM（离散单元方法）研究颗粒阻尼技术，也有学者采用粉体力学针对颗粒与颗粒间的相互作用进行研究。粉体力学研究颗粒的准静态流动，即振动交变应力作用下颗粒体的动态行为，也即单颗粒和颗粒堆积体的力学性质。进入 20 世纪 90 年代，许多研究利用先进的实验技术，观察到颗粒流的自发无序混合、指进、非均匀尺寸颗粒的偏聚等非线性现象。

尽管许多研究人员采用不同的理论研究颗粒阻尼减振，试图找到适合工程应用的颗粒阻尼设计理论，但从目前来看，颗粒阻尼减振理论研究还存在较大的局限性，其主要的难点在于：影响颗粒阻尼性能的参数众多，主要有阻尼器外型尺寸、颗粒尺寸、材料、填充比、振动的频率与幅值等。

5.5.2　颗粒阻尼减振试验

尽管对颗粒阻尼的定量分析有一定难度，但这并没有妨碍颗粒阻尼在振动抑制中的工程应用。国内外工程界针对颗粒阻尼进行了大量的应用研究。基于非阻塞性颗粒阻尼的特点，作者分析认为，颗粒阻尼有望为极端工况下的航天器减振提供一种新思路，而且航天器结构中常用的蜂窝夹层结构是非阻塞性颗粒阻尼的天然阻尼腔体。而针对某型号卫星载荷振动环境要求比较高的特点，本节基于颗粒阻尼技术将颗粒阻尼内埋置于蜂窝夹层板的蜂窝芯子中，用于抑制飞轮产生的振动。

颗粒阻尼微振动减振试验主要的目的是进行颗粒阻尼试验板和不加颗粒阻尼的试验板的振动试验对比。振动源为飞轮转动时产生的干扰，在飞轮转动时测量板上各测点的响应，比较两块板上相同测点的响应大小。两块板的外形、接口完全相同，其主要区别在于其中一块板填充了颗粒。

颗粒阻尼内埋在某型号卫星铝蒙皮蜂窝夹层结构飞轮安装板的蜂窝芯子中，由于该板内蜂窝芯为 6 mm×0.03 mm 的铝箔，箔厚仅为 0.03 mm，如前所述，在振动时，颗粒将不可避免地与芯壁发生碰撞，这就要求所选的颗粒必须足够轻，直径足够小。另外由于蜂窝夹层板上开有放气孔，颗粒又不能太小。综合以上要求，最终选用颗粒直径大于 100 μm 的空心玻璃微珠，其密度仅是 0.07 g/cm³，仅为水密度的 1/15。

鉴于颗粒阻尼的特性一般是振动越大，响应抑制效果越好。因此颗粒阻尼填充方案设计的一般原则是：在模态应变能较大的地方，填充比较多的颗粒，而其他的地方可以较少填充，或者不填充。由于颗粒和板一起固化成型，考虑工艺因素，在埋件四周泡沫胶周围留有一圈格子不填充颗粒，填充方案如图 5-55 所示。试验中蜂窝板上共设置 14 个测点，1、2、3 号测点分别装在飞轮外壳、飞轮支架安装在底板上、4、8 号测点安装在飞轮支架底板旁边，其余测点的安装如图 5-55 所示。如图 5-56 所示为非阻塞性颗粒阻尼试验。

（1）飞轮定速减振试验

试验分为定速飞轮转动和变速飞轮转动两种情况，限于篇幅，仅对定速试验数据进行详细的分析。

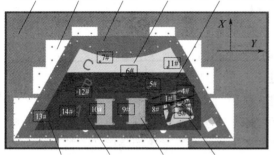

图 5-55　试验状态示意图

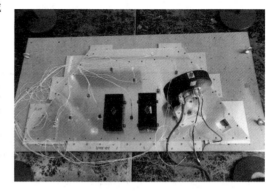

图 5-56　非阻塞性颗粒阻尼试验

如图 5-57 所示，这里仅列出 2 号测点在飞轮定速为 2 300 r/min 条件下的响应比较（这里为了方便比较，灰度较深的为无阻尼板的响应，灰度较浅的为阻尼板的响应，图 5-58～图 5-74 均如此），从图中可以看出两块板的响应相差不大，这表明颗粒阻尼对振动源的影响不大。而 3 号测点安装在飞轮支架的底板上，从图 5-58 中可以看出 Y 向和 Z 向的响应明显降低。

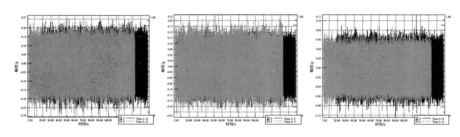

图 5-57　2 号测点的 X、Y、Z 方向响应比较

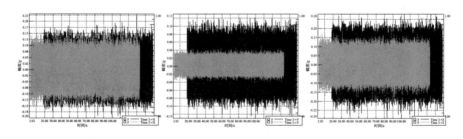

图 5-58　3 号测点的 X、Y、Z 方向响应比较

图 5-59～图 5-69 是飞轮定速为 2 300 r/min 条件下两块板上 4～14 号测点三个方向时域响应信号的比较。从图中可看出，除了 4 号、8 号测点的 X、Y 向响应以及 9 号测点的 X 向响应，阻尼板上大部分测点的响应相比无阻尼板都是降低的。降低的幅度以距离振动源最远的 7 号、11 号、14 号测点进行评估，达到 50% 以上；以无阻尼板上响应较大的 5 号测点进行评估，降低的幅度也在 50% 以上。

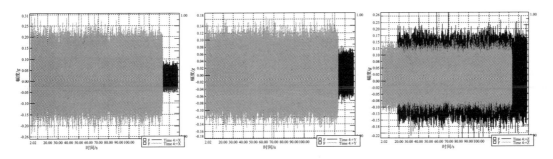

图 5-59　4 号测点的 X、Y、Z 方向响应比较

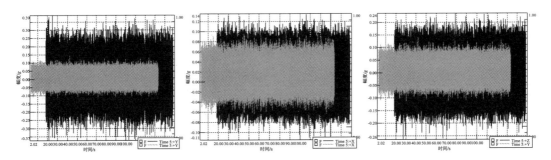

图 5-60　5 号测点的 X、Y、Z 方向响应比较

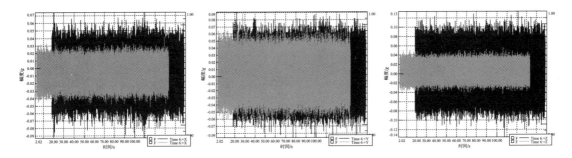

图 5-61　6 号测点的 X、Y、Z 方向响应比较

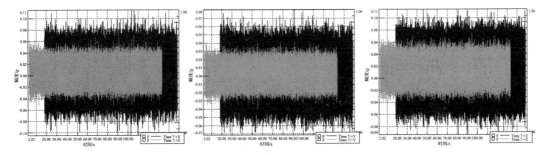

图 5-62　7 号测点的 X、Y、Z 方向响应比较

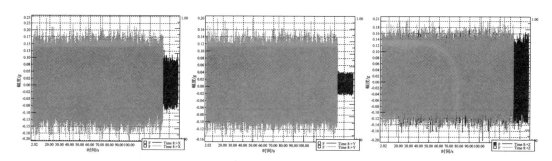

图 5 - 63　8 号测点的 X、Y、Z 方向响应比较

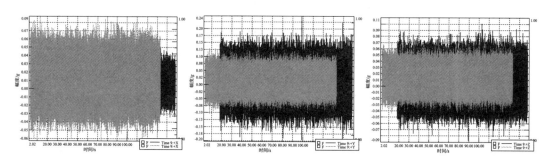

图 5 - 64　9 号测点的 X、Y、Z 方向响应比较

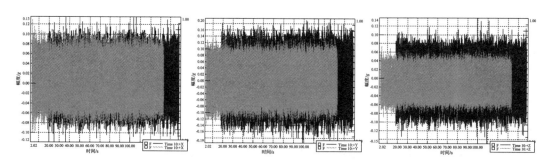

图 5 - 65　10 号测点的 X、Y、Z 方向响应比较

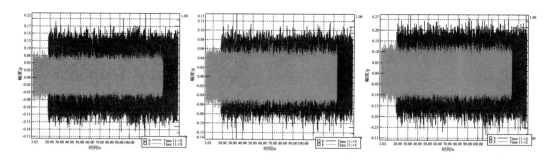

图 5 - 66　11 号测点的 X、Y、Z 方向响应比较

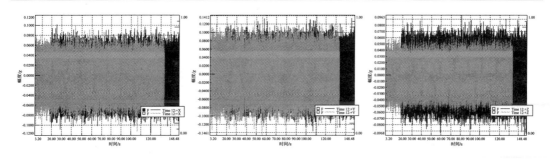

图 5 - 67　12 号测点的 X、Y、Z 方向响应比较

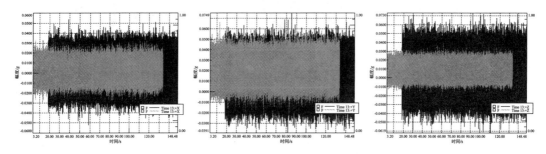

图 5 - 68　13 号测点的 X、Y、Z 方向响应比较

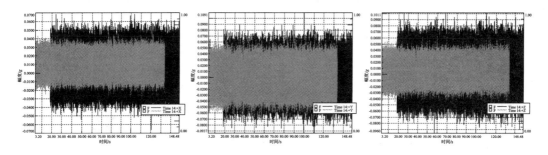

图 5 - 69　14 号测点的 X、Y、Z 方向响应比较

试验中存在一个现象：阻尼板上 4 号测点和 8 号测点的 X、Y 向响应相比无阻尼板有明显放大，观察发现，4 号和 8 号测点均布置在飞轮支架安装底板旁边的 $+X$ 和 $-Y$ 方向。而阻尼板飞轮支架安装底板上 3 号测点的 X、Y 向响应相比无阻尼板并未出现明显放大，而且其 Y 向响应明显降低，这说明 4 号、8 号位置的响应放大并未引起支架安装底板上的响应放大，即未改变颗粒阻尼的振动抑制效果，也就是说这是一个局部现象，下面对其原因进行定性的分析。

相比普通的颗粒阻尼器，将阻尼颗粒埋置在蜂窝夹层板的蜂窝芯格内，蜂窝芯子的箔厚比较薄，仅有 0.03 mm，颗粒在飞轮转动引起的扰振下发生往复振动，不断与蜂窝芯箔发生碰撞，可能引起了蜂窝芯箔的局部横向共振，导致局部横向响应放大；但在飞轮支架安装板安装区域，受到飞轮和支架的重力影响，在此区域颗粒与蜂窝芯箔的碰撞，由于颗粒较轻，撞击的能量较低，不会引起芯箔局部的共振，而主要体现的仍是吸能效果，3 号测点的响应可以证明这一点。

（2）飞轮变速减振试验

飞轮变速减振试验的结果与定速减振试验的结果类似，下面仅列举几个有代表性的数据进行分析。

以板上最大响应点 5 号测点的响应为例，如图 5-70 所示，与飞轮定速转动相同，阻尼板上三个方向的响应均降低，但与定速试验不同的是，不同方向响应降低的幅度不同。定速试验降低幅度由大到小依次是 X、Z、Y 向，而变速试验是 Z、Y、X 向。

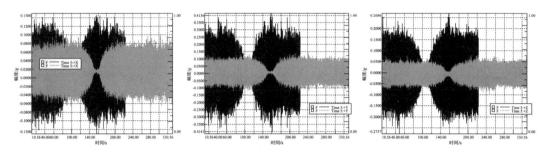

图 5-70　5 号测点的 X、Y、Z 方向响应比较（变速试验）

同定速试验相同，定速试验中的现象在变速试验中再次复现，颗粒阻尼板上飞轮支架安装板旁边的测点 X、Y 响应也有放大，如图 5-71 所示。同样，飞轮支架安装板上的响应仍然没有放大，阻尼板 Y 向响应明显降低，如图 5-72 所示。

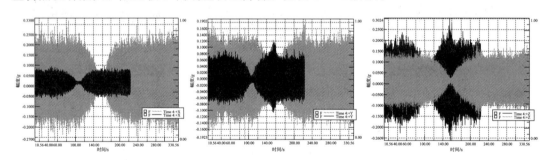

图 5-71　4 号测点的 X、Y、Z 方向响应比较（变速试验）

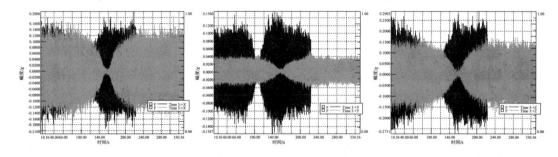

图 5-72　3 号测点的 X、Y、Z 方向响应比较（变速试验）

阻尼板上距离振源较远的测点响应相比无阻尼板都有下降，这一点也和定速试验相同，如图 5-73 和图 5-74 所示。

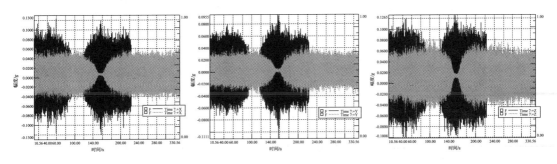

图 5-73　7 号测点的 X、Y、Z 方向响应比较（变速试验）

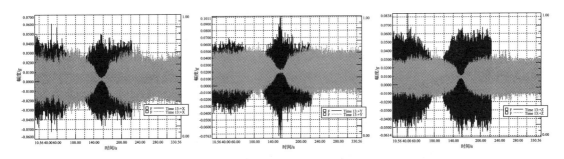

图 5-74　13 号测点的 X、Y、Z 方向响应比较（变速试验）

由此可以看到：

1）填充颗粒阻尼不会引起蜂窝夹层板固有频率出现较大的变化；

2）填充颗粒阻尼对于飞轮支架引起的扰振有一定的抑制效果；

3）填充颗粒阻尼在飞轮支架安装板周围的局部会引起某一方向的响应放大，但不会引起飞轮支架安装底板的响应放大，仅仅是一局部现象。

颗粒阻尼技术优点显而易见：1）成本低廉；2）不受极端环境影响；3）便于安装；4）可填充在夹层板的蜂窝芯中，不影响其他分系统；5）适用于微振动的宽频段减振需求及特性。尽管还存在诸多研究难点，但基于以上几个优点，未来在航天器微振动抑制方面，颗粒阻尼减振技术必将占有一席之地。

5.6　小结

本章以飞轮为例，在重点介绍了振源的被动吸振、宽频自适应吸振设计的同时针对航天器多蜂窝结构的特点，提出了颗粒阻尼减振设计。试验表明，上述针对航天器的微振动源的抑制设计都是有效的。但由于目前国内外对颗粒阻尼减振技术的机理研究得较少，颗粒阻尼减振的实际应用多以试验应用为主。

参 考 文 献

［1］ FRMHM H. Device for damping vibration of bodies：U. S. ，989958 ［P］. 1911 - 04 - 18.

［2］ MILLER S E，KIRCHMAN P，SUDEY J. Reaction wheel operational impacts on GOES - N jitter enviroment ［C］//AIAA Guidance，Navigation and Control Conference and Exhibit，2007.

［3］ LIU K C，MAGHAMI P. Reaction wheel disturbance modeling，jitter analysis，and validation tests for solar dynamics observatory ［C］//AIAA Guidance，Navigation and Control Conference and Exhibit，2008.

［4］ ZHANG Z，AGLIETTI G S，ZHOU W Y. Microvibrations induced by a cantilevered wheel assembly with a soft - suspension system ［J］. AIAA Journal，2011，49 （5）：1067 - 1079.

［5］ PENNESTRI E. An application of chebyshev's min - max criterion to the optimal design of a damped dynamic vibration absorber ［J］. Journal of Sound and Vibration，1998，217 （4，5）：757 - 765.

［6］ 陈霄. DNA 遗传算法及应用研究 ［D］. 杭州：浙江大学，2011.

［7］ 陈国良，王熙法，庄镇泉，等. 遗传算法及其应用 ［M］. 北京：人民邮电出版社，1999.

［8］ 孙增圻，邓志东，张再兴. 智能控制技术 ［M］. 北京：清华大学出版社，2011.

［9］ 雷英杰，张善文，等. Matlab 遗传算法工具箱及应用 ［M］. 西安：西安电子科技大学出版社，2005.

［10］ ESLAMI G，HAGHIGHAT A T. A genetic algorithm for replica server placemen ［C］//Proc. of SPIE，8349.

［11］ 李宝森，胡庆宝. 遗传学 ［M］. 天津：南开大学出版社，1991.

［12］ 赵玫，周海亭，等. 机械振动与噪声学 ［M］. 北京：科学出版社，2004.

［13］ LIU J，LIU K. A tunable electromagnetic vibration absorber：characterization and application ［J］. Journal of Sound and Vibration，2006，295 （3 - 5）：708 - 724.

［14］ DAYOU J，BRENNAN M J. Experimental verification of the optimal tuning of a tunable vibration neutralizer for global vibration control ［J］. Applied Acoustics，2003，64 （3）：315 - 323.

［15］ 江耕华，胡来瑢，陈启松. 机械传动设计手册 ［M］. 北京：煤炭工业出版社，1997.

［16］ TANG X D，ZUO L. Passive，active，and semi - active series tuned mass dampers ［C］//Active and Passive Smart Structures and Integrated Systems，2010.

［17］ FRANCHEK M A，RYAN M W，BERNHARD R J. Adaptive passive vibration control ［J］. Journal of Sound and Vibration，1995，189 （5）：565 - 585.

［18］ NAGAYA K，KURUSU A，IKAI S，et al. Vibration control of a structure by using a tunable absorber and an optimal vibration absorber under auto - tuning control ［J］. Journal of Sound and Vibration，1999，228 （4）：773 - 792.

［19］ 李宇生. 基于变刚度 TMD 的海洋平台振动控制 ［D］. 青岛：中国海洋大学，2003.

［20］ 刘玲. 基于变刚度 TMD 的海洋平台振动控制虚拟实现 ［D］. 青岛：中国海洋大学，2005.

［21］ CARNEAL J P，CHARETTE F，FULLER C R. Minimization of sound radiation from plates using adaptive tuned vibration absorber [J] . Journal of Sound and Vibration，2004，270 (450)：785 - 792.

[22] WALSH P L，LAMANCUSA J S. A variable stiffness vibration absorber for minimization of transient vibrations [J] . Journal of Sound and Vibration，1992，158 (2)：195 - 211.

[23] KIDNER M R F，BRENNAM M J. Varying the stiffness of a beam - like neutralizer under fuzzy logic control [J] . Journal of Sound and Acoustics - Transactions of the ASME，2002，124 (1)：90 - 99.

[24] HEO Y J，LEE W C，CHO Y H. Haircell - inspired micromechanical active amplifiers using variable stiffness springs [C] //International conference on information acquisition，2007.

[24] 李剑锋，龚兴龙，张先舟，等 . 主动移频式吸振器及其动力特性的研究 [J] . 实验力学，2005，20 (4)：520 - 514.

[25] 徐振邦，龚兴龙，陈现敏，等 . 机械变频式动力吸振器的研究 [J] . 中国机械工程，2009 (9)：52 - 57.

[26] 徐振邦 . 变频吸振技术研究 [D] . 合肥：中国科学技术大学，2010.

[27] 靳晓雄，肖勇，蔺玉辉，等 . 空气弹簧半主动式吸振器的研究 [J] . 中国工程机械学报，2007，5 (3)：253 - 257.

[28] 赵国迁 . 电磁式半主动吸振器研制及其在汽车振动控制中的应用 [D] . 哈尔滨：哈尔滨工程大学，2007.

[29] 何超，陈文革 . 压电材料的制备应用及其研究现状 [J] . 功能材料，2010 (1)：13 - 15.

[30] BENELLO P，BRENNAM M J，ELLIOTT S J. Vibration control using an adaptive tuned vibration absorber with a variable curvature stiffness element [J] . Smart Materials and Structures，2005，14 (5)：1055 - 1065.

[31] 曾攀，杜泓飞 . NiTi 形状记忆合金的本构关系及有限元模拟研究进展 [J] . 锻压技术，2011 (1)：8 - 13.

[32] DENG H K，GONG X L，WANG L H. Development of an adaptive tuned vibration absorber with magnetorheological elastomer [J] . Smart Materials and Structures，2006，15 (5)：115 - 116.

[33] NI Z C，GONG X L，LI J F，et al. Study on a dynamic stiffness - tuning absorber with squeeze - strain enhanced magnetorheological elasromer [J] . Journal of Intelligent Material Systems and Structures，2009，20 (10)：1995 - 1202.

[34] 倪正超 . 磁流变弹性体调谐动力吸振器优化设计 [D] . 合肥：中国科学技术大学，2009.

[35] 胡溧 . 颗粒阻尼的机理与特性研究 [D] . 武汉：华中科技大学，2008.

[36] FOWLER B L，FLINT E M，OLSON S E. Effectiveness and predictability of particle damping [C] //Proceedings of SPIE Conf on Damping and Isolation，Newport Beach，CA，1999：1155 - 1166.

[37] FOWLER B L，FLINT E M，OLSEN S E. Design methodology for particle damping [C] //Smart Structures and Materials，Newport Beach，CA，2001.

[38] FOWLER B L. Multiparticle impact damping (MPID) design methodology for extreme environments [C] //CSA Engineering INC Mountain View CA，ADA420177，2003.

[39] WONG C X，SPENCER A B，RONGONG J A. Effects of enclosure geometry on particle damping [C] //50th AIAA/ASME/ASCE/AHS/ASC Structures，Structural Dynamics，and Materials Conference，Palm Springs，California，May 4 - 7，2009.

[40] HUNT J B. Dynamic vibration absorbers [M] . London：Mechanical Engineering Publications，1979：128 - 142.

［41］ PANOSSIAN H V. NOPD technology, in the proceedings of damping：91，AB_5. AAB 56 San Diego，California，1991 ［C］.

［42］ 徐志伟，陶宝祺，黄协青. NOPD 颗粒减振机理的理论与实验研究 ［J］. 航空学报，2001，22 (4)：347 – 350.

［43］ 徐志伟，陈天宁，等. 非阻塞性颗粒阻尼中颗粒摩擦耗能的仿真计算 ［J］. 机械科学与技术，1999，18 (6)：890 – 892.

［44］ MAO K M，WANG M Y，XU Z W，et al. DEM simulation of particle damping ［J］. Powder Technology，2004，142：154 – 165.

［45］ 胡溧，黄其柏，马慰慈. 颗粒阻尼减振性能的试验研究 ［J］. 噪声与振动控制，2008，5：52 – 55.

［46］ STEPAN S. Simonian particle damping applications：45th AIAA/ASME/ASCE/AHS/ASC Structures，Structural Dynamics & Materials Confer，Palm Springs，California，April 19 – 22，2004 ［C］.

［47］ 谢洪勇. 粉体力学与工程 ［M］. 北京：化学工业出版社，2003.

［48］ MAKSE H A，HAVLIN S，KING P R，et al. Spontaneous stratification ingranular mixtures ［J］. Nature，1997，386 (27)：379 – 382.

［49］ BAXTER J，TUZUN U，HEYES D，et al. Stratification in poured granular heaps ［J］. Nature，1998，391 (8)：136.

［50］ 申智春. 颗粒阻尼在航天器减振中的应用前景 ［J］. 应用力学学报，2011，28 (6)：608 – 611.

第6章 敏感载荷微振动被动隔振设计

与振源的振动控制思路不同，敏感载荷微振动控制的思路是隔离航天器平台传递至敏感载荷的振动，为敏感载荷提供满足指标要求的安装环境。敏感载荷微振动隔振系统可分为被动式和主动式两类。本章重点介绍被动式隔振系统设计过程中应用的关键技术。

在敏感载荷微振动被动隔振研究方面，欧洲空间局 METOP 气象卫星搭载的干涉仪（IASI）的橡胶隔振设计代表了其在微振动隔离研究中的较高水准，并将相关的减振设计成果应用到了其第二代静止轨道气象卫星 MTG 的微振动抑制工作中。法国的马特拉·马可尼空间公司微振动试验中心开发了弹性阻尼单元微振动扰动隔振装置。上述的研究成果为我国隔振系统的设计提供了参考。

本章将开展针对敏感载荷被动隔振系统的设计研究，重点关注被动隔振系统相关参数的分析，同时进行各类隔振器的设计。在此基础上，介绍隔振系统隔振效能的相关评价方法。结合工程应用的实际，对影响隔振系统性能的相关因素进行分析。最后介绍隔振系统所需要进行的相关试验工作。

6.1 被动隔振系统设计

6.1.1 隔振系统组成及工作原理

（1）隔振系统的组成

一般来讲，隔振系统的刚度应较低，但是在卫星发射过程中，需要隔振系统具有较大的刚度以承受较大的过载。因此，隔振系统的设计方案中必须同时考虑刚性固支单元（固支装置与支撑凸台）和柔性隔振单元（隔振器）。刚性固支单元在主动段起到承载的作用，主要包括支撑结构、解锁分离机构等。柔性隔振单元在敏感载荷工作时起到隔振的作用，主要由弹性隔振器构成。隔振系统组成及工作流程如图 6-1 所示。

（2）隔振原理

隔振的本质是在两个结构之间增加柔性环节，从而使一个结构传递至另一个结构的力激励或运动激振得以降低的措施。典型弹簧-阻尼隔振系统阻尼比、频率比和传递函数的关系曲线如图 6-2 所示。

从图 6-2 中可以看出，如果隔振系统起到隔振的作用，则要求传递函数<1，相应地，扰动频率与隔振系统固有频率的关系必须满足 $\omega/\omega_0 > \sqrt{2}$ 的条件。根据参考文献[2-3]以及前期试验结果判断，卫星的主要扰动源为飞轮，其稳态工况下诱发的振动多为 50 Hz 以上的中高频，同时，其他扰动源（如太阳翼驱动机构）转动频率远低于 1 Hz，且振动量级较小。因此，针对敏感载荷进行被动隔振系统设计，从工程的角度是较为合理可行的。

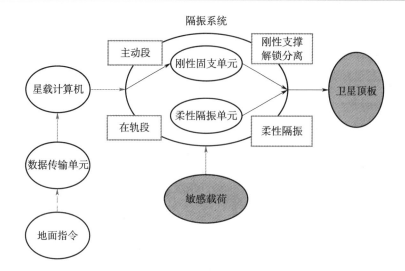

图 6-1 隔振系统组成及工作流程

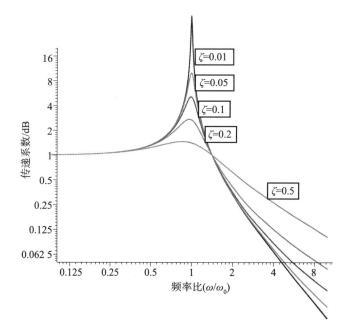

图 6-2 阻尼比、频率比和传递函数的关系曲线

6.1.2 隔振系统设计关注的事项

设定星体及有效载荷的质心位置及其质量特性等特性条件已知，隔振系统设计之初主要考虑以下几个问题。

（1）隔振系统的固有频率及其分布的频带宽度

被动隔振系统固有频率越低，则被隔离的振动扰动的频带宽度也就越宽，理论上隔振系统的性能也就越好。但是，隔振系统固有频率越低，静刚度也越低，初始变形过大。

（2）隔振系统空间 6 个自由度耦合性

所谓的耦合性，是指某个方向上的振动能够诱发其他方向上的关联振动。一般情况下，隔振系统空间上具有 6 个自由度，6 个自由度之间存在一定的耦合关系。以光学有效载荷为例，一般情况下光学有效载荷对角振动比对线振动敏感，因此，解除 6 个自由度相互之间，尤其是解除角振动与线振动之间的耦合关系与合理配置隔振系统的固有频率同等重要。

（3）工艺可操作性

一般情况下，根据输入条件对隔振系统进行设计，理论上存在最优解。但是在实际工程应用过程中各个系统之间会存在干涉、资源矛盾、工艺操作等现实问题。其中，工艺操作问题较为突出。很多情况下，优化设计完成的隔振系统不具备装星的可能。如图 6-3 所示的柔性隔振单元的布局形式，布局形式 1 其中的一个隔振单元靠近星体中部区域，人工或机械均难以操作，而（b）不存在这个问题，因此，对比两种形式，显然布局形式 2 的工艺性较好。

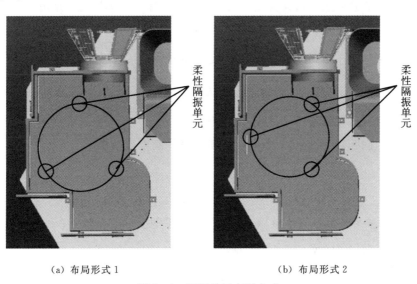

（a）布局形式 1　　　　　　　　　　　（b）布局形式 2

图 6-3　隔振单元布局方式

6.1.3　隔振系统固有频率分析

假设有 n（$n=1,2,3,\cdots$）个弹性元件与载荷相连，如图 6-4 所示。每个弹性元件在其自身局部坐标系的刚度阵为 K_1，设定这 n 个弹性元件组成的系统能够等价为 6 自由度振动系统。由上述假设可知，n 个弹性元件在其真实连接点的刚度合成后，能够与等价安装点的刚度一致，即合成后的刚度矩阵在等价安装点处为对角矩阵。

一般情况下，设等价安装点为 O，坐标轴为 XYZ，真实连接处 1 的局部坐标系原点为 O_1，坐标轴为 $X_1Y_1Z_1$，从 O 到 O_1 的位置矢量为 r_1。从局部坐标系到全局坐标系的坐标变换矩阵为 A^{01}，则由局部坐标系的刚度阵 K_1 变换为全局坐标系的刚度阵为

$$K = H_1^T K_1 H_1 \tag{6-1}$$

其中

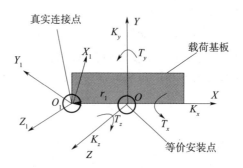

图 6-4 弹性元件真实安装点与等价安装点

$$H_1 = \begin{bmatrix} A^{10} & -A^{10}\, \tilde{r}_1 \\ 0 & A^{10} \end{bmatrix} \tag{6-2}$$

式中 A^{10} ——从参考坐标系到真实连接点 1 的局部坐标系的坐标变换矩阵;

$\tilde{r}_1$ ——矢量 r_1 在参考坐标系内的坐标方阵。

有 n 个真实连接点,则合成后的连接刚度在参考坐标系的刚度阵为

$$K = \sum_{i=1}^{n} H_i^{\mathrm{T}} K_i H_i \tag{6-3}$$

式中 K_i ——连接点 i 在其局部坐标系内的刚度阵;

H_i ——从连接点 i 局部坐标系到参考坐标系的刚度变换矩阵

$$H_i = \begin{bmatrix} A^{i0} & -A^{i0}\, \tilde{r}_i \\ 0 & A^{i0} \end{bmatrix} \tag{6-4}$$

式中 A^{i0} ——从参考坐标系到连接点 i 处局部坐标系的坐标变换矩阵;

$\tilde{r}_i$ ——矢量 r_i 在全局坐标系内的坐标方阵。

经过上述变换,假定真实连接 O_1 点处的刚度矩阵为 K_1、K_2、K_3,则其合成刚度在等价安装点处的刚度矩阵可以表示为

$$K = \begin{bmatrix} K_{xx} & K_{x2} & K_{x3} & K_{x4} & K_{x5} & K_{x6} \\ K_{x2} & K_{yy} & K_{y3} & K_{y4} & K_{y5} & K_{y6} \\ K_{x3} & K_{y3} & K_{zz} & K_{z4} & K_{z5} & K_{z6} \\ K_{x4} & K_{y4} & K_{z4} & T_{xx} & T_{x5} & T_{x6} \\ K_{x5} & K_{y5} & K_{z5} & T_{x5} & T_{yy} & T_{y6} \\ K_{x6} & K_{y6} & K_{z6} & T_{x6} & T_{y6} & T_{zz} \end{bmatrix} \tag{6-5}$$

设被隔振物体的质量阵为 M,则有

$$M\ddot{X} - KX = 0$$

$$\ddot{X} - M^{-1}KX = 0 \tag{6-6}$$

则求取矩阵 $M^{-1}K$ 的 6 个特征值即可得到隔振系统的 6 个固有频率,由此可以分析隔振系

统的频率分布宽度。

6.1.4　隔振系统耦合度分析

判定系统的解耦程度可利用能量法，可依据各阶模态的参与程度判断。在星体坐标系中，根据隔振系统的质量阵 $\boldsymbol{M}$ 和振型 $\boldsymbol{\varphi}_i$，定义系统的能量分布矩阵。

当系统作 i 阶主振动时的最大动能为

$$T_{\max}^{(i)} = \omega_i^2\,\boldsymbol{\varphi}_i{}^{\mathrm{T}}\boldsymbol{M}\boldsymbol{\varphi}_i/2 \tag{6-7}$$

展开可得

$$T_{\max}^{(i)} = \frac{\omega_i^2}{2}\sum_{l=1}^{6}\sum_{k=1}^{6} m_{kl}\,\varphi_{il}\,\varphi_{ik} \tag{6-8}$$

式中　ω_i——隔振系统第 i 阶振动的固有频率（k，l，i 均取 1，2，…，6）；

m_{kl}——质量阵的第 k 行和第 l 列元素；

φ_{il}——振型 $\boldsymbol{\varphi}_i$ 的第 l 个元素。

从而，在第 k 个广义坐标上分配到的能量为

$$T_k = \frac{\omega_i^2}{2}\sum_{l=1}^{6} m_{kl}\,(\varphi_i)_l\,(\varphi_i)_k \tag{6-9}$$

第 k 个广义坐标上分配的能量占系统总能量的百分比为

$$T_{\mathrm{p}} = \frac{T_k}{T_{\max}^{(i)}} = \frac{\displaystyle\sum_{l=1}^{6} m_{kl}\,(\varphi_i)_l\,(\varphi_i)_k}{\displaystyle\sum_{l=1}^{6}\sum_{k=1}^{6} m_{kl}\,(\varphi_i)_l\,(\varphi_i)_k}\times 100\% \tag{6-10}$$

在第 k 个自由度上，T_{p} 在各阶振动中的最大值即为自由度 k 上的振动解耦度。如果 $T_{\mathrm{p}}=100\%$，则表示隔振系统作第 i 阶主振时能量全部集中在第 k 个自由度上，即这个自由度相对其他的自由度解耦。能量解耦法是在得到隔振系统的 6 个固有模态后，利用振型得到隔振系统的能量分布，根据能量分布判断隔振系统是否解耦或其解耦的程度，然后通过修改隔振系统的刚度参数提高系统在特定方向上的解耦度。

6.1.5　弹性元件刚度影响分析

隔振系统所需要的弹性元件（如隔振器）本身的刚度矩阵为 6×6 的矩阵。复杂的矩阵关系给隔振系统的快速设计带来一定的困难。如何对弹性单元的刚度矩阵进行合理简化，同时又能满足隔振系统设计的要求将是本节讨论的重点。

为考察弹性元件刚度对隔振系统固有频率和耦合性的影响，这里忽略被隔振对象（载荷）的特性及弹性元件布局带来的影响，即假定载荷为规则长方体，质量为 1 个单位，惯量为 1 个单位，坐标系同惯性系，弹性元件布局形式为规则布置，如图 6-5 所示。

某弹性元件刚度的实测刚度矩阵如表 6-1 所示。表 6-2 则是表 6-1 的对角线元素，而表 6-3 矩阵则为表 6-2 中的线性刚度元素。表 6-1～表 6-3 中，T_x，T_y，T_z 为三个平动方向，R_x，R_y，R_z 为三个转动方向。

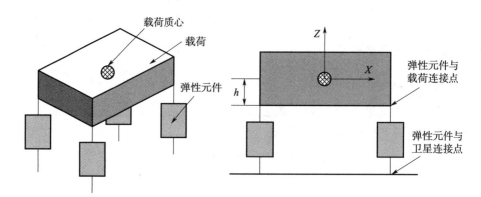

图 6-5　隔振系统一般布局形式

表 6-1　弹性元件实测刚度矩阵

	$T_x/(\text{N/m})$	$T_y/(\text{N/m})$	$T_z/(\text{N/m})$	$R_x/[(\text{N}\cdot\text{m}/(°)]$	$R_y/[(\text{N}\cdot\text{m}/(°)]$	$R_z/[(\text{N}\cdot\text{m}/(°)]$
T_x	4.771×10^4	-5.053×10^3	-4.990×10^1	-2.525×10^1	-1.585×10^1	1.465×10^2
T_y	-5.053×10^3	6.146×10^4	2.508×10^1	1.977×10^1	1.499×10^1	-1.782×10^3
T_z	-4.990×10^1	2.508×10^1	6.073×10^4	-2.853×10^{-1}	1.761×10^3	9.075×10^0
R_x	-2.525×10^1	1.977×10^1	-2.853×10^{-1}	1.027×10^1	1.559×10^{-2}	-5.734×10^{-1}
R_y	-1.585×10^1	1.499×10^1	1.761×10^3	1.559×10^{-2}	5.874×10^1	-1.503×10^{-1}
R_z	1.465×10^2	-1.782×10^3	9.075×10^0	-5.734×10^{-1}	-1.503×10^{-1}	5.939×10^1

表 6-2　弹性元件实测刚度矩阵的对角阵

	$T_x/(\text{N/m})$	$T_y/(\text{N/m})$	$T_z/(\text{N/m})$	$R_x/[(\text{N}\cdot\text{m}/(°)]$	$R_y/[(\text{N}\cdot\text{m}/(°)]$	$R_z/[(\text{N}\cdot\text{m}/(°)]$
T_x	4.771×10^4	0	0	0	0	0
T_y	0	6.146×10^4	0	0	0	0
T_z	0	0	6.073×10^4	0	0	0
R_x	0	0	0	1.027×10^1	0	0
R_y	0	0	0	0	5.874×10^1	0
R_z	0	0	0	0	0	5.939×10^1

表 6-3　弹性元件实测刚度矩阵的线刚度对角阵

	$T_x/(\text{N/m})$	$T_y/(\text{N/m})$	$T_z/(\text{N/m})$	$R_x/[(\text{N}\cdot\text{m}/(°)]$	$R_y/[(\text{N}\cdot\text{m}/(°)]$	$R_z/[(\text{N}\cdot\text{m}/(°)]$
T_x	4.771×10^4	0	0	0	0	0
T_y	0	6.146×10^4	0	0	0	0
T_z	0	0	6.073×10^4	0	0	0
R_x	0	0	0	0	0	0
R_y	0	0	0	0	0	0
R_z	0	0	0	0	0	0

隔振系统的耦合度分析分别如表 6-4～表 6-6 所示。

表 6-4　隔振系统耦合度（表 6-1 元素）

固有频率/Hz	11.8	23.6	25.7	68.4	78.7	80.1
有效载荷/%	99.35 (R_x)	99.2 (R_z)	99.85 (R_y)	89.05 (X)	99.28 (Z)	89.41 (Y)
	0.6 (Z)	0.71 (X)	0.09 (Z)	10.46 (Y)	0.58 (R_x)	10.24 (X)

表 6-5　隔振系统耦合度（表 6-2 元素）

固有频率/Hz	11.8	23.7	25.8	69.7	78.7	78.9
有效载荷/%	99.41 (R_x)	99.28 (R_z)	100 (R_y)	99.28 (X)	99.41 (Z)	100 (Y)
	0.59 (Z)	0.72 (X)	0	0.72 (R_z)	0.59 (R_x)	0

表 6-6　隔振系统耦合度（表 6-3 元素）

固有频率/Hz	11.8	23.7	25.8	69.7	78.7	78.9
有效载荷/%	99.41 (R_x)	99.29 (R_z)	100 (R_y)	99.29 (X)	99.41 (Z)	100 (Y)
	0.59 (Z)	0.71 (X)	0	0.71 (R_z)	0.59 (R_x)	0

工程上认为，若两自由度之间的解耦度高于 90%，则可以认为这两个自由度之间解耦。

1) 分析表 6-4，可以看到系统的解耦度基本上都在 90% 以上，部分解耦度接近 100%。因此，以现有设计的弹性元件的试验参数，只要弹性元件布局合理，完全可以实现较为理想的解耦设计方案。

2) 对比表 6-4 和表 6-5 可以看到，二者最大的区别在于 X 向和 Y 向的耦合程度不同。考察表 6-1 所示的弹性元件刚度参数可以看到，这主要是由于弹性元件 X 向和 Y 向的线耦合刚度较高造成的，如表 6-1 中 -5.053×10^3 N/m 这一刚度值。这也能说明两点：第一，弹性元件的对角线元素才是决定隔振系统性能的关键元素，忽略非对角线元素的假设也是可行的；第二，弹性元件的设计需要注意减弱线刚度的耦合，尤其是耦合刚度较主刚度相差 1 个量级以上时，二者的耦合也可以简化。

3) 对比表 6-5 和表 6-6 可以看到，二者数据基本一致，仅有个别数值之间有极小的差异。这说明，弹性元件刚度元素中，扭转刚度确实不是主要刚度，忽略后对隔振系统的分析影响不大。同时也说明，隔振系统的转动刚度主要由弹性元件的线刚度提供，而非弹性元件的扭转刚度（除非弹性元件专门设计较大的扭转刚度）。

理论上，弹性元件安装点过载荷的质心，则有利于系统的解耦。下面主要分析载荷质心过弹性元件安装平面（图 6-5 中，假定 $h=0$），弹性元件刚度的变化对隔振系统耦合度的影响如表 6-7 和表 6-8 所示。

表 6-7　弹性元件刚度变化对隔振系统耦合度的影响（表 6-1 元素）

固有频率/Hz	11.9	23.7	25.7	68.3	78.5	80.0
有效载荷/%	99.95 (R_x)	99.90 (R_z)	99.85 (R_y)	90.34 (X)	99.87 (Z)	90.22 (Y)
	0.05 (R_y)	0.1 (Y)	0.11 (Z)	9.65 (Y)	0.11 (R_y)	9.66 (X)

表 6 - 8　弹性元件刚度变化对隔振系统耦合度的影响（表 6 - 2 元素）

固有频率/Hz	11.9	23.8	25.8	69.5	78.9	78.9
有效载荷/%	100 (R_x)	100 (R_z)	100 (R_y)	100 (X)	100 (Z)	100 (Y)
	0	0	0	0	0	0

对上述系统进行分析，可以看出：

1）对比表 6 - 7 和表 6 - 4，可以看到：整体上，质心过弹性元件的安装平面后，系统的解耦度普遍提高（均高于 90%），但是隔振系统主要的耦合仍然发生在 X 向和 Y 向。

2）如果不考虑弹性元件的非对角元素影响，则此时隔振系统解耦度均为 100%，即完全解耦。由此，再次看出，系统的耦合程度一定程度上由弹性元件的线刚度耦合度决定。因此，弹性元件线刚度的解耦设计显得尤为重要。

3）表 6 - 4～表 6 - 8 中系统的固有频率基本一致，说明弹性元件刚度耦合与否，对隔振系统自身的频率特性影响不大，仅对系统的耦合程度有一定的影响。

综上可以看出，尽管真实的弹性元件为 6×6 刚度矩阵，但是弹性元件刚度矩阵中的扭转刚度及非对角线元素可以在分析中忽略不计，这将大幅度地降低隔振系统数值分析的工作量。同时，通过分析发现，弹性元件刚度矩阵中线刚度的耦合度对隔振系统的解耦度影响最大，因此，在弹性元件的设计中需要减弱线刚度的耦合项。如果弹性元件刚度矩阵中的线刚度耦合项小于主刚度 1 个量级以上，则线刚度的耦合项对隔振系统的耦合影响可以忽略不计。最后，由于弹性元件耦合项的存在，载荷质心与弹性元件安装平面的相对位置对系统的解耦度影响不大。

6.1.6　隔振器放置形式分析

隔振器放置形式包括 2 类：2 个弹性单元组合（并联隔振器）形成 1 个隔振单元以及 1 个弹性单元（单独隔振器）独立构成 1 个隔振单元。这两种放置形式在国外均有应用，如图 6 - 6 所示，美国的 TacSat - 2 光学卫星载荷的隔振系统就使用了并联隔振器放置形式。而欧洲 Metop 卫星的 IASI 载荷隔振系统则使用了单独隔振器的放置形式，如图 6 - 7 所示。下面对上述两种放置形式进行分析。

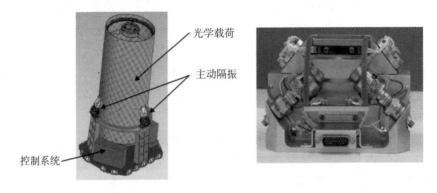

图 6 - 6　TacSat - 2 光学载荷及隔振系统（并联隔振器）

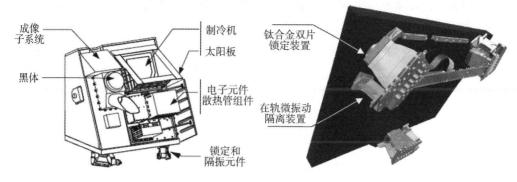

图 6-7　IASI 振动隔离系统（单独隔振器）

对于并联隔振器，其构型可简化为图 6-8 所示形式。

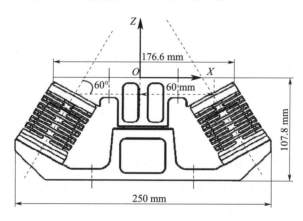

图 6-8　并联隔振器分析示意图

根据前文的论述，这里仅选取隔振器 6×6 刚度矩阵中的 3 个线主刚度矩阵进行分析。这样做不但可以为理论分析提供方便，同时不影响得到的分析结论。根据前文的论述，可以推知上述并联隔振器模型的矩阵如下

$$
\boldsymbol{k} = \begin{bmatrix}
\dfrac{1}{2}(3k_x + k_z) & 0 & 0 & 0 & -\dfrac{\sqrt{3}}{2}(k_x - k_z)r & 0 \\
0 & 2k_x & 0 & 0 & 0 & 0 \\
0 & 0 & \dfrac{1}{2}(k_x + 3k_z) & 0 & 0 & 0 \\
0 & 0 & 0 & 0 & 0 & 0 \\
\dfrac{\sqrt{3}}{2}(k_x - k_z)r & 0 & 0 & 0 & \dfrac{1}{2}(k_x r^2 + 3k_z r^2) & 0 \\
0 & 0 & 0 & 0 & 0 & 2k_x r^2
\end{bmatrix}
$$

式中　k_x，k_y，k_z——单个隔振器的 3 个线主刚度；

r——单个隔振器上端距参考点 O 的距离。

（1）单个隔振器三向等刚度

假定隔振器中单个隔振器的刚度为三向等刚度 $k_x = k_y = k_z = 2\,000\ \mathrm{N/m}$。

分析隔振器坐标系及部分尺寸，其中，单个隔振器安装面几何中心至隔振器 X 方向的中心面距离为 60 mm，如图 6-8 所示。

将 $k_x = k_y = k_z = 2\,000$ N/m 及 $r = 60$ mm 代入并联隔振器模型矩阵公式得到并联隔振器组合后的 6×6 刚度矩阵

$$k = \begin{bmatrix} 4\,000 & 0 & 0 & 0 & 0 & 0 \\ 0 & 4\,000 & 0 & 0 & 0 & 0 \\ 0 & 0 & 4\,000 & 0 & 0 & 0 \\ 0 & 0 & 0 & 0 & 0 & 0 \\ 0 & 0 & 0 & 0 & 14.4 & 0 \\ 0 & 0 & 0 & 0 & 0 & 14.4 \end{bmatrix}$$

可以看到，并联隔振器的等效刚度矩阵中，对转动方向刚度贡献量极小，只有 14.4 N·m/(°)，远小于主刚度量级（2 个量级的差距），在工程实际中可以忽略。因此，上述并联隔振器理论上可由单独隔振器替代（主刚度分别为 $k_x = k_y = k_z = 4\,000$ N/m）。

（2）单个隔振器三向非等刚度

一般情况下，隔振器的横向和轴向刚度不相等。工程上更多的隔振器横向刚度与轴向刚度的比值约在 0.2～2.0 左右。不失一般性，假定单个隔振器横向刚度与轴向刚度的比值为 2.0，则单个隔振器的刚度为 $k_x = k_y = 2\,000$ N/m，$k_z = 1\,000$ N/m，参考上述分析过程，计算得到并联隔振器组合后的 6×6 刚度矩阵

$$k = \begin{bmatrix} 3\,500 & 0 & 0 & 0 & -52 & 0 \\ 0 & 4\,000 & 0 & 0 & 0 & 0 \\ 0 & 0 & 2\,500 & 0 & 0 & 0 \\ 0 & 0 & 0 & 0 & 0 & 0 \\ 52 & 0 & 0 & 0 & 9 & 0 \\ 0 & 0 & 0 & 0 & 0 & 14.4 \end{bmatrix}$$

可以看到，并联隔振器的等效刚度矩阵中，构型隔振器对转动方向刚度加强极小，只有 9 N·m/(°) 和 14.4 N·m/(°)，远小于主刚度量级（2 个量级的差距），在工程实际中可以忽略。因此，上述并联隔振器理论上可由单独隔振器替代（主刚度分别为 $k_x = 3\,500$ N/m，$k_y = 4\,000$ N/m，$k_z = 2\,500$ N/m）。

综上所述，并联隔振器的放置形式本质上与单独隔振器的放置形式基本一致。但是在实际工程应用过程中，根据其他约束条件的限制，可择优选择上述并联隔振器放置形式和单独隔振器放置形式。

6.1.7　隔振系统主要参数分析

隔振系统的主要设计参数包括隔振器主刚度、隔振器主刚度的方向以及隔振器的分布半径等。

为便于分析隔振系统主要参数，本节以某型号的隔振系统为例进行说明。参照相关研

究成果，该型号敏感载荷的隔振系统选用三个隔振器成 120°均匀分布的布局方式，如图 6-9 所示。三个隔振器布局形式还可以有效地缓解由卫星结构平台顶板热应变不均匀产生的振动扰动。

隔振器的主刚度方向在一定程度上决定了隔振系统 6 个自由度的耦合程度。综合现有的研究成果，将隔振器主刚度方向作如下假设（不失一般性，这里假定隔振器的横向方向刚度均相等）：

1）隔振器的轴向即为 x 向，横向方向为 y 向和 z 向，且 y 向刚度等于 z 向刚度；

2）载荷的质心在隔振器分布圆面内的投影即为该圆面的中心，隔振器的 y 向与隔振器的分布圆周相切；

3）隔振器主刚度 x 向与隔振器分布圆面的夹角即为隔振器的安装角度；

4）x、y 和 z 三个方向满足右手准则，如图 6-9 所示。

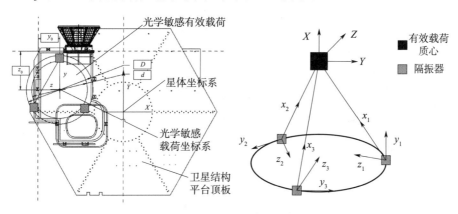

图 6-9　隔振系统参数分析示意图

根据敏感有效载荷结构尺寸确定隔振系统在其底板的分布圆半径，$r=d/2$；由此确定隔振系统在卫星平台的分布圆半径，$R=D/2$。

根据几何关系以及空间干涉约束指标，确定隔振系统分布半径的理论可选范围为 200～450 mm。为了尽可能降低隔振系统的高度，同时不致使 R 过小，依据初步分析结果，取隔振器的分布半径 $r=364$ mm。

（1）隔振器刚度和安装倾角的影响分析

根据前文的理论分析、设计输入以及约束条件，本节重点分析隔振器刚度、安装倾角对隔振系统带宽以及系统最低频率的影响。

设 Z 向隔振频率初步设定在 14 Hz 左右（对应的轴向刚度约 800 N/mm），Z 向压缩量在 1.27 mm 左右。在以上条件的基础上通过寻找合适的横向刚度以及隔振单元的支撑角度来达到隔振系统频带较低以及系统解耦性较好的目的。

设定横向刚度与轴向刚度的比值为 u，其变化范围为 0.2～2.0（根据工程能够实现及实际使用的因素进行综合考虑），隔振器安装角度的变化为 0°～90°，分析结果如图 6-10～6-16 所示。

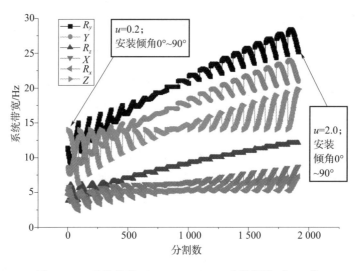

图 6-10　系统带宽（$u = 0.2\sim2.0$，安装倾角 $0°\sim90°$）

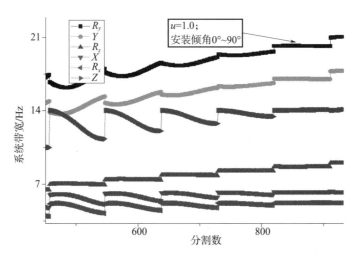

图 6-11　系统带宽（$u \leqslant 1.0$，安装倾角 $0°\sim90°$）

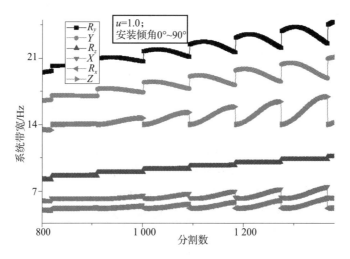

图 6-12　系统带宽（$u \geqslant 1.0$，安装倾角 $0°\sim90°$）

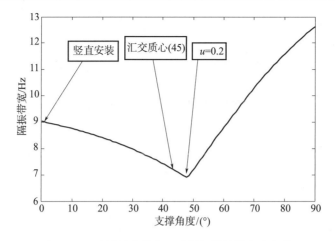

图 6 - 13 系统最小带宽（随隔振器斜撑角度变化）

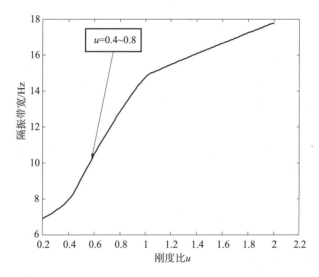

图 6 - 14 系统最小带宽（随横向刚度/轴向刚度的变化）

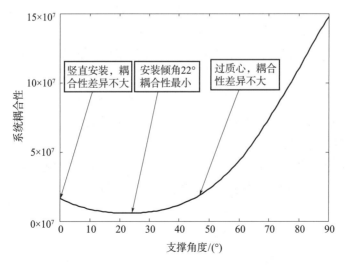

图 6 - 15 系统最小耦合性（随隔振器斜撑角度 0°～90°变化）

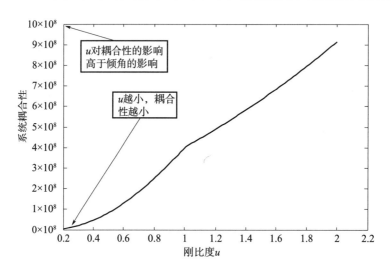

图 6-16　系统最小耦合性（随 $u=$ 横向刚度/轴向刚度 $=0.2\sim2.0$ 的变化）

由以上计算可以得到以下结论：

1）刚度比系数 u 越小，系统的带宽也就越小，但实际应用中 u 也不宜过小，否则隔振系统固有频率过小，隔振器强度降低；合适的取值范围为 $0.4\sim0.8$（1.0 以下）。

2）隔振器采取倾斜安装看似耦合性能更好，但隔振器实际安装时 R_{max} 一定，倾斜将导致隔振器与载荷安装点的分布半径 r_{max} 减小，而隔振系统与被隔振对象的 r_{max} 分布半径越小，系统性能越差。因此，倾斜 $22°$ 放置的优势，由于 R_{max} 的固定而被大幅度抵消，优势不再明显。

3）隔振器刚比度（横向刚度/轴向刚度）u 对系统性能影响更为重要些。

综上，隔振器可以选择竖直放置（适应性更广，不再需要过渡连接块，减少系统质量），同时 $u=$ 横向刚度/轴向刚度，取值范围在 $0.4\sim0.8$（1.0 以下）。

（2）隔振器分布半径的影响分析

在确定上述参数的基础上，再分析隔振系统最低固有频率。前面初定安装半径为 364 mm，此时最低的固有频率为 5.39 Hz，这一频率过低，不满足系统的设计要求。因此，必须对隔振系统进行优化设计。在工程实际中，隔振系统改进设计的可选择参数并不多，其中隔振器的分布半径是一个关键的可选参数。

分析可知，安装半径适当扩大，不仅可以提高最低阶的固有频率，如图 6-17 所示，而且可以进一步降低系统带宽，如图 6-18 所示。分析可知安装半径在 410 mm 附近，低阶频率就可超过 6.0 Hz，满足要求。

隔振器竖直安装（$R_{max}=410$ mm），质心高度 364 mm，刚度按 640，640，889 N/m 输入（刚度比 $=0.72$），隔振系统的频率及耦合情况如表 6-9 所示。

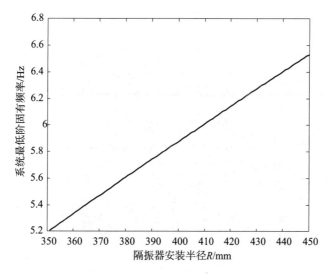

图 6-17 系统最低阶固有频率（随安装半径 $R=350\sim450$ mm 的变化）

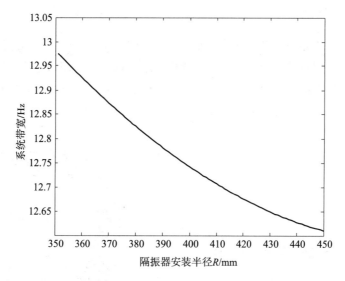

图 6-18 系统的带宽（随安装半径 $R=350\sim450$ mm 的变化）

表 6-9 各阶频率及耦合情况

	频率/Hz	$X/\%$	$Y/\%$	$Z/\%$	$R_{XX}/\%$	$R_{YY}/\%$	$R_{ZZ}/\%$
1	6.041 71	0.03	40.49	0.00	59.41	0.02	0.00
2	7.072 32	58.44	0.05	0.00	0.05	33.45	4.21
3	8.645 57	6.81	0.00	0.00	0.00	2.31	95.70
4	14.774 1	0.00	0.00	100.00	0.00	0.00	0.00
5	15.469 9	0.04	59.44	0.00	40.48	0.01	0.00
6	18.812 5	34.67	0.02	0.00	0.10	66.95	2.79

优化后的隔振器布局图如图 6 - 19 所示。

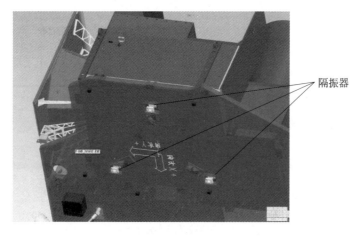

图 6 - 19　410 mm 安装半径下的分布

6.1.8　隔振系统仿真分析

根据上述分析，隔振系统动力学模型如图 6 - 20 所示，小圆板表示敏感有效载荷底板，同时也表示隔振器上端点对应的分布圆；大圆板表示星体平台，同时也表示隔振器下端点对应的分布圆。隔振系统振动抑制性能的分析，涉及隔振器的刚度矩阵、阻尼特性以及隔振器组合后的系统特性。隔振弹簧刚度按 640 N/m，640 N/m，889 N/m 输入（刚度比＝0.72）。

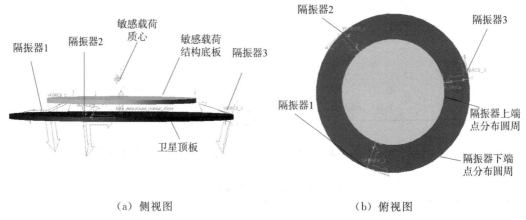

（a）侧视图　　　　　　　　　　　　　　（b）俯视图

图 6 - 20　隔振系统动力学模型

工况 1：实际工作中，来自卫星的扰动为多频率复合而成的宽频随机信号，故仿真工况 1 为在卫星顶板三个方向上分别施加随机信号激励。其中，分析模型坐标系的三向坐标指向为：隔振器主刚度＋Z 指向星体的＋Z 向，＋Y 向指向星体的＋Y 向，＋X 向指向星体的＋X 向。得到的工况 1 仿真结果如表 6 - 10 所示。

表 6-10　工况 1 仿真结果

X 方向输入/mg		18		
载荷质心	X 方向/mg	0.65	绕 X 方向转动/rad	7.5×10^{-8}
	Y 方向/mg	0.02	绕 Y 方向转动/rad	2.4×10^{-6}
	Z 方向/mg	4.2×10^{-6}	绕 Z 方向转动/rad	7.6×10^{-7}
Y 方向输入/mg		18		
载荷质心	X 方向/mg	0.02	绕 X 方向转动/rad	1.7×10^{-6}
	Y 方向/mg	0.62	绕 Y 方向转动/rad	8.2×10^{-8}
	Z 方向/mg	8.0×10^{-7}	绕 Z 方向转动/rad	2.0×10^{-8}
Z 方向输入/mg		18		
载荷质心	X 方向/mg	1.0×10^{-9}	绕 X 方向转动/rad	0
	Y 方向/mg	1.2×10^{-9}	绕 Y 方向转动/rad	0
	Z 方向/mg	0.86	绕 Z 方向转动/rad	0

　　表 6-10 中各方向受到激励情况下的仿真结果如图 6-21～图 6-26 所示。其中，图 6-21、图 6-23、图 6-25 中的灰度较浅的曲线表示卫星平板上施加的振动激励，灰度较深的曲线表示经过隔振系统后的敏感载荷质心处的振动响应。图 6-22、图 6-24、图 6-26 为各方向单独受到激励时，敏感载荷六个自由度的振动响应。

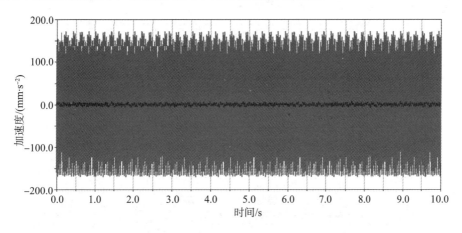

图 6-21　X 方向激励——隔振前后对比（工况 1）

　　工况 2：实际工作中，飞轮的转频是引起卫星平台振动的主要因素，微振动试验过程中发现，飞轮在 4 200 r/min 和 5 000 r/min 两个转频情况下，卫星顶板有较大的振动响应，故仿真工况 2 为转速 4 200 r/min（70 Hz）和 5 000 r/min（83.3 Hz）时的三方向分别激励。得到的工况 2 仿真结果如表 6-11 所示。

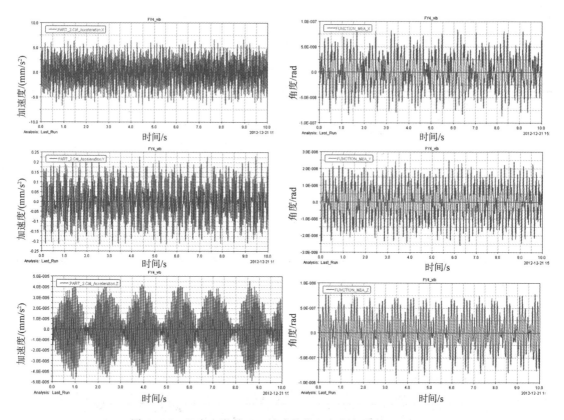

图 6-22　X 方向激励——敏感载荷六自由度响应（工况 1）

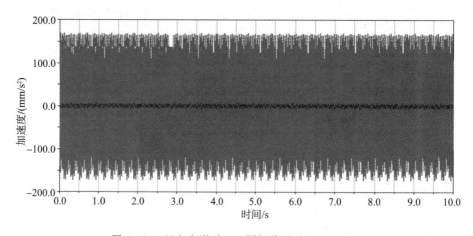

图 6-23　Y 方向激励——隔振前后对比（工况 1）

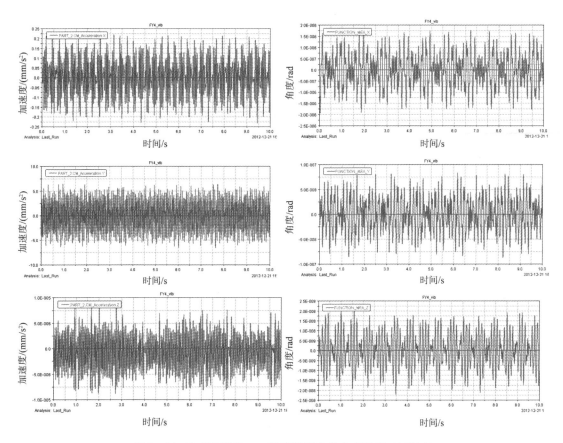

图 6-24　Y 方向激励——敏感载荷六自由度响应（工况 1）

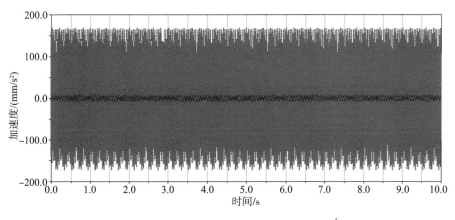

图 6-25　Z 方向激励——隔振前后对比（工况 1）

表 6－11　工况 2 仿真结果

X 方向输入	70 Hz（5 mg）与 83.3 Hz（10 mg）共同激励			
载荷质心	X 方向/mg	0.25	绕 X 方向转动/rad	1.5×10^{-8}
	Y 方向/mg	0.001	绕 Y 方向转动/rad	3.2×10^{-7}
	Z 方向/mg	1.2×10^{-6}	绕 Z 方向转动/rad	8.0×10^{-8}
Y 方向输入	70 Hz（5 mg）与 83.3 Hz（10 mg）共同激励			
载荷质心	X 方向/mg	0.001	绕 X 方向转动/rad	5.3×10^{-7}
	Y 方向/mg	0.25	绕 Y 方向转动/rad	1.5×10^{-8}
	Z 方向/mg	3.2×10^{-7}	绕 Z 方向转动/rad	2.2×10^{-9}
Z 方向输入	70 Hz（5 mg）与 83.3 Hz（10 mg）共同激励			
载荷质心	X 方向/mg	1.5×10^{-10}	绕 X 方向转动/rad	0
	Y 方向/mg	1.8×10^{-10}	绕 Y 方向转动/rad	0
	Z 方向/mg	0.35	绕 Z 方向转动/rad	0

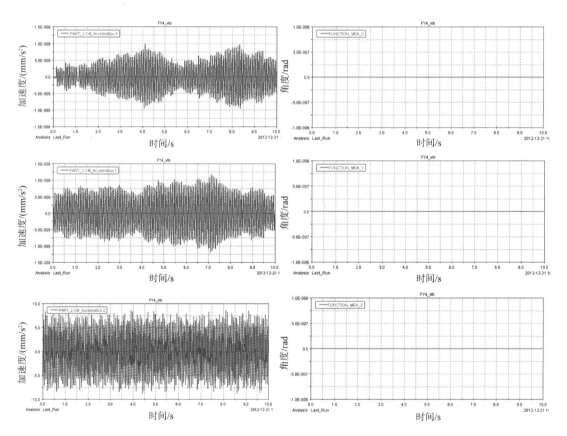

图 6－26　Z 方向激励——探测仪六自由度响应（工况 1）

　　表 6－11 中各方向受到激励情况下的仿真结果如图 6－27～图 6－32 所示。其中，图 6－27、图 6－29、图 6－31 中灰度较浅的曲线表示卫星平板上施加的振动激励，灰度较深的曲线表示经过隔振系统后敏感载荷质心处的振动响应。图 6－28、图 6－30、图 6－32 为

各方向受到单独激励时，敏感载荷六个自由度的振动响应。

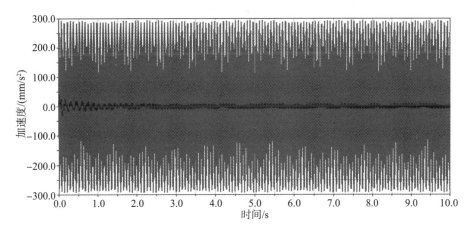

图 6 - 27　X 方向激励——隔振前后对比（工况 2）

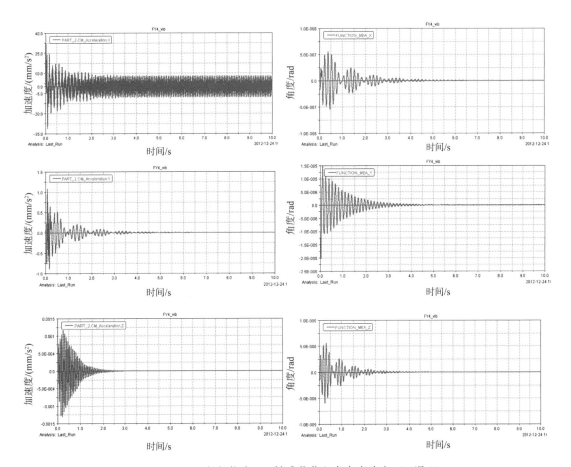

图 6 - 28　X 方向激励——敏感载荷六自由度响应（工况 2）

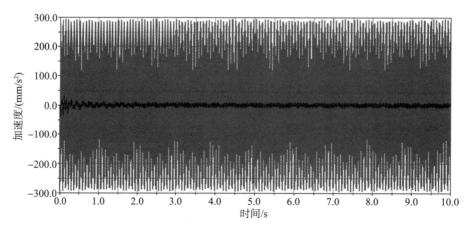

图 6-29　Y 方向激励——隔振前后对比（工况 2）

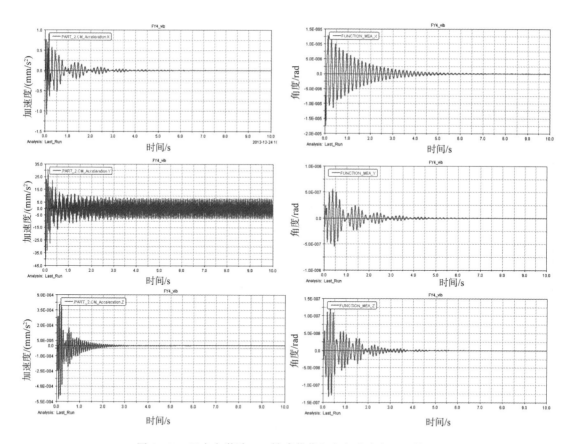

图 6-30　Y 方向激励——敏感载荷六自由度响应（工况 2）

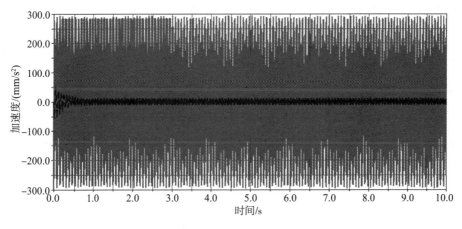

图 6-31　Z 方向激励——隔振前后对比（工况 2）

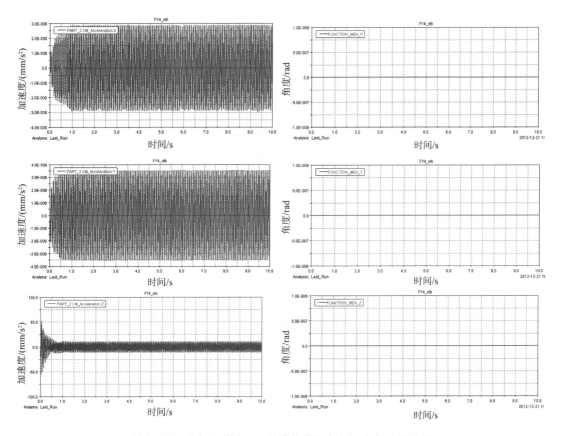

图 6-32　Z 方向激励——敏感载荷六自由度响应（工况 2）

由以上仿真结果可以得到：

1）在宽频随机信号激励和危险频率信号激励两种工况下，隔振系统的隔振效率均在 95% 以上，隔振效果非常明显；

2）两种工况下，卫星顶板振动激励幅值分别为 18 mg 和 10 mg，经过隔振系统后，敏感载荷三方向上的振动响应均小于 1 mg，满足隔振要求；

3）两种工况下，三个方向单独激励时，经隔振系统后，敏感载荷质心处的三个方向转动角度均小于 2.5 μrad（0.5″），说明隔振系统诱发的敏感载荷整体姿态的转动满足设计指标 6″ 的要求；

4）在 Z 方向受到单独激励时，其他方向基本没有响应，说明 Z 方向与其他自由度不存在耦合。

综上仿真结果表明，隔振器竖直放置，三隔振器组成的隔振系统，隔振效果明显，满足设计要求。

6.2　隔振器刚度设计

根据仿真分析得到的隔振器刚度值，进行隔振器的具体设计。考虑到空间在轨运行环境，隔振器的材料一般选用铝合金和钛合金等金属材料，具体的形式包括螺旋型、横槽型以及花纹型等。

6.2.1　螺旋弹簧隔振器设计

（1）隔振器接头刚度对整体刚度的影响

螺旋弹簧隔振器主要部分是发生弹性形变的弹簧圈。另外，为了与零部件对接，还需要在弹簧圈的端部设计接头以提供对接接口，如图 6-33 所示。

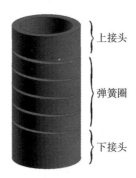

图 6-33　金属螺旋弹簧隔振器组成部分示意图

从理论上说，这类隔振器在端部承受外载荷时，上、下接头和弹簧圈都要发生弹性变形，隔振器最终表现出来的刚度其实是接头部分和弹簧圈串联之和。

如图 6-34 所示为金属隔振器弹簧圈模型与整体结构模型。相关参数为：材料铝合金 LD10（杨氏模量 70 GPa，泊松比 0.33）；接头部分与弹簧圈部分的内外径相同，外半径 86 mm，内半径 66 mm；弹簧圈螺旋扫描截面高度 39 mm，螺距 45 mm，共计 4 圈；整体结构高度 339 mm。

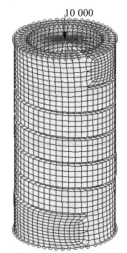

（a）弹簧圈有限元模型　　　　　　　　　　（b）整体结构有限元模型

图 6-34　金属隔振器弹簧圈建模和整体结构建模

计算纵向、横向和扭转刚度时的静力工况如表 6-12 所示。

表 6-12　计算刚度参数时采取的静力工况

计算参数	纵向刚度	横向刚度	扭转刚度
约束	下端面固支		
载荷类型	集中力	集中力	集中力矩
作用点	上端面中心		
方向	纵向	横向	绕纵轴

在各自工况下计算力作用点的位移或转角，再用力或力矩的大小除以位移或转角得到刚度，求得的三个刚度参数见表 6-13。

表 6-13　弹簧圈与整体结构刚度对比

	纵向刚度	横向刚度	扭转刚度
弹簧圈	180 472.84 N/m	44 826.77 N/m	0.276 N·m/（′）
整体结构	174 052.29 N/m	43 633.44 N/m	0.275 N·m/（′）
偏差	3.56%	2.66%	0.44%

表 6-13 中的数据表明，弹簧圈的刚度系数与整体结构的刚度系数极为接近，二者误差在 5% 以内。应该注意的是，图 6-33 所示减振器的接头和弹簧圈内外径完全一样，如果在设计中对上下接头采取刚性更大的设计，则误差会更小。因此，完全可以用弹簧圈的刚度系数替替减振器整体的刚度系数。考虑到某些类型弹簧圈的刚度系数已经有较为成熟的解析公式，上述替换对于减振器设计工作的简化具有极为重要的意义。

（2）接头特性对横向刚度的影响

在多个隔振器采用空间方式支承有效载荷底板的状态下，系统的刚体模态往往不能单纯取决于隔振器某一个方向的刚度系数，而是取决于多个方向刚度耦合的效果。

　　需要指出，在接头刚性足够大的前提下，接头部分的高度直接影响隔振器横向刚度。在横向集中力作用下，弹簧圈自身会产生横向线位移和角位移，而该角位移［参见图 6-35（b）中的 θ］与隔振器接头的高度［参见图 6-35（b）中的 l］会耦合成新的线位移，进一步增大隔振器的横向位移，从而降低刚度。接头高度越大，隔振器横向刚度的下降越明显。这种调整接头高度改善横向刚度的技巧在减振器设计中应予以充分应用。

　　为了避免增加不必要的复杂性，以下统一将刚度计算时接头高度设定为零，即暂时忽略接头高度与弹簧圈角位移耦合导致的横向位移。应该注意，此时计算得到的刚度小于隔振器实际的横向刚度。

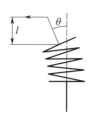

　　（a）有限元变形图　　　　　　　（b）弹簧圈角位移导致接头的线位移

图 6-35　弹簧圈角位移导致接头的线位移原理示意图

　　在多个隔振器采用空间方式支承有效载荷底板的状态下，系统的刚体模态往往不能单纯取决于隔振器的某一个刚度系数，而是多个方向刚度耦合的效果。以图 6-35（b）所示的弹簧圈模型为例，施加横向载荷时会引起端面的转动［见图 6-36（a）］，仅当隔振器与有效载荷底板采用球铰连接时才会与此一致。而事实上，隔振器端面拟与有效载荷底板固定连接，端面的转动会受到有效载荷底板限制［见图 6-36（b）］，此时弹簧圈的横向弯曲刚度也会表现出来，使得横向刚度增大。

　　（a）不限制端面转动　　　　　　　（b）限制端面转动

图 6-36　减振器不同位移约束表现出来的变形示意图

　　基于上述分析，计算端面转动位移处于自由或被限制状态下的弹簧圈横向刚度系数（不考虑接头高度）。仿真模型见图 6-37，计算结果见表 6-14。

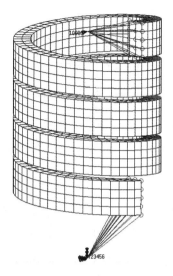

图 6 - 37　计算弹簧圈刚度系数模型

表 6 - 14　弹簧圈横向刚度系数

	弹簧圈横向刚度系数
端面转动无限制	103 615.13 N/m
端面转动被限制	213 693.48 N/m
偏差	106%

从表 6 - 14 可以看出，隔振器端面与有效载荷底板的连接方式对其最终表现出来的刚度系数影响较大。该现象说明，对隔振器刚度设计指标的要求还要考虑到隔振器的连接方式。在条件允许的情况下，应尽可能考虑对减振器和底板建立一体化有限元模型。

（3）圆截面螺旋弹簧有限元单元类型选择

圆截面密圈螺旋弹簧的纵向刚度有如下经典的解析公式

$$k = \frac{Gd^4}{64R^3 n} \tag{6-11}$$

式中　k ——纵向刚度；

　　　G ——剪切模量；

　　　d ——圆截面直径；

　　　R ——螺旋线所在柱面的半径；

　　　n ——弹簧的有效圈数。

从式（6 - 11）可以看出，圆截面直径越大，或螺旋半径越小，或有效圈数越少，则弹簧刚度越大。还可以看出，如果保持弹簧圈的 d/R 不变，外形增大一倍，则刚度只增大一倍，显然这种增加刚度的方式是不太经济的。

采用铝合金材料，取 $d = 39.5 \text{ mm}$，$R = 76 \text{ mm}$，$n = 4$，由解析公式（6 - 11）计算得到纵向刚度系数为 570 064.56 N/m。

针对上述参数，分别以梁单元和体单元建立有限元模型，如图 6 - 38 所示。

10 000　　　　　　　　　10 000　　　　　　　　　10 000

（a）梁单元　　　　　　　（b）体单元　　　　　　（c）体单元（细化）

图 6-38　弹簧圈刚度计算模型

图 6-38（a）梁单元模型的截面为圆形，直径为 d ，螺旋线半径为 R 。为降低畸形单元的数量，提高网格质量，图 6-38（b）体单元模型的截面为正方形，其面积与梁单元的圆截面相同，则正方形截面的边长为 $\sqrt{\pi}d/2$ 。为分析网格细化对结果的影响，对图 6-38（b）模型的网格进一步细分，即形成图 6-38（c）模型。最后计算得到的纵向刚度见表 6-15。

表 6-15　不同计算方法得到的纵向刚度对比

N/m

计算方式	解析公式	梁单元模型	体单元模型	体单元模型（细化）
纵向刚度	570 064.56	575 572.69	522 711.83	504 261.01

由表 6-15 中的数据可进一步计算出体单元网格细化前后的计算误差为 3.53%，说明网格细化对于计算结果没有明显的改善，也就是说，图 6-38（b）体单元模型的计算精度是足够的。相对于解析公式，梁单元模型的误差为 0.97%；相对于体单元模型，梁单元模型刚度偏高 8.31%（必须注意二者截面形状不同，在面积相同的前提下，圆截面的抗扭刚度略大于正方形截面）。这证明采用梁单元模型计算弹簧圈刚度是可以满足工程需求的。考虑到梁单元建模的方便以及修改参数的快捷，在方案筛选阶段建议采用梁单元，在对方案进行复核时建议采用体单元并考虑接头弹性的影响。

（4）隔振器纵横向刚度比

金属螺旋弹簧的特点是横向刚度较纵向刚度小很多。将图 6-38（a）梁模型的截面换成矩形，在给定螺旋线以及截面高度（39.5 mm）的情况下，计算不同截面宽度下的纵横向刚度系数，见表 6-16。

表 6-16　纵横向刚度比与截面高宽比的关系

截面宽度/mm	9.875	19.75	39.5	79	158
截面高宽比	4	2	1	0.5	0.25
纵向刚度/（N/m）	25 307.68	163 102.87	783 514.85	2 488 181.14	6 024 096.39
横向刚度/（N/m）	15 438.44	97 237.48	435 047.42	1 278 772.38	2 940 311.67
刚度比（纵/横）	1.64	1.68	1.80	1.95	2.05

表 6-16 显示，不同截面的高宽比会引起纵横向刚度比的变化，即截面宽度增加，弹

簧圈的纵向刚度增加比横向刚度更快一点，从而引起刚度比（纵/横）增加。但总体而言，这种变化并不大，纵横刚度比始终都在 2 左右。刚度比随高宽比变化的曲线如图 6 - 39 所示，可以看到，高宽比在 1 左右时，调整截面宽度对刚度比影响最明显。当截面过于"扁平"或"高瘦"时，继续调整截面高宽比对纵横向刚度比的作用将不明显。

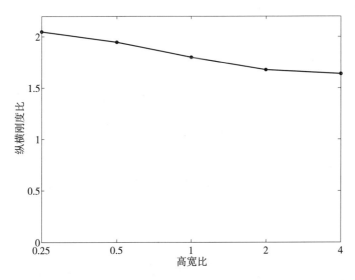

图 6 - 39　纵横刚度比随截面高宽比变化曲线（横坐标取对数）

上述分析只考虑了弹簧圈的刚度，忽略了接头高度对横向刚度的影响。事实上，正如前文所述，接头高度会引起横向刚度的明显下降。以图 6 - 33 所示的隔振器为例，根据表 6 - 16 数据推算出纵横刚度比达到了 4 以上。

总之，金属螺旋弹簧的横向刚度偏弱是其固有的特征，也是相关机械设计手册中强调的内容，在弹簧参数设计时应该予以注意。

（5）隔振器尺寸设计

设隔振器纵向刚度为 3.0×10^6 N/m，则螺旋弹簧的理论设计方法如下。

以 60Si2MnA 弹簧材料为例，拉伸弹簧为 II 类（受变载荷作用次数在 $10^3 \sim 10^5$ 次及冲击载荷的弹簧）：许用剪应力 $\tau_p = 0.4\sigma_b = 628$ MPa，剪切模量 $G = 78.5$ GPa，取其安全系数为 1.5；弹簧的旋绕比 C 一般取值范围为 $5 \sim 8$。

弹簧的曲度系数

$$K = \frac{4C - 1}{4C - 4} + \frac{0.615}{C} \tag{6-12}$$

根据弹簧基本公式

$$\tau = \frac{8FCK}{\pi d^2} \leqslant \tau_p \tag{6-13}$$

$$f = \frac{8FD_2^3 n}{Gd^4} \tag{6-14}$$

$$k = \frac{Gd^4}{8D_2^3 n} \tag{6-15}$$

式中　F——弹簧承受的载荷（N）；

　　　f——弹簧变形量（mm）；

　　　k——弹簧刚度（N/mm）；

　　　d——材料截面直径（mm）；

　　　D_2——弹簧中径（mm）；

　　　C——旋绕比；

　　　K——曲度系数；

　　　n——弹簧有效圈数。

下面对理论分析的参数进行有限元分析，进一步验证上述理论的设计结果。

建立梁单元模型，取矩形扫描截面，调整高宽比并约束截面面积接近 $\dfrac{\pi d^2}{4}$。由梁单元模型获得初步参数后，再通过实体单元模型反复修改，最终弹簧圈设计尺寸见图 6-40，刚度系数见表 6-17。表 6-17 中除了列出端面自由转动条件下的横向刚度（命名为横向刚度 A），还列出了转动被限制条件下的横向刚度（命名为横向刚度 B）。

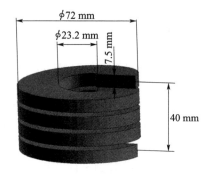

图 6-40　弹簧圈尺寸参数

表 6-17　弹簧圈设计参数

纵向刚度/ （N/m）	横向刚度 A/ （N/m）	横向刚度 B/ （N/m）	扭转刚度/ [N·m/（′）]	质量/kg
332 292.15	213 192.34	719 476.22	0.283	约 0.4

表 6-17 列出的纵向刚度比设计目标高出 10%，这是因为考虑了实际应用中接头以及隔振器连接配件可能引起刚度下降的问题。另外，制造过程中，由于工艺、材料等参数的不确定性，建议生产多个隔振器进行筛选。

6.2.2　花纹弹簧隔振器设计

花纹弹簧隔振器本身是柔性铰的一种，通常是在一块刚性较好的金属材料上用线切割的方法加工出矩形或圆弧形切口形成弹性支点，并通过它将绕轴作复杂运动的有限角位移转换成柔性支承系统的直线运动（具备较好的对转动方向振动的抑制性能）。柔性铰虽然只能提供有限度的转动角度，但是它具有无摩擦、无磨损、无滞后、不需润滑、维护简单等特点，同时还具有结构紧凑、体积小、无运动间隙和分辨率高等优点，被广泛应用于精密机械、精密测量、微米/纳米技术等领域构成高精度定位机构和系统。另外，这类隔振器本身具备阻止热传递的能力，因此在国外经常用于隔热和强防热变形。

本节以较高轴向刚度可三轴转动花纹弹簧隔振器，即空心圆柱混合切口花纹弹簧隔振器（见图 6-41）为例，重点介绍花纹弹簧隔振器的设计。

图 6-41　花纹弹簧隔振器设计示意图

（1）构型尺寸设计

花纹弹簧隔振器的运动具有高轴向刚度、低弯曲和扭转刚度，即具有三轴转动能力，同时工作时安全稳定，不易损坏，其结构如图 6-42 所示。花纹弹簧隔振器的基体为钛合金材料的空心圆柱体，内外半径分别为 R_1 和 R_0，壁厚为 $\Delta R(\Delta R = R_0 - R_1)$，高度为 h。以空心圆柱体的两相互正交的轴截面（图中的 XOZ 平面和 YOZ 平面）为对称平面分别各自加工两个四分之一圆弧型缝隙，所有圆弧的圆心都位于与空心圆柱体轴线垂直的中位截面内，每两个四分之一圆弧型缝隙分别和各自的轴截面以及与空心圆柱体轴线垂直的中位截面对称。四分之一圆弧型缝隙的内外半径分别为 r_1 和 r_0，圆弧型缝隙间距为 $\Delta r(\Delta r = r_0 - r_1)$。与空心圆柱体一个轴截面对称的两个四分之一圆弧型缝隙通过一端的平面缝隙向空心圆柱体的同一端引出圆柱体外以便于采用数控电火花线切割加工方法加工。这样，以空心圆柱体的两相互正交的轴截面为对称平面，分别构成圆弧切口花纹弹簧隔振器，其最薄处厚度为 t，且方向相互正交。根据其结构特征，称这种新型的高轴向刚度三轴转动花纹弹簧隔振器为空心圆柱圆弧切口花纹弹簧隔振器。根据图 6-42，空心圆柱圆弧切口花纹弹簧隔振器可以绕 X 轴、Y 轴和 Z 轴灵活转动，而且在轴线方向具有很高的刚度。

结合卫星用隔振器的空间尺寸要求，以及相应的刚度特性要求，设计花纹弹簧隔振器的尺寸如表 6-18 所示。

表 6-18　隔振器设计尺寸

参数	R_1	R_0	r_1	r_0	h	t
大小/mm	21	24	4	6	60	1

分析表 6-18 中的数据可知，隔振器最薄弱处只有 1 mm，其截面也只有 1.5 mm×1 mm，故在分析并得到满足设计要求的刚度和尺寸后，还需要使其满足强度的要求。

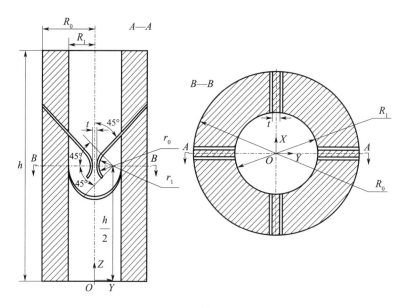

图 6-42 花纹弹簧隔振器设计尺寸

（2）隔振器刚度分析

①弯曲刚度分析

花纹弹簧隔振器的弯曲刚度是其抵抗弯曲变形的能力，其计算方法是将花纹弹簧隔振器一端固定，另一端施加作用于端面且平行于 X 轴方向或者 Y 轴方向的力载荷 F_x 或 F_y（两者相等），并检测在相应方向的转角 θ_x 和 θ_y，如图 6-43 所示。

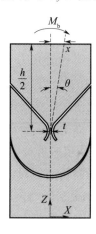

图 6-43 花纹弹簧隔振器弯曲刚度计算模型

弯曲刚度计算公式为：$k_{bx} = M_{bx}/\theta_x$，$k_{by} = M_{by}/\theta_y$。

②扭转刚度分析

花纹弹簧隔振器的扭转刚度是其抵抗扭转变形的能力。分析方法是将花纹弹簧隔振器一端固定，另一端添加扭矩 M_t，并检测相应的扭转角 α，如图 6-44 所示。扭转刚度计算公式为：$k_t = M_t/\alpha$。

③线刚度分析

花纹弹簧隔振器的轴向刚度是其抵抗轴向变形的能力，分析方法是将花纹弹簧隔振器一端固定，另一端添加轴向压强 P 并检测其轴向位移 a，如图 6 - 45 所示。轴向刚度计算公式为：$k_a = F_a / a$。

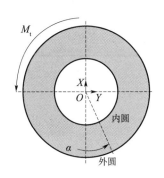
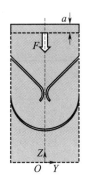

图 6 - 44　花纹弹簧隔振器扭转刚度计算模型　　　图 6 - 45　花纹弹簧隔振器线刚度计算模型

④隔振器刚度矩阵

隔振器的刚度需要使隔振方案具备足够高的减振性能，满足系统减振需求，隔振器刚度矩阵设计如表 6 - 19 所示。

表 6 - 19　隔振器刚度矩阵

$T_X /$ (N/m)	$T_Y /$ (N/m)	$T_Z /$ (N/m)	$R_X /$ [N·m/ (°)]	$R_Y /$ [N·m/ (°)]	$R_Z /$ [N·m/ (°)]
9 221	−0.3	−12.68	−0.005 8	270.65	0.04
−0.3	9 221	1.92	270.65	−0.005 8	−0.034
−12.68	1.92	129 000	0.033	−0.033	−0.98
−0.005 8	270.65	0.033	9.6	0.000 9	−0.000 14
270.65	−0.005 8	−0.033	0.000 9	9.6	−0.001 2
0.04	−0.034	−0.98	−0.000 14	−0.001 2	13

注：T_X 为 X 方向线性刚度，R_X 为 X 方向转动刚度；以此类推。

6.2.3　横槽弹簧隔振器设计

目前，航天领域在隔振器设计中多选用横槽型弹簧隔振器，例如美国詹姆斯·韦伯空间望远镜飞轮隔振系统（见图 6 - 46）所采用的隔振器。与前文提到的螺旋型弹簧隔振器以及花纹型弹簧隔振器相比，横槽型弹簧隔振器的设计参数较多，因此，理论上可以通过调整不同的参数达到相应的刚度指标。

（1）隔振器构型及刚度设计

如图 6 - 47 所示，横槽型弹簧隔振器采用了层叠式的构型，其关键参数包括外径 D，内径 d，层厚度 h，以及层数 n 和楔块宽度 t，通过调整上述参数，实现高轴向刚度以及各向刚度的可设计性，从而达到刚度可设计的目的。

图 6-46　詹姆斯·韦伯空间望远镜飞轮隔振系统　　　　图 6-47　隔振器设计图

下面分析各个尺寸参数对隔振器轴向刚度、弯曲刚度和扭转刚度的影响。外径 D 及内径 d 对隔振器的弯曲刚度和扭转刚度有较大的影响，$(D-d)$ 的值和楔块宽度 t 决定了隔振器的轴向刚度，层厚度 h 和层数 n 对弯曲刚度有较大的影响。在设计时根据三个刚度目标进行综合考虑，选择各个参数。

（2）材料选择

柔性单元的强度应该满足在压下要求的高度情况下不会发生塑性变形，分析中主要采用了 Al（2A14T6）和 Ti（TC4）两种材料，如表 6-20 所示。在两种材料设计的隔振器刚度相同的情况下，压下同样大小的距离所产生的应力是近似相等的，根据设计要求，可知如果选用 Al 会出现局部的塑性变形，则隔振器的单元应选用屈服极限更大的材料，钛合金满足要求而且能起到隔热垫的作用。

表 6-20　隔振单元所使用的材料

	弹性模量 E/GPa	泊松比	密度/（kg/m³）	屈服应力极限/MPa
Al（2A14T6）	71.0	0.33	2 800	430
Ti（TC4）	110	0.33	4 500	830

（3）刚度设计思路

对于横槽构型的隔振器，由于其具有较好的重复性，因此可用解析法和数值法进行刚度设计。

①解析法

首先分析单侧只有两个楔块和一个圆环的最小单元情况下的轴向刚度、弯曲刚度以及扭转刚度，楔块部分可以简化为一个矩形截面梁，分别利用材料力学的解析公式即可得到外径 D，内径 d，层厚度 h 以及楔块宽度 t 与基本单元三向刚度的解析式，再根据隔振单元的层数 n 即可计算得到整个隔振器的三向刚度。当然，这种方法对于横槽构型的隔振器也并不是完全解析的，在楔块简化为矩形梁时将其内外两侧的圆弧边简化为直线，存在一定的偏差。

②数值解法

对于不同参数的横槽构型的隔振器，设计完成后在可导入有限元中划分单元格施加外力进行分析，得到在外力作用下的位移，可计算各个方向的刚度。在合理的单元格划分尺度下，该方法是比较准确的。

当然，针对影响刚度的基本参数（外径 D，内径 d，层厚度 h 以及楔块宽度 t），为了研究各个参数对各个方向刚度的影响，可以只改变一个参数而固定所有其他参数，进行多个算例的分析，根据各个值的拟合改变的参数与各个方向刚度的关系，这种方法可以作为一种定性的研究参数与刚度关系的方法。

（4）隔振器产品的端部设计

完成隔振器柔性部分设计后，根据隔振器使用和安装位置，需要对其端部进行设计。某卫星上隔振器的设计如图 6-48 所示。其中，底端支脚（较厚的一侧）与卫星平台连接（卫星顶板上为光孔），顶端支脚与探测仪底板连接。分析表明，只要端部的厚度大于层厚，即能保证端部的刚度不影响整个隔振器的刚度。

图 6-48　隔振器初步设计

6.3　隔振器阻尼设计

根据振动理论分析，当强迫振动施于自由振动并开始叠加时，运动情况比较复杂，经过一定时间后，自振波振幅由于系统阻尼作用逐渐衰减到可以忽略，而只留下强迫振动响应成分，但这种受迫振动的振幅与频率比有很大的关系。所谓频率比就是强迫振动的频率与固有频率之比。强迫振动的振幅为输入振幅，受迫振动的振幅称为输出振幅，则输出振幅与输入振幅之比称为振动传递率。显然，当振动传递率大于 1 时，表示振动被放大，这是不希望的。振动传递率小于 1 时，表示受迫振动被衰减，图 6-49 为单自由度隔振系统的振动传递率与频率比的关系。

航天器主要的微振动激励大致可以分为两类：一类是频率范围为 30 Hz 以上（一般也不高于 300 Hz），特点是激励的幅值较小，习惯上称其为高频、小振幅激励，由其引起的振动称为高频、小振幅振动；第二类激励的频率一般低于 30 Hz，特点是激励的幅值相对较大，习惯上将其称为低频、大振幅激励，相应的振动称为低频、大振幅振动。

为了有效隔离高频段激励所引起的振动，希望隔振元件具有低刚度与小阻尼特性；另一方面，为了抑制隔振系统共振，同时限制那些准静态载荷作用下引起的位移，并且将其诱发的较大幅度自由振动尽快衰减，又希望隔振元件具有高刚度与大阻尼特性。这对隔振元件提出了两个基本而又相互矛盾的要求，即对隔振系统提出了"低频域具有高刚度大阻尼、高频域具有低刚度小阻尼"这两个基本而又相互矛盾的要求，如图 6-50 所示。

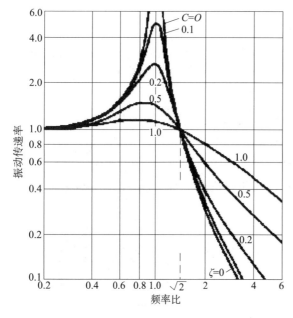

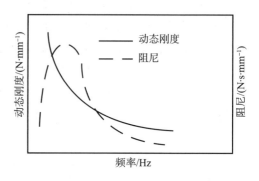

图 6-49　不同阻尼下振动传递率与频率比的关系　　　　图 6-50　理想的隔振系统力学性能

传统的弹簧阻尼隔振设计显然不能满足系统对低频大刚度大阻尼与高频小刚度小阻尼的要求，因此，隔振装置设计中只能采取某些性能上的折中，如隔振系统加入适量阻尼。在这种情况下，由于液体阻尼隔振器的阻尼大小可根据需要进行设计，因而成为一种较为理想的选择。较为成功的应用案例为哈勃望远镜飞轮的振动隔离。

6.3.1　哈勃望远镜液体阻尼隔振器

哈勃望远镜图像稳定度（image stability）的要求有 2 个指标：0.007（″）/24 h（长周期）、0.007（″）/10 s（短周期），指向恢复性（pointing repeatability）指标要求：0.01（″）/100 h。上述指标均超出了当时卫星控制系统的能力，因此，必须对哈勃望远镜进行减振设计。

综合考虑，霍尼韦尔研发的液体阻尼隔振器如图 6-51 所示。

液体阻尼隔振器结构组成和工作原理：液体阻尼隔振器内腔被金属结构分为上液室和下液室，上、下液室之间有环形阻尼孔连通，靠液体流过阻尼孔的节流阻尼来衰减振动，在低频时大阻尼特性可以控制振动的响应，其具有良好的线性特性，最小位移运动输入为 0.06 μm。安装液体阻尼器的飞轮如图 6-52 所示。

哈勃望远镜液体阻尼隔振器试验测试如图 6-56 所示。

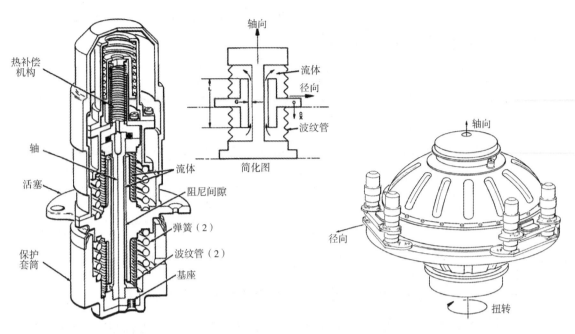

图 6 - 51　液体阻尼隔振器及工作原理　　　　图 6 - 52　哈勃望远镜液体阻尼隔振器安装形式

6.3.2　三参数液体阻尼隔振器设计

两参数和三参数隔振器的模型如图 6 - 53 所示，三参数的绝对位移传递率为

$$T(\Omega,\zeta,N)=\left[\frac{1+4\left[(1+N)/N\right]^2\zeta^2\Omega^2}{(1-\Omega^2)^2+(4/N^2)\zeta^2\Omega^2(N+1-\Omega^2)^2}\right]^{1/2} \tag{6-16}$$

式中　$\Omega=\omega/\omega_n$——激励频率与系统固有频率之比，而对于两参数系统的绝对位移隔振率为

$$T(\Omega,\zeta)=\left[\frac{1+4\zeta^2\Omega^2}{(1-\Omega^2)^2+4\zeta^2\Omega^2}\right]^{1/2} \tag{6-17}$$

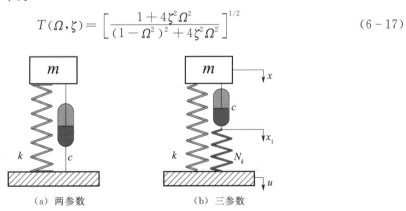

（a）两参数　　　　　　（b）三参数

图 6 - 53　隔振器简化模型

应该指出，普通的单级隔振系统的绝对传递率公式中，分母的频率比的方次只比分子的频率比的方次高一次，而在三参数隔振系统的绝对传递率公式中，分母的频率比的方次比分子的频率比的方次高两次。阻尼比选定为 $\zeta=0.2$，两参数隔振系统以及不同刚度比 N 下的隔振系统绝对传递率如图 6 - 54 所示。可以看出，三参数隔振系统的绝对传递率曲

线在高频段比两参数隔振系统的绝对传递率曲线更加陡峻。由此可见，三参数隔振系统比
普通单级隔振系统隔离高频振动的能力强。

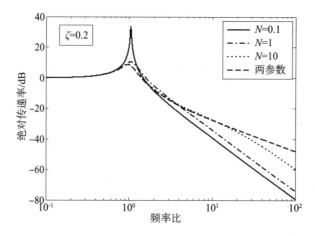

图 6-54　刚度比对三参数隔振器绝对传递率的影响曲线（ζ = 0.2）

　　减小附加弹簧刚度，即降低阻尼器的连接刚度，三参数隔振系统在高频段的绝对传递
率随之降低。由此可见，降低阻尼器的连接刚度，有助于改善系统隔离高频振动的能力。
在许多实际的隔振装置中，为了抑制隔振系统可能出现的共振，必须有一定量的阻尼，需
要附加阻尼器。这时，采用三参数隔振方案是合理的。然而刚度比的选择不能过小，否则
可能导致失去阻尼效果的共振放大系数过大。

　　选定阻尼比参数为 ζ = 0.02，此时的绝对传递率如图 6-55 所示，曲线表明，若阻尼
比过小，两参数和三参数隔振系统的差别并不明显。

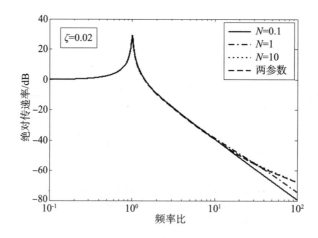

图 6-55　刚度比对三参数隔振器绝对传递率的影响曲线（ζ = 0.02）

　　三参数液体阻尼隔振器设计方案的三维图如图 6-56 所示，固定支架将两个圆盘固
定，连接到基础上；图示中间的两个波纹管提供主刚度 K，而波纹管中的液体在振动作
用下通过阻尼小孔提供和主刚度并联的阻尼 C；液体在运动过程中受到两端波纹管的作

用，这两个波纹管提供和阻尼并联的辅刚度 N_K。实物图如图 6-57 所示。

图 6-56　三参数液体阻尼隔振器三维图

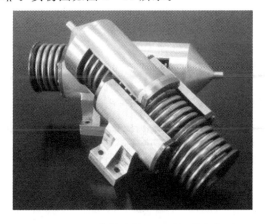

图 6-57　三参数液体阻尼隔振器实物图

三参数液体阻尼隔振试验原理如图 6-58 所示，将液体阻尼隔振器水平悬吊起来以消除重力影响，悬吊长度大于 0.5 m，液体阻尼隔振器的一端连接至质量块，另一端连接至激振器。使用加速度传感器分别测量激振器（输入端）和质量块（输出）之间的加速度信号。使用所测加速度信号求取输出对输入的频率响应函数，即加速度传递曲线。

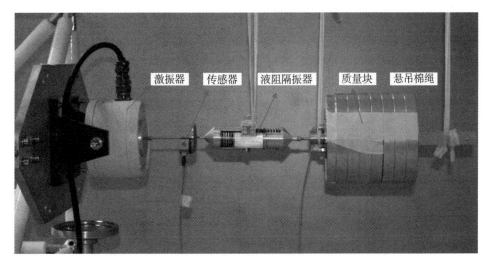

图 6-58　试验现场照片

液体阻尼隔振器中的液体阻尼小孔结构形式如图 6-59 所示，腔体中的硅油受到挤压通过小孔产生阻尼力，从而消耗能量。阻尼孔直径为 1 mm，长度为 30 mm。所加硅油黏度为 500 cst 和 1 000 cst（1 cst＝1 mm²/s）。

未充硅油时，测试了隔振器的传递率特性，并且取三种不同大小的激励幅值，研究激励幅值对其传递特性的影响，结果如图 6-60 所示。可以看出，隔振系统的共振频率为 31.13 Hz，此时共振放大倍数为 35.51 dB。结合质量为 5 kg，可以算出隔振器的刚度为 1.91×10^5 N/m。从图 6-60 中还可以看出，激励幅值对隔振器传递性能的影响不明显，即在所施加的扫频激励下，系统特性基本保持在线性范围内。

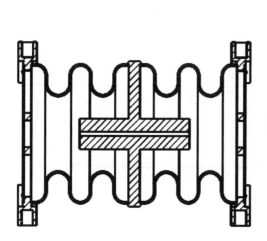

图 6-59　小孔阻尼的结构形式

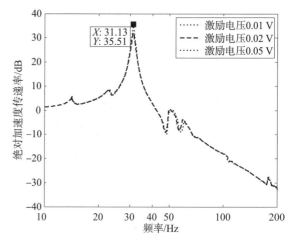

图 6-60　未加硅油时隔振器传递率随激励幅值变化曲线

　　分别给隔振器充 500 cs 和 1 000 cs 硅油，测试其传递特性。测试传递特性时，改变激励的大小，研究激励幅值对传递特性的影响。充 500 cs 硅油后，隔振器的传递特性如图 6-61所示。充 1 000 cs 硅油的传递特性曲线如图 6-62 的所示。通过图 6-61 和图 6-62的对比可以看出，随着所充硅油黏度的增大，其共振峰也随之降低。另外，当激励幅值变化时，隔振系统的传递特性变化不明显。

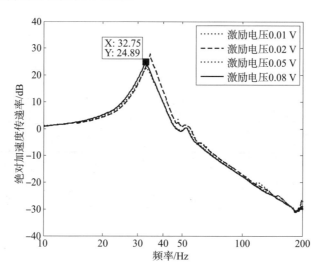

图 6-61　充 500 cs 硅油时 1 号隔振器传递特性随激励幅值变化曲线

　　如前所述，无论是否充硅油，激励幅值对隔振器的传递特性影响并不明显。故选择未加硅油、加 500 cs 硅油、加 1 000 cs 硅油的传递特性进行比较时，只选择了其中的一种激励幅值进行比较，结果如图 6-63 所示。从图中可以看出，充硅油后，共振放大倍数减小，但是其在衰减频率的衰减效果基本不变。

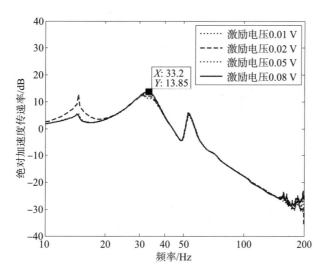

图 6 - 62　充 1 000 cs 硅油时 1 号隔振器传递特性随激励幅值变化曲线

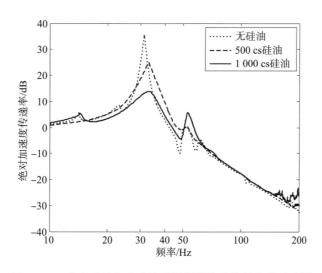

图 6 - 63　未充硅油和充硅油后隔振器传递特性曲线对比图

6.3.3　阻尼可调式液阻设计

一般地，液体阻尼装置一旦完成设计，系统的阻尼特性就不再改变。为此，在设计之初，需要考虑液体阻尼的特性能够根据需要进行改变。从上述分析可知，改变液体阻尼特性有多种方式。其中包括改变材料特性（利用热效应或磁流变液等）、改变阻通道的几何尺寸（如改变长度、直径，使用锥形可动单元等），另外还包括设置多个节流孔以及电磁阀选择控制等，如表 6 - 21 所示。相比而言，通过锥形可动单元改变阻尼通道的间隙大小是较为简单、可靠的方式。

表 6 - 21　液体阻尼特性改变方式

原理	图示	优点	缺点
通过加热或冷却改变流体黏度 μ	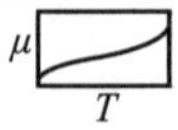	无移动部件；可连续改变阻尼	需要连续供电
使用电流变流体改变流体黏度 μ	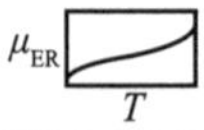	无移动部件；可连续改变阻尼	需要脉冲宽度调节，高电压；电流变（ER）流体有寿命限制
使用伸缩套管改变流体孔长度 L		实现简单	调节范围小
使用径向端口改变流体孔有效长度 L	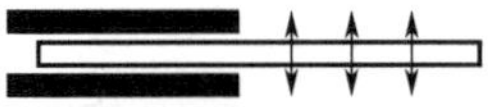	实现简单	调节范围小
使用热延展管路改变流体孔直径 D	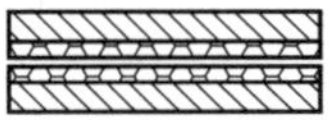	无移动部件；可连续改变阻尼	需要持续供电
使用热收缩管路改变流体孔直径 D	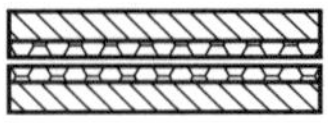	无移动部件；连续改变阻尼	需要持续供电
使用间隙叶片改变流体孔直径 D		连续改变阻尼	需要对转动进行控制；需要精密加工
使用径向敏感压电、磁致或电致伸缩材料		无移动部件	需要连续电压供应；需要进一步开发
多个离散孔的选择		设计简单	需要机械定位
孔的重叠调节		构型简单	调节范围小
楔形孔配合移动中间体	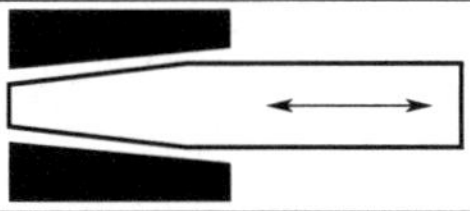	大于 100∶1 的调节范围；构造简单	需要机械定位
Toyota "智能冲击"	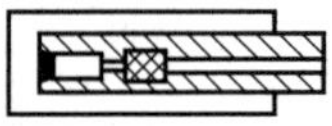	移动部件少；原理简单	两级操作，不可连续改变

　　对于锥形可动单元的驱动，主要有表 6 - 22 所示的几种方式，包括电机驱动、压电驱动、磁致驱动等。相比而言，电机驱动是非常成熟的技术。

表 6 - 22　锥形可动单元的驱动方式

原理	应用	优点	缺点
电机	环形孔阻尼	技术成熟可用	齿轮易磨损和打滑
压电蜗杆电机	环形孔阻尼	无移动部件；阻尼可连续改变	不支持黏性力
磁致伸缩电机	环形孔阻尼	可以微调（微米级）	技术不成熟
压电旋转电机	环形孔阻尼	有电机负载要求	技术未开发
两种可变阻尼	Toyota 阻尼	单一移动部件	只可在两种阻尼间选择（调节脉冲宽度可实现连续阻尼改变）
脉冲宽度调整	直径改变	无移动部件，阻尼持续可调	需要持续供电

综上，利用电机驱动，可以控制锥形单元的左右移动，从而改变阻尼通道的间隙，达到调节阻尼的目的。阻尼可调式液阻的设计如图 6 - 64 所示。

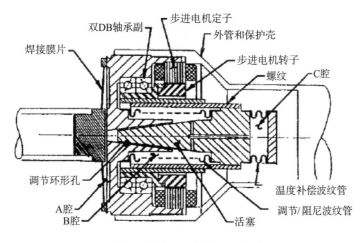

图 6 - 64　阻尼可调式液阻装置

6.4　隔振效果评估

隔振的目的是为了减小振动的传递。对于工程实践中具体的隔振设计，人们最关心的，无疑是通过隔振被保护对象的振动量级获得了多大程度的衰减或控制。在隔振设计时，对系统结构参数的优化设计一般是围绕隔振效率展开的。因此，效果评估指标的确定是效果评估体系的核心内容。完整的效果评估体系应包含两方面的内容：一是对系统的隔振效果进行理论分析预测；二是对实际隔振效果进行测定。目前常用的隔振效果评估指标有传递率、插入损失、振级落差、功率流等。一般以传递率作为隔振效果的理论预测依据；但是对于实际效果的测定，由于传递率不易测量，因而通常采用插入损失或振级落差来评定各种实际系统的隔振效果。由于设计指标（传递率）未能与测量指标（插入损失或振级落差）一致，20 世纪 80 年代人们又提出了振动功率流的概念。

6.4.1　振动传递率

在隔振设计中，一般最为关心的频域函数是：系统（作积极隔振时）输入为作用在载荷上的扰动力，输出为传递到基础上的传递力，以及系统（作消极隔振时）输入为基础的振动（位移、速度或加速度），输出为被控对象的振动。传递率的大小反映了系统隔除外力或振动的程度（相角往往是无关紧要的），因此可用来评价系统的隔振效果。

同一振动系统，作积极隔振时，传递率是力之比；而作消极隔振时，传递率是振动（位移、速度或加速度）之比。不过通常测量振动比较方便，测量力则相当复杂。因此，一般总是用消极隔振方法，测量基础与机座的振动来确定隔振效果。这种方法，对隔振材料、隔振器的研究无疑是相当方便，且很有实际意义的。

在理论研究和实际工程应用中，常采用隔振器底部到顶部的振动传递率作为隔振效果的评价指标，当传递率小于 1 时，认为隔振有效，并且传递率越小隔振效果越好。这种评价隔振效果的思想基于如下假设：被隔振体为刚体；不计隔振器的弹簧和阻尼器的质量；基础为刚性。如果被隔振对象为柔性，隔振器具有分布质量，基础不完全为刚性，此时仍采用隔振器底部到顶部的振动传递率来评价隔振效果，就有可能出现不准确甚至相反的结论。

6.4.2　振级落差

隔振器振级落差定义为隔振器底部振动响应有效值与隔振器顶部振动响应有效值之比的常用对数的 20 倍。随着所选取的基础响应的不同，相应地有位移振级落差、速度振级落差和加速度振级落差。对于单频简谐振动而言，三者是一致的。振级落差有时又被称为传输损失。与振级落差相对应的概念是振级落差比。以速度响应为例，单自由度系统的振级落差比 D 定义为

$$D = \frac{V_1}{V_2} = \left| \frac{Z_I + Z_F}{Z_I} \right| \tag{6-18}$$

振级落差 L_D 与振级落差比 D 的关系为

$$L_D = 20 \lg D = 20 \lg \left| \frac{Z_I + Z_F}{Z_I} \right| \ (\text{dB}) \tag{6-19}$$

当用振级表示时，有

$$L_D = 20 \lg \frac{V_1/V_0}{V_2/V_0} = 20 \lg \frac{V_1}{V_0} - 20 \lg \frac{V_2}{V_0} = L_{V_1} - L_{V_2} \tag{6-20}$$

式中　L_{V_1}，L_{V_2} ——隔振器上、下方的振动速度级；
　　　V_0 ——基准速度。

6.4.3　功率流指标

振动功率流分析理论基于振动的传递是一种能量传递的观点。振动功率流既包含力和速度的幅值大小，也考虑它们之间的相位关系，可在结构上某点通过测试获得。对振动系统采用功率流分析，易于理解振动传输机理，可将振源功率、系统损耗功率和结构储能变化率联系起来进行研究。对于隔振系统的性能，可采用功率流理论进行预测和评价，即通过分析输入到结构的功率流、振动传输路径的功率流来预测及评价隔振效果。

由于功率流是一个绝对量，其本身不反映隔振效果，因此需用相对指标来衡量隔振效果。常用的指标是功率流传递率和传递功率流落差。功率流传递率通常作为设计预测指标；而实测功率流落差作为功率流传递率设计指标的辅助指标，对系统的隔振效果进行综合评价。由功率流传递率设计指标与传递功率流落差实测指标构成的隔振效果评估体系，比传统的振动传递率与振级落差的组合更合理。

振动功率流分析理论是从物理学的功率概念引申出来的，它基于下述观点，即振动的传递主要是一种能量的传递，因此从能量传输角度研究振动控制问题更加科学合理。1980

年 H. G. Goyder 和 R. G. White 首先提出了隔振系统的振动功率流概念，并研究了简单无限均质梁、板构件中纵向波、弯曲波、扭转波等各种波的分量对构件中功率流的贡献，推导了在理想常力源和常速源激励下，单层和双层隔振系统中通过单支撑进入无限大基础结构的功率流表达式，证明了双层隔振比单层隔振优越；同时还建立了在频率响应平均意义下用无线结构近似代替实际有限结构的导纳近似表达式，而后进一步研究了较为复杂的结构——两平行构件中功率流的传播机理。

6.5　隔振系统试验

隔振系统试验是微振动试验体系中很重要的一部分，具体微振动试验详见第 9 章，本节仅对隔振系统相关性能测试和专项试验项目进行叙述。

6.5.1　隔振器刚度试验

隔振器刚度试验的目的在于考核隔振器的设计，并为隔振系统的性能分析提供真实的刚度输入。

对弹簧的所有刚度参数（6×6 对称矩阵，共计 21 个待测值）直接进行测试难度较大，因为有些测试需要同时协调六个自由度的位移。因此，仅测试刚度矩阵的主对角元 6 个参数，与设计参数进行比较。

如图 6-65 所示，隔振弹簧局部坐标系原点处于上端面中心，Z 轴平行于端面指向螺旋槽开始的方位。X 轴沿弹簧轴线指向另一个端面的中心，Y 轴按照右手法则定义。将隔振弹簧的下端面固定，将力或力矩施加在上端面中心即原点 O 处，仿真计算 O 点的位移与载荷的关系，得到刚度矩阵设计值。

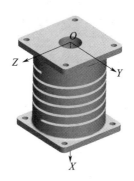

图 6-65　隔振弹簧局部坐标系定义

6.5.2　隔振器蠕变试验

根据隔振系统的系统构成及工作原理可知，隔振系统在航天器发射的主动段基本都处于压紧状态，也就是说隔振器在主动段受压，入轨释放后，才能恢复到原长。因此，为获取隔振器长期压缩后的蠕变性能变化规律，隔振器必须进行蠕变试验。

试验方法是待所有试验都正常完成，隔振器参数验证无误后，需要批量加工多个（例如 10 个以上）隔振器，设计可将隔振器压缩到位（例如在轨的压缩量为 1.27 mm）的工装，每月取出 1 个隔振器测量变形量，测试隔振器的抗蠕变性能。随后再将该隔振器重新进行压缩试验，待 10 个月后再次取出测量。其他隔振器依此类推，完成长达 20 个月的蠕变性能试验。

隔振器蠕变试验需要大量的隔振器进行较长周期的试验测量。

6.5.3　隔振系统模态试验

隔振系统模态试验的目的在于考核隔振系统的固有频率与设计的符合性。

一般情况下，将隔振系统的底板固定在刚性基础上，测试 200 Hz 以内的模态，得到六个刚体频率。测试的模态还包括 200 Hz 以内模拟配重的弹性模态。

考虑到大质量的敏感载荷在重力作用下可能使隔振系统产生较大变形，与在轨失重环境差别很大。为了确保试验效果，应利用悬吊装置抵消载荷的重力影响，试验方法如图 6-66 所示。需要注意的是，悬吊系统刚度以及悬吊系统的偏移量对隔振系统的性能试验会产生一定的影响，必须进行相关的影响分析。

隔振系统的模态试验可采用锤击法，这样也可以同时确定结构弹性模态。

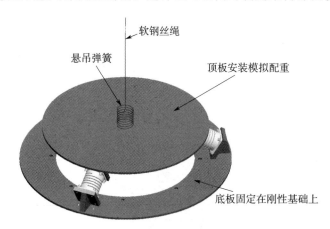

图 6-66　模态测试支承方法

6.5.4　隔振系统减振试验

隔振系统减振试验则最终考核隔振系统的隔振效率。将隔振系统固定在振动台上，利用振动台产生试验所需的振动信号进行测试。

一般情况下，取某一较大量级的扫频信号（例如 0.01 g）进行预考核，频率范围设定为 1~200 Hz（需要注意的是隔振系统固有频率的频段内应采用限幅控制）。然后在个别频点（例如飞轮工作转速为 50 Hz 左右）附近进行更大量级（例如 0.02~0.1 g）的定频试验，测量隔振系统上端安装部位的加速度响应。这样做的目的相当于将飞轮等转动部件产生的振动信号直接作用到隔振系统上，本质上属于加严试验。

隔振系统减振试验的激励方向包括 X、Y、Z、R_X、R_Y、R_Z 六个方向，其中 Y、Z 方向的振动需要在水平滑台上实现，三个转动方向激励需在专用激励台上实现。与隔振系统模态试验类似，同样需要有悬吊系统参与试验，如图 6-67 所示，这里不再赘述。

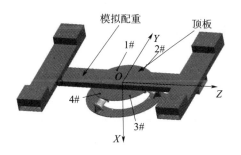

图 6-67　振动测试加速度测点布置

6.5.5　隔振系统解锁试验

隔振系统解锁试验的目的在于验证隔振系统的压紧释放装置能否正常解锁，以及解锁后隔振系统的解锁恢复情况是否正常。为平衡载荷的重力影响，隔振系统的解锁试验可由以下方案完成：隔振系统正常竖直放置，用配重块和滑轮组来平衡配重重力，在条件许可的情况下，也可将系统水平放置并在气浮状态下进行，如图 6-68 所示。

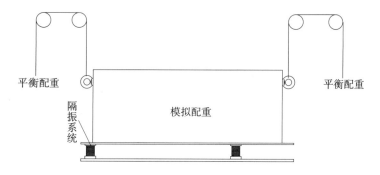

图 6-68　解锁方案示意图

6.5.6　隔振系统整星级试验

隔振系统整星级试验的目的在于较为真实、全面地考核隔振系统的性能（包括解锁性能、减振性能等）。

试验项目包括上述的隔振系统模态试验、隔振系统减振试验、隔振系统解锁试验等。不同的是，上述试验均是在隔振系统装星后进行；所需要的振源信号也是卫星模飞状态下，卫星平台产生的真实振动干扰。

需要说明的是，隔振系统完成上述试验测试后，仍然随同整星进行其他大型环境试验的考核，如振动试验、真空热试验、电磁兼容性试验、老炼试验等。

6.6　小结

微振动被动隔振系统原理简单，系统可靠度、空间适应性相对较高，在符合型号指标要求的前提下，是较为合适的微振动抑制技术。

本章介绍的敏感载荷微振动隔振系统相关的设计和分析方法并非局限于载荷的隔振设计，该方法同样可以应用于振源（例如飞轮、控制力矩陀螺等）的隔振设计。由于篇幅的限制，本章对此不再赘述。另外，对于被动隔振系统，阻尼的设计同样重要，需要重点关注。

本章介绍的被动隔振系统设计的计算、分析和设计也是主动控制设计中需要重点注意的内容。在隔振系统主动控制系统的设计中，将重点介绍主动控制特有的技术，本章提到的相关技术将不再赘述。

参 考 文 献

[1] SIMEONIA D，ASTRUCA P，MIRASA D，et al. Design and development of IASI instrument ［J］. Proceedings of SPIE，2004，5543：208 - 219.

[2] 张阿舟，姚起航. 振动控制工程 ［M］. 北京：航空工业出版：91 - 98.

[3] EYERMAN C E，SHEA J F. A systems engineering approach to disturbance minimization for space-craft utilizing controlled structures technology ［R］. MIT SERC Report♯2 - 90，Massachusetts Institute of Technology：MIT Space engineering research center，1990.

[4] MELODY J W. Discrete - frequency and broadband reaction wheel disturbance models ［R］. Interoffice Memorandum 3411 - 95 - 200csi，La Canada Flintridge：Jet Propulsion Laboratory，1995.

[5] 张葆. 动载体成像振动主动控制技术的研究 ［D］. 长春：长春光学精密机械与物理研究所，2003.

[6] 徐安石. 汽车发动机弹性支撑隔振的解耦方法 ［J］. 汽车工程，1995，17（4）：198 - 204.

[7] 申军烽，周徐斌，薛景赛，等. 弹性元件刚度特性对隔振系统解耦度的影响分析 ［C］//国宇航学会飞行器总体专业委员会第 12 届学术研讨会文集. 延吉：中国宇航学会，2012：436 - 440.

[8] 申军烽，杜胜，周徐斌，等. 高精度光学有效载荷微振动隔振系统设计与分析 ［C］//2011 年全国机械动力学学术大会论文集. 杭州：中国振动工程学会机械动力学专业委员会，2011：124 - 129.

[9] 朱石坚，楼京俊，何其伟，等. 振动理论与隔振技术 ［M］. 北京：国防工业出版社，2008：195 - 198.

[10] PENDERGAST K，SCHAUWECKER C. Use of a passive reaction wheel jitter isolation system to meet the advanced X - ray astrophysics facility imaging performance requirements ［C］//Proc. SPIE 3356，Space Telescopes and Instruments V：1078.

[11] DAVIS L，WILSON J. Workshop on structural dynamics and control interaction of flexible structures ［C］. National Aeronautics and Space Administration，1988.

[12] 严济宽. 机械振动隔离技术 ［M］. 上海：上海科学技术出版社，1986.

[13] DAVIS P，CUNNINGHAM D，HARRELL J. Advanced 1.5Hz passive viscous isolation system ［C］//The 35th AIAA SDM Conference Hilton Head，South Carolina，1994.

[14] 朱石坚，楼京俊，何其伟，等. 振动理论与隔振技术 ［M］. 北京：国防工业出版社，2008：269 - 280.

[15] GOYDER H G，WHITE R G. Vibration power flow from machines into built - up structure，part I：introduction and approximate analyses of beam and plate - like foundations ［J］. Journal of Sound and Vibration，1980，68（1）：59 - 75.

[16] GOYDER H G，WHITE R G. Vibration power flow from machines into built - up structure，Part II：wave propagation and power flow in beam - stiffened plates ［J］. Journal of Sound and Vibration，1980，68（1）：77 - 96.

[17] GOYDER H G，WHITE R G. Vibration power flow from machines into built - up structure，Part III：power flow through isolator systems ［J］. Journal of Sound and Vibration，1980，68（1）：97 - 117.

第7章 敏感载荷微振动主动隔振设计

振动控制的方法可以分为被动控制和主动控制两大类。被动控制又称为无源控制，是振动控制中的经典方法，主要利用惯性单元、弹性单元和阻尼单元组合作用进行振动抑制。振动被动控制具有不需要外界能量输入、装置结构简单、易于实现、经济性好、可靠性高等优点。但是被动隔振只有在振幅不太小、频率比 $\tilde{\omega}$ 大于 1.414 时，才能对干扰起到抑制作用。要想对低频、微小振动干扰进行控制，只有降低结构的固有频率，这样必然牺牲结构的刚度，降低结构的稳定性，影响定位精度。因此，对于低频和微小干扰可以考虑引入主动控制技术。

主动控制技术也称为有源控制，是振动理论与现代控制理论相结合而形成的振动工程领域中的一个新分支。该技术的发展主要依赖于微电子、自动控制理论、信号处理和计算机等技术。主动控制由于引入闭环机制，可对宽频率区间的各种振动进行有效抑制。近年来，主动控制技术日趋成熟，其研究对象已经从单自由度系统发展到多自由度系统；由简单线性系统发展到复杂非线性系统；控制系统从单输入单输出（SISO）发展到多输入多输出（MIMO）；振动方向也由单方向振动发展到多方向耦合振动。

综上所述，振动主动控制具有适应频率范围广、减振效果好、对受控结构的改动不大等优点。但是主动控制技术需要输入外界能量，系统质量较大、结构较复杂等是其缺点。

7.1 微振动主动控制技术研究状况

主动控制系统大都由受控对象、作动器、传感器、控制系统等组成，其基本结构如图7-1所示。受控结构在工作中出现振动后，安装在它上面的传感器收到振动信号，此信号经测量系统传至控制系统，控制系统按原先设计好的控制程序进行控制运算，并输出控制指令使执行机构工作，从而控制受控结构的振动，形成一个闭合环路。传感器感受信号再传至控制系统，形成反馈回路，成为闭环控制特有的部分。

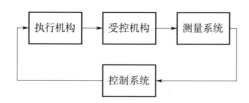

图 7-1　振动主动控制框图

目前，研究最多的微振动主动控制结构平台是以 Stewart 平台为基础的 Hexapod 平台。Stewart 平台从诞生以来，提出了许多种机构模型。该平台一般是由上、下两个平台

［负载平台（payload - platform）和基台（base - platform）］通过铰副连接构成。根据使用的铰副的不同，该平台常见的构型可以分为 SPS 型和 UPS 型两种。SPS 型平台是指基台和支腿间、负载平台和支腿间都是由球铰（spherical joint）连接，上、下支腿间通过柱铰（prismatic joint）连接；而 UPS 型平台与 SPS 型平台的区别在于 UPS 型平台的基台和支腿间是由万向铰（universal joint）连接的。

根据上、下平台和支腿间连接点数的不同，平台可分为 x - y 型平台（x 代表负载平台和支腿的连接点数，y 代表基台和支腿的连接点数）。其中以 6 - 6 型 Stewart 平台——Hexapod 平台的应用最为热门（如图 7 - 2 所示）。欧美国家以及国内的一些研究机构从机理和实现方法上对作动器、传感器、平台构型以及控制等关键技术进行了探索。

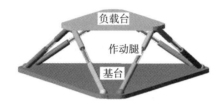

图 7 - 2　Hexapod 机构

7.1.1　Hexapod 平台作动器研究现状

由于作动器的选择对超静平台的性能起到至关重要的作用，因此下面从作动器的角度对国内外超静 Hexapod 平台进行分类。

（1）智能材料作动器

Hexapod 平台多采用压电陶瓷或磁致伸缩材料作动器。智能材料作动器的定位精度高、动态性能好，在振动主动控制方面表现出色，但其作动行程很小（微米量级）。美国 CSA 公司研制的 SUITE（satellite ultraquiet isolation technology experiment）平台（如图 7 - 3 所示）和 UQP 平台采用压电作动器主动杆，在轨飞行试验表明 SUITE 平台在 x、y、

图 7 - 3　CSA 公司研制的 SUITE 平台

z 三个方向上对 35 Hz 扰动的控制分别达到 26.4 dB，35.4 dB 和 15.5 dB。比利时布鲁塞尔大学开发的 SSP 平台可用于精密光学终端指向精确微调及空间桁架振动控制。HAVI 平台为美国 IAI 公司与美国国家航空航天局联合研制的采用了磁致伸缩材料作动器的振动控制平台。此外，美国霍尼韦尔公司、美国 Draper 实验室、美国 Harris 公司、瑞士电子及微技术中心等机构都研制了相应的智能材料作动器超静平台。

（2）电磁作动器

采用音圈作动器也可实现振动控制，但音圈电机较高的功耗在一定程度上影响了此类平台在空间的应用。霍尼韦尔公司研制的电磁作动器超静平台——VISS（如图 7-4 所示）可对安装其上的中红外探测器进行振动控制，并驱动探测器搜索目标，2001 年进行的在轨试验显示其振动控制能力可以达到预期指标。CSA 公司研制的 PPH 和 VIS6 平台分别用于实现天基双焦点中继镜振动及指向控制和星载成像设备冷却器振动的控制。另外，对此类超静平台进行较深入研究的机构还包括：美国国家航空航天局喷气推进实验室、洛克希德·马丁公司、诺思罗普－格鲁曼公司、怀俄明大学、华盛顿大学（如图 7-5 所示）以及比利时布鲁塞尔大学等。

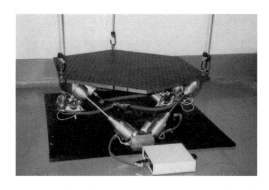

图 7-4　霍尼韦尔公司研制的 VISS 平台　　　　图 7-5　华盛顿大学研制的 Hexapod 平台样机

（3）复合作动器

Hexapod 平台将两种不同驱动原理的作动器组合，构成宏/微双重驱动复合作动器，可使超静平台兼顾振动隔离/抑制与精确指向调整。CSA 公司研制的超静平台——PH1 平台便采用了这种设计思路。PH1 平台可作为天基天文望远镜的次级镜支座使用，且已进行了空间飞行试验。PH1 平台的作动杆由"Picomotor ＋ 压电陶瓷"串联形成复合作动器。其中，大行程作动器 Picomotor 用于实现平台较大的运动范围和较高的定位精度，压电陶瓷用于控制底部振动。

我国对天基高精度对地观测超静平台的研究起步较晚。具有代表性的有北京航空航天大学黄海、李伟鹏等人研究的兼有大范围跟瞄、主动振动控制功能的宏/微双重驱动复合作动 Hexapod 平台，原理样机如图 7-6 所示（外形包络约 ϕ0.5 m×0.35 m）。其中，宏动部分的大位移作动器是精密滚珠丝杠，可驱动平台在三个转动自由度上运动以实现较大幅度的跟瞄，且具有较高的运动精度；微动部分的小位移由压电陶瓷完成，可控制平台在六个自由度上实现微振动的控制，保证跟瞄的稳定性，此外还可补偿指向误差。

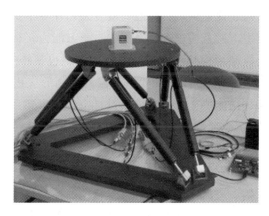

图 7 - 6　北京航空航天大学研制的基于复合作动器的隔振平台

研究试验表明：复合作动器的宏动部分行程为 50 mm，定位误差 5.6 μm；微动部分行程 59.32 μm，定位误差 0.68 μm；各杆动态特性基本相同；前五阶共振频率集中在 160～270 Hz 之间。控制试验分为低频扰动隔振试验（30 Hz）、高频扰动隔振试验（110 Hz）、低频扰动下抑振试验（30 Hz）、高频扰动下抑振试验（110 Hz）四部分，测试与试验表明：平台对低频、高频正弦扰动下的振动控制效果均可达 90％以上，而且当负载面偏转一定角度后，仍可保持同样的控制效果。

7.1.2　Hexapod 平台控制器研究现状

控制器的设计是振动主动控制的核心问题，因为控制器设计的好坏直接影响到受控系统的稳定性和控制性能，从而使得控制器的设计研究成为整个振动主动控制领域中的重要方面。近几十年来，自动控制技术以及现代控制理论的不断发展为振动主动控制器的设计奠定了坚实的基础，提供了许多切实有效的方法。

纵观 Hexapod 平台控制系统的发展，主要采用的控制算法有：增益反馈控制、最优控制、鲁棒控制、智能控制等。

（1）增益反馈控制

程源等在大射电望远镜项目中，对馈源支撑 Hexapod 平台提出了基于预测位置的比例-微分（PD）控制率，可在风载扰动的情况下有效降低馈源振动。西北工业大学的盛慧在进行 Hexapod 平台主动隔振研究中，提出了比例-积分-微分（PID）控制参数优化方法，取得了较好的控制效果。

（2）最优控制

现代控制理论中以状态空间为基础，LQR/LQG 最优控制算法是当前振动控制中采用较多的控制器设计方法，适用于解决结构参数模型比较准确的结构振动问题。Doug Thayer 等人用频域最优控制方法对研制的 Hexapod 平台进行了振动隔振控制，此方法的最大优点是可以通过分配不同频率的权系数设计需要的传递函数，达到满意的频域特征。

（3）智能控制

智能控制针对的是结构参数不确定、模态高度复杂和外界干扰多变的被控系统。它甚至不必建立系统的数学模型，而是通过专家系统的自学习能力，根据测量误差和经验数据不断修正控制参数，达到控制结构响应的目的。智能控制包括神经网络控制、模糊控制、自适应控制等。自适应滤波控制在 Hexapod 平台振动控制的应用已经十分常见，这是由于该方法只需抑制平台部分性能特征，就可以通过自主学习得到系统的控制参数，避免了平台精确动力学模型中的非线性问题。ADC（adaptive disturbance canceller）方法是由 G. R. T. Christian 等提出的一种基于自适应滤波最小均方（least mean square，LMS）算法的振动控制方法。该方法分别以干扰频率下的单位正、余弦信号为基底，通过 LMS 算法迭代求得两基底的权系数，进而生成与干扰信号抵消的控制信号。

综合国内外研究现状，本章将以某型号卫星为背景，重点介绍敏感载荷微振动主动控制系统——Hexapod 平台的设计、分析与试验研究工作，Hexapod 平台与卫星本体、有效载荷的位置关系如图 7-7 所示。

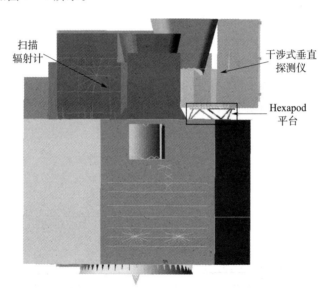

扫描辐射计

干涉式垂直探测仪

Hexapod 平台

图 7-7 卫星本体、Hexapod、有效载荷位置关系

7.2 Hexapod 平台设计

自 Hexapod 平台诞生以来已成功应用于很多领域，主要有：轮胎测试机、飞行模拟器、并联机床、精密定位平台和振动隔离平台等。本节借鉴国内外研究经验，以某型号敏感载荷主动隔振为研究背景，设计应用于卫星微振动主动控制的 Hexapod 平台，具体内容包括：平台尺寸参数设计、平台作动器选择、柔性铰设计、平台作动腿设计以及平台控制系统选择。

7.2.1　Hexapod 平台尺寸参数设计

目前，比较流行的 Stewart 平台是由德国学者 Stewart 最早提出，并经过 Stewart，Gough 和 Whitehall 等人探讨之后进行改进得到的，如图 7-8 所示。

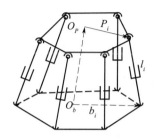

图 7-8　经典 Stewart 平台结构

Stewart 平台的经典机构包括上、下两个平台（通常又称为负载台和基台）和六个可伸缩的作动腿，上、下平台和支腿间都由六个球铰副联接，因此通常称之为 6-6 SPS 型 Stewart 平台，而 Stewart 平台中应用最广泛的正是这种 6-6 型平台——Hexapod 平台。

在解决 Hexapod 平台的动力学问题时，McInroy 等人发现具有雅克比矩阵正交的 Hexapod 平台有利于解耦。1993 年，Geng 和 Haynes 首次提出了 Stewart 平台的立方体构型（cubic configuration）模型（如图 7-9 所示），并在他们开发的六自由度振动隔离 Hexapod 平台样机中采用了该机构。之后在其他研究机构开发的六自由度振动隔离平台中也多采用了这种机构模型。2003 年 Jafari 和 McInroy 给出了正交 Hexapod 平台的严格定义并进行了证明。

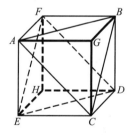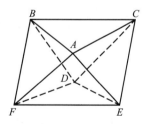

图 7-9　Cubic 构型的 Hexapod 平台

Cubic 构型的 Hexapod 平台主要有以下几个方面的优势：

1）任意两个支腿是互相垂直的，因此能实现在三个线性轴方向上的解耦；

2）支腿和上、下平台的六个连接点（每个连接点固定两条支腿）相互对称，并且上、下平台互相平行，因此该机构模型便于承载负载物体；

3）各支腿的名义腿长相等，因此有利于各支腿上执行器和传感器的安装设计，相关的连接方式、铰链的选择和传感器的定位都可以采用相同的方式；

4）各支腿上的传感器可以安装在沿支腿的轴向上，因此获得的传感器信号也具有方向正交性，有利于把多输入输出控制问题转化为单输入输出控制问题；

5）由于六个支腿在结构上的对称性，因此各支腿上将平均分配负载力，简化支腿和平台位姿之间的运动学关系，以及各支腿上的承载力与平台上载荷的关系。

鉴于 Cubic 构型的 Hexapod 平台的以上优点，结合某型号上有效载荷处的微振动特性，本书选用 Cubic 构型的 Hexapod 平台作为某微振动主动控制的结构平台，其构型关系如图 7-10 和图 7-11 所示。

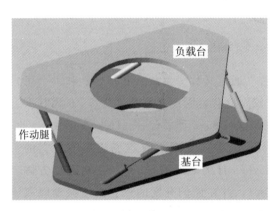

图 7-10　Cubic 构型的 Hexapod 平台立体模型

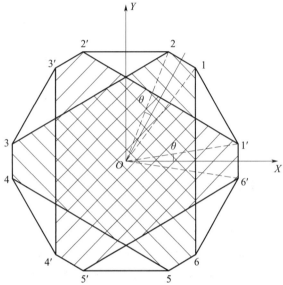

图 7-11　Cubic 构型的 Hexapod 平台平面模型

图 7-11 中，1，2，3，4，5，6 表示基面上的铰链位置，它们所在的平面称为基平面；1′，2′，3′，4′，5′，6′表示负载面上铰链的位置，这六个点所在的平面称为负载面；11′，22′，33′，44′，55′，66′分别表示六根作动杆。这一构型的参数关系如下

$$R = \frac{\sqrt{2}}{2} \cdot \frac{L_0}{\sin(60° - \theta) - \sin\theta} \tag{7-1}$$

$$H = \sqrt{L_0{}^2 + 2R^2\cos(60° - 2\theta) - 2R^2} \tag{7-2}$$

式中　R——负载面、基面铰链安装点所处的圆周半径；

　　　H——6 根作动杆均处在平衡位置时的平台高度；

　　　L_0——作动腿原长，即处在平衡位置时的长度；

　　　2θ——相距较近的相邻两作动杆铰链之间的夹角。

对于应用于卫星的产品而言，在满足性能要求的同时必须充分考虑结构尺寸、结构质量等的限制。对于卫星型号而言，首先考虑的问题是在安装了微振动主动控制平台之后有效载荷质心会被抬高。由于载荷的质量较大（＞300 kg），必然导致整星的结构特性（特别是结构模态）发生较大的变化。敏感载荷的质心高度为 141.3 mm，为了避免其质心被抬高，解决这一问题有以下三种方案：

1）降低平台的高度，从而减小质心高度的变化；

2）将微振动主动控制平台布置在顶板下方；

3) 将有效载荷下沉，使其质心位置几乎保持不变。

考虑到降低平台的高度必然会导致平台结构变小，不利于平台的设计加工，而且平台不可能做得很矮；将主动控制平台布置在顶板下方必然会使得卫星上载荷舱的有效容积减少，甚至会和其他星载设备产生干涉。故本章采用第三种方案，即将有效载荷的质心位置下沉至 Hexapod 负载台的中心位置。由于有效载荷的质心高度为 141.3 mm，因此只要 Hexapod 平台的高度大于这一值就能满足使用要求。

按照上述 Cubic 构型 Hexapod 平台的尺寸关系计算出 Hexapod 平台高度为 150 mm、160 mm 时，不同相邻铰点夹角各相关参数的大小如表 7 - 1 所示。

表 7 - 1　不同高度时 Hexapod 平台尺寸参数

H/mm	$2\theta/(°)$	L_0/mm	R/mm	H/mm	$2\theta/(°)$	L_0/mm	R/mm
150.000	5.000	259.807	250.974	160.000	5.000	277.128	267.705
150.000	10.000	259.807	310.117	160.000	10.000	277.128	330.791
150.000	15.000	259.807	409.808	160.000	15.000	277.128	437.128

总结表 7 - 1 的尺寸关系可知：

1) 高度 H 确定，作动杆的长度 L_0 就确定，而且高度 H 越大，作动杆的长度 L 越大；

2) 夹角 θ 的变化只会影响两个铰链间距以及铰链所处的圆周半径 R 的大小。

对于应用于卫星的机械结构而言，结构越紧凑、质量越轻越好，结合实际还必须考虑各种条件的限制，如：铰链安装空间、作动腿长度、平台高度等，故在充分考虑各种条件的情况下选择高度 $H=150$ mm、夹角 $2\theta=10°$ 的 Hexapod 平台为研究对象，这样有效载荷底板距离 Hexapod 平台的基台中心为 8.7 mm，因微振动条件下有效载荷的振幅处于微米甚至更小量级，故 Hexapod 平台的基台与有效载荷底板不会发生碰撞。确定了高度 H 和夹角 2θ，平台的其他尺寸也就都确定了：作动杆长度 $L_0=259.807$ mm，铰链间距为 108.251 mm，铰链所处圆周直径为 620.233 mm。有效载荷和 Hexapod 平台的连接如图 7 - 12 所示。

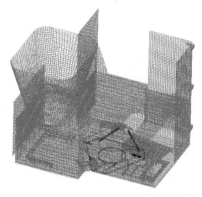

图 7 - 12　有效载荷和 Hexapod 平台的连接示意图

图 7 - 12 中，有效载荷质心和 Hexapod 平台负载台的中心重合，在工程实际中可以通过中间过渡连接件将有效载荷和 Hexapod 平台的作动腿上端通过六个铰链连接在一起，而作动腿下端通过六个铰链直接和卫星顶板连接，在此不作赘述。

7.2.2　Hexapod 平台作动器选择

作动器是振动主动控制系统中的重要元件，其作用是根据控制器的输出信号，向被控制对象或系统施加控制动作，按照所需方式改变对象或系统的响应。作动器的性能很大程度上决定了整个系统的性能，对于微振动而言，要求作动器具有极高的分辨率、良好的线性度、较快的响应时间等。

目前常用的作动器有气动/液压作动器和利用智能材料制作的新型智能型作动器，如电磁作动器、压电作动器和磁致伸缩作动器等。

（1）气动/液压作动器

该作动器利用气/液压传动进行工作，适用于低频振动、对控制力要求较大的场合，例如柴油机整机隔振、车辆主动悬架、精密机床隔振等。此类作动器的缺点是辅助设备复杂、时滞大、控制精度不高，另外气动作动器还存在空气可以压缩等缺点。

（2）电磁作动器

该作动器利用磁、铁相互作用的原理进行工作，通常由可动铁芯和固定的永久磁铁组成，磁铁上缠绕激励线圈。当在激励线圈上施加交变电压时，所产生的交变磁场将驱动铁芯运动，输出力和位移。电磁作动器具有响应速度快、易于控制等特点，主要用于控制力要求不太大、控制频率要求较高的场合等。

（3）压电作动器

该作动器利用压电材料的逆压电效应原理进行工作，即在压电晶体上施加交变电场，压电晶体会在某一方向上产生交变的机械应变。压电作动器分为薄膜型和堆积型，在主动隔振中主要应用堆积型。它具有质量轻、机电转化效率高、响应速度快等特点，可用于振动频率高、控制力要求不高的场合。该作动器存在滞后特性，其输出位移与施加电场之间存在一定的非线性，因此对控制方法要求较高。

（4）磁致伸缩作动器

这是近年来出现的一种新型作动器。某些稀土合金在磁场中磁化时，会沿着磁化方向发生微量的伸缩，称为磁致伸缩现象。利用这种特性制成的磁致伸缩作动器具有伸缩应变大、机电耦合系数高、响应快、输出力大、工作频带宽、驱动电压低等特点，因而在高频、大作动力等隔振场合得到应用。磁致伸缩材料虽然具有较强的抗压能力，但是抗剪切和抗拉伸能力较差，在设计作动器时需要保证其始终处于受压状态。同时，该作动器存在迟滞现象，其输入和输出之间存在较强的非线性，因而对控制方法要求较高。

总结以上四种作动器的特点，汇总出各自的性能特征见表 7-2。

压电陶瓷作为新型智能材料，具有单位体积输出能量大，结构紧凑，形式多样，无电磁干扰，反应快，频带宽，可用于高真空和超低温环境的特点，是在结构微振动控制中应用最广泛的智能材料。综合比较表 7-2 中的四种作动元器件，考虑压电陶瓷作动器的优点，结合微振动主动控制平台的要求，本章选取压电陶瓷作为微振动主动控制平台 Hexapod 的作动器。

表 7 - 2　各作动器性能特征及其应用场合

类型	性能特点			应用场合
	响应时间	位移	力	
气动/液压式	中等	大	大	车辆减振
电磁式	快	大	较大	通用型
压电材料式	快	小	较小	高精度场合
磁致伸缩材料式	快	小	大	柔性桁架

压电效应是由 Jacques Curie 和 Pierre Curie 在 1880 年发现的，由压电材料制成的压电元件既能当智能结构中的驱动元件，又能作为传感元件。当压电材料受到机械变形时，有产生电势的能力；当对它施加电压时，有改变压电元件尺寸的能力，即所谓的正压电效应和逆压电效应。

（1）正压电效应

对压电元件施加机械变形时，就会引起内部正负电荷中心发生相对移动而产生电的变化，从而导致元件两个表面上出现符号相反的束缚电荷，而且电荷密度与外力成比例，这种现象称为正压电效应。正压电效应反映了压电材料具有将机械能转变为电能的能力。检测出压电元件上的电荷变化，即可得知元件或元件埋入处结构的变形量，因此利用正压电效应，可以将压电材料制成传感元件。

（2）逆压电效应

如果在压电元件两表面上通电压，由于电场的作用，造成压电元件内部正负电荷中心产生相对位移，导致压电元件的变形，这种现象称为逆压电效应。逆压电效应反映了压电材料具有将电能转化为机械能的能力。利用逆压电效应，可以将压电材料制成驱动元件埋入结构中，使结构变形或改变应力状态。

过去的压电材料主要是压电晶体，到 20 世纪 40 年代中期，美国、苏联和日本各自独立发现了钛酸钡陶瓷的压电效应，发展了极化处理法，通过在高温下施加强电场而使随机取向的晶粒出现高度同向，形成压电陶瓷。压电陶瓷与压电单晶相比具有很多优点，如容易制备，可制成任意形状和极化方向的产品；耐热、耐湿，且通过改变化学成分，可以得到适用于各种目的的材料。20 世纪 50 年代中期，在研究氧八面体结构特征和离子置换改型的基础上，美国人 B. Jaafe 发现了锆钛酸铅（PZT）固溶体，它的机电耦合系数、压电常数、机械品质因数、居里温度和稳定性等与钛酸钡陶瓷相比都有较大改善，因此它一出现，就在压电应用领域逐步取代了钛酸钡陶瓷，并促进了新型压电材料和器件的发展。接着日本的大内宏在锆钛酸铅陶瓷中掺入铌镁酸铅，制成三元系压电陶瓷（PCM），1970 年 G. H. Heartling 等研制出掺镧的锆钛酸铅（PLZT）透明压电陶瓷。因锆钛酸铅具有良好的综合物理性能和经济性能，成为应用最广泛的一类压电材料。

本书所研究的压电陶瓷作动器正是利用压电陶瓷的逆压电效应，但是一般而言单个压电陶瓷片无论其几何形状怎样变化都不能满足实际的工程要求。为了增加位移输出量，需将若干个压电片按照电学上并联、力学上串联的方式进行连接。压电片与导电片之间用胶粘接在一起构成压电堆，其结构如图 7 - 13 所示。压电堆的设计是压电作动器设计的基础，在工作状态时，各压电片的工作电压都等于压电堆的外加电压，产生相同的电场强度，因此它产生的同方向的压电变形可以叠加形成总位移输出。

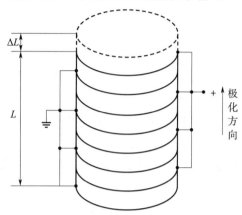

图 7 - 13　压电堆结构图

　　一般情况下作动器的设计应考虑三个方面的要求：作动位移、输出力和构件的有效力学刚度。压电作动器一般由压电堆、运动部件、预压力装置和外壳四部分组成。由于压电陶瓷抗压不抗拉，以及为了保证压电堆各压电片间不存在间隙，必须使压电堆始终处于受压状态，因此在压电堆一端设计了预压装置。它由预压弹簧（一种弹性垫片）和调力螺母及锁紧螺母组成（如图 7 - 14 所示），通过调节调力螺母，可以达到调整压电堆内预压力大小的目的，调节这种预压装置力的大小就能决定压电作动器的工作极限参数（最大拉力/压力）。需要特别注意的是：压电陶瓷作动器只能在轴向受力，不管预紧力有多大，弯矩和切向力对压电陶瓷作动器而言都是致命的，所以对连接作动器所用铰链的选择和设计必须予以重视。

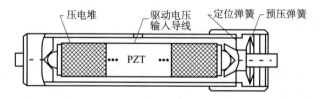

图 7 - 14　压电作动器结构图

　　根据作动器的行程、作动力以及分辨率等要求，经市场调研最终选择德国 PI 公司生产的 P - 843.30 型作动器作为研究对象。P - 843.30 的相关性能指标如表 7 - 3 所示，外形尺寸如图 7 - 15 所示。

表 7 - 3　P - 843.30 相关性能指标

驱动电压/V	100	固有频率/kHz	10
行程/μm	45	传感器	SGS
开环/闭环分辨率/nm	0.45/0.9	电容/μF	4.5
静态刚度/（N/μm）	19	质量/g	53
轴向拉/压力/N	300/800	长度/mm	73

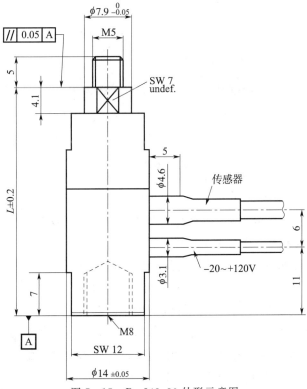

图 7 - 15　P - 843. 30 外形示意图

7.2.3　Hexapod 平台铰链设计

为保证运动的灵活性和润滑需要，以及降低加工误差的影响，传统的间隙铰（球铰、万向铰）必须保留一定铰链间隙，大小从几微米到几十微米不等。对于精度要求不高的应用领域，球铰的间隙不是影响机构性能的关键，但对于卫星微振动主动控制 Hexapod 平台而言是不可忽视的问题，因为卫星在轨的微振动一般不高于 10^{-2} g 量级，可以估算出在高频段振幅可达微米量级。球铰间隙将导致球铰连接处产生碰撞，且碰撞产生的振动和噪声会严重影响平台的姿态误差。

为了消除传统间隙铰间隙对 Hexapod 控制平台控制精度的影响，本书提出了用新型无间隙铰链——柔性铰来代替传统的间隙铰。在设计柔性铰时必须把握以下几个要点：

1）不允许存在任何会导致结构碰撞的间隙；

2）功能上尽可能与传统间隙相似，即柔性铰的轴向刚度必须远大于弯曲刚度，而且弯曲刚度越小越好；

3）结构紧凑、简单，符合高可靠性、长寿命要求。

结合上述三个要求，查阅国内外相关文献，设计了如图 7 - 16 所示的两种柔性铰。柔性铰相关系数的设计理论和方法可参见 6.2 节。

由图 7 - 16 可知，柔性铰 a 可理解为常见的螺旋弹簧，柔性铰 b 通过在圆柱筒上进行合理的切割得到，这两种柔性铰有着各自的优缺点：

　　（a）柔性铰 a　　　　（b）柔性铰 b

图 7-16　两种柔性铰 Pro/E 模型

　　1）柔性铰 a 的弯曲刚度比 b 小，但是其轴向刚度不及 b；

　　2）柔性铰 b 的切口末端处容易导致应力集中，可靠性不及柔性铰 a；

　　3）柔性铰 b 结构紧凑，质量相对较轻。

　　分析柔性铰 a 和 b 的优缺点，考虑到柔性铰 b 比较接近于球铰的功能，虽然它会因应力集中导致可靠性降低，但是可以通过对材料的热处理工艺来降低应力集中，提高其可靠性。选择柔性铰 b 作为研究对象时就必须考虑其与压电陶瓷作动器的连接，柔性铰的一端与压电陶瓷作动器的 M5 螺纹连接，一端和载荷台（基台）通过螺钉连接，柔性铰 b 的外径为 20 mm，壁厚为 3 mm，加上两端的连接装置总长度为 35 mm，柔性铰 b 的三维图如图 7-17 所示。

图 7-17　柔性铰 b 三维图

　　刚度分析的主要目的是考察柔性铰的轴向刚度和弯曲刚度，因为轴向刚度直接决定 Hexapod 平台的整体模态特性；弯曲刚度受制于压电陶瓷的脆性材料特性，压电陶瓷作动器的两端只能受拉压，不能承受弯矩作用。鉴于卫星在轨失重环境的影响，即使载荷较重，由于振动量级较低，可知其承受的力较小，故对材料的强度和刚度没有太高要求，可选用比较常见的铝合金材料。在 MSC/Patran 软件中采用 Tet4 网格模型分析该柔性铰的刚度。提取柔性铰六个主方向的刚度，整理得到柔性铰的刚度矩阵

$$
K = \begin{bmatrix}
3.686 \times 10^8 & 0 & 0 & 0 & 0 & 0 \\
0 & 3.686 \times 10^8 & 0 & 0 & 0 & 0 \\
0 & 0 & 8.940 \times 10^9 & 0 & 0 & 0 \\
0 & 0 & 0 & 1.750 \times 10^4 & 0 & 0 \\
0 & 0 & 0 & 0 & 1.750 \times 10^4 & 0 \\
0 & 0 & 0 & 0 & 0 & 7.264 \times 10^{10}
\end{bmatrix}
$$

$$(7-3)$$

　　由式（7-3）可知：该柔性铰轴向刚度 $K_{zz} = 8.940 \times 10^9$ N/m，弯曲刚度 $R_{xx} = 1.750 \times 10^4$ N·m/rad，显然柔性铰的轴向刚度较大，弯曲刚度较小，满足使用要求。

7.2.4　Hexapod 平台作动腿设计

对于应用于卫星的机械结构，必须考虑其质量、功耗、可靠性等指标，本节主要考虑 Hexapod 平台作动腿设计时的可靠性指标问题。可靠性就是产品在规定条件下和规定时间内，完成规定功能（任务）的能力，式（7-4）和式（7-5）分别给出了串联系统和并联系统可靠度的计算方法

$$R_s(t) = \prod_{i=1}^{n} R_i(t) \qquad (7-4)$$

式中　$R_s(t)$——串联系统的可靠度；

　　　$R_i(t)$——串联系统中第 i 个单元的可靠度。

$$R'_s(t) = 1 - \prod_{i=1}^{n} \left[1 - R'_i(t) \right] \qquad (7-5)$$

式中　$R'_s(t)$——并联系统的可靠度；

　　　$R'_i(t)$——并联系统中第 i 个单元的可靠度。

由式（7-4）和式（7-5）可以看到，串联系统的系统可靠度总是小于系统中任何一个单元的可靠度，并联系统的系统可靠度总是大于系统中任何一个单元的可靠度，因此，在串联系统中要尽量避免有特别薄弱的环节，而并联系统与串联系统恰恰相反，并联单元越多，系统可靠度就越大。作动腿采用压电作动器正是处于可靠性并联的状况，故其数量从理论上讲越多越好，但是同时必须考虑作动腿总长度的限制。由前文可知，Hexapod 平台作动腿总长度为 259.807 mm，柔性铰的长度为 42 mm，作动器的长度为 78 mm，发现完全可以采用两根作动器串联的形式，即采用结构上串联、可靠度计算上并联的系统，这样可以大大提高作动腿的可靠性指标。若单个作动器的可靠度为 0.95，不考虑柔性铰和其他一些连接件的影响，由式（7-5）可以计算整个作动腿的系统可靠度为 0.997 5，显然可靠度提高了很多。

根据上述作动器的外形尺寸、柔性铰尺寸、作动器的个数等参数设计出 Hexapod 平台的作动腿，其三维视图如图 7-18 所示。

柔性铰1　　　　作动器1　　　连接件　　　作动器2　　　柔性铰2

259.807 mm

图 7-18　作动腿三维图

图 7-18 中，作动腿各零件之间通过螺纹连接，两端的柔性铰与负载台和基台通过螺钉连接。柔性铰的质量为 20.83 g，中间连接件的质量为 16.13 g，压电陶瓷作动器的质量为 53.00 g，整个作动腿的质量为 163.79 g。

7.2.5　Hexapod 平台控制系统选择

控制系统是振动主动控制系统的核心，寻找性能优越的控制系统实现 Hexapod 平台

在卫星上的高精度振动主动控制将非常重要。纵观 Hexapod 平台控制系统的发展，发现主要采用的控制算法有：增益反馈控制、最优控制、鲁棒控制、智能控制等。

增益反馈控制是最简单、最可靠、应用最多的一种控制方法，PID 控制策略就是其典型代表，另外还有经 PID 演变而来的数学 PID 控制、PD 控制等一系列综合性能优良的控制策略。现代控制理论中以状态空间为基础，LQR/LQG 最优控制算法是当前振动控制中较多采用的控制器设计方法，适用于解决结构参数模型比较准确的结构振动问题，此方法的最大优点是可以通过分配不同频率的权系数设计需要的传递函数，达到满意的频域特征。智能控制针对的是结构参数不确定、模态高度复杂和外界干扰多变的被控系统，它不必建立系统的数学模型，而是通过专家系统的自学习能力，根据测量误差和经验数据不断修正控制参数，达到控制结构响应的目的。

经过对已有控制理论的分析，根据应用于卫星的主动控制系统对可靠性要求极高的现实，虽然 PID 控制系统在控制精度上可能不如最优控制，在自适应性上不如智能控制，但是考虑到 PID 控制系统具备可靠性高、运算速度快、功耗小等一系列优点，仍被本书采纳作为微振动主动控制 Hexapod 平台的控制系统。常规 PID 控制系统原理如图 7-19 所示。

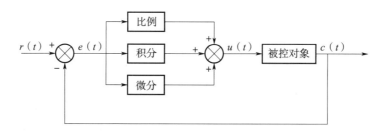

图 7-19　PID 控制系统原理图

PID 控制器是一种线性控制器，它根据给定值 $r(t)$ 与实际输出值 $c(t)$ 构成控制偏差

$$e(t) = r(t) - c(t) \tag{7-6}$$

将偏差的比例（K_P）、积分（K_I）、微分（K_D）通过线性组合构成控制量，故称为 PID 控制器，其控制规律为

$$u(t) = K_P e(t) + K_I \int_0^t e(t)\mathrm{d}t + K_D \frac{\mathrm{d}e(t)}{\mathrm{d}t} \tag{7-7}$$

式中　K_P——比例系数；

　　　K_I——积分系数；

　　　K_D——微分系数。

简单地说，PID 控制器各校正环节的作用如下：

1）比例系数 K_P：成比例地反映子系统的偏差信号 $e(t)$，偏差一旦产生立即产生控制作用，增大 K_P 会使得控制系统动作灵敏、速度加快，K_P 过大时导致振荡次数增多、调节时间变长，甚至会导致系统不稳定。在系统稳定的情况下，加大 K_P 可以减小稳态误差，但不能完全消除稳态误差。

2）积分系数 K_I：主要用于消除稳态误差，提高系统的无差度。K_I 偏大，系统将不稳定，振荡次数增多；K_I 太小，积分作用对系统性能影响减小。积分控制能消除系统的稳态误差，提高控制系统的控制精度。

3）微分系数 K_D：可以改善系统动态特性，但 K_D 偏大、偏小都会使得超调量增大、调节时间变长。

可见参数 K_P，K_I，K_D 的大小对系统的响应速度、稳定特性、动态特性等有很大的影响，所以只有参数 K_P，K_I，K_D 合适时，系统才可以得到满意的综合性能。

目前，Hexapod 平台控制策略从控制方式上可分为：

1）忽略耦合关系，只针对各根作动腿进行控制的单输入单输出和单输入多输出模式；

2）考虑多作动腿之间耦合的多输入多输出模式。

因本书设计的 Hexapod 平台采用 Cubic 构型，相邻作动腿之间不存在耦合现象，而且单输入单输出模式具有传感器布局简单、计算量小、实现简便等优点，故采用单输入单输出的模式进行控制。

7.3　Hexapod 平台仿真分析

本节将对上节设计的 Hexapod 平台振动控制性能进行仿真分析。首先建立 Hexapod 平台的数学仿真模型，通过与 Adams 计算结果的比较验证所建模型的准确性，并利用该仿真模型分析平台在 5～100 Hz 范围内的微振动控制效果，最后分析该平台作动腿的总控制功耗。

7.3.1　Hexapod 平台数学模型

本节分别对 Hexapod 平台的作动腿和 Hexapod 平台整个系统进行数学建模，建模过程中将除作动腿外的零部件全部视为刚体。Hexapod 平台的结构简图如图 7 - 20 所示。

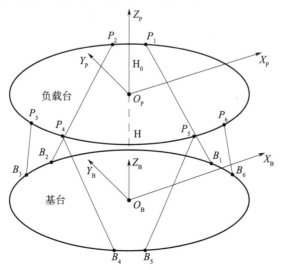

图 7 - 20　Hexapod 平台结构简图

图 7-20 中，$O_B-X_BY_BZ_B$ 为固连在基台平面中心的固定参考坐标系，O_BX_B 垂直于 B_1 B_6 连线，O_BZ_B 垂直于基台向上，O_BY_B 符合右手螺旋定则；坐标系 $O_P-X_PY_PZ_P$ 为固连在负载台平面中心的随体坐标系，即有效载荷的质心也处于 O_P 点，O_PX_P 垂直于 P_1P_6 连线，O_PZ_P 垂直于负载台向上，O_PY_P 符合右手螺旋定则，它是坐标系 $O_B-X_BY_BZ_B$ 沿 Z 向平移 Hexapod 平台高度 H 后的坐标系；B_i、P_i（$i=1$，2，3，4，5，6）分别为基台上和负载台上六个铰点的位置；B_1P_1，B_2P_2，B_3P_3，B_4P_4，B_5P_5，B_6P_6 分别表示六根作动腿。

7.3.1.1　作动腿动力学模型

在建立 Hexapod 平台数学模型之前先建立单条作动腿的数学模型，作动腿由两个柔性铰、两个作动器、一个连接件组成，其动力学等效模型如图 7-21 所示。

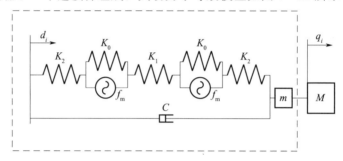

图 7-21　作动腿等效模型

图 7-21 中 K_0，K_1，K_2 分别表示作动器、连接件、柔性铰的刚度。作动器的静态刚度为 $K_0=1.9\times10^7$ N/m ；中间连接件的刚度 $K_1=1.328\times10^{11}$ N/m ；柔性铰轴向刚度 $K_2=8.940\times10^9$ N/m 。作动腿的总刚度 K 可表示为

$$\frac{1}{K}=\frac{1}{K_2}+\frac{1}{K_0}+\frac{1}{K_1}+\frac{1}{K_0}+\frac{1}{K_2} \tag{7-8}$$

由式（7-8）求得作动腿的总等效刚度 $K=9.479\times10^6$ N/m 。

此外，图 7-21 中 m 为作动腿的等效质量；M 为被控对象的等效质量，作动腿与被控对象之间设为刚性连接；C 为结构阻尼，$C=0.1$ N·s/m ；d_i 和 q_i 分别代表作动腿底部的输入位移干扰和输出位移响应；f_m 为作动器的输出力（注：模型中的第二根作动腿是用于备份，所以任何时刻都只有一根作动腿工作），且 $f_m=K_0dV$，其中，d 为位移作动因子（$d=0.45$ μm/V），V 为作动电压。

以作动腿和被控对象为研究对象，有

$$(M+m)\ddot{q}_i+C\dot{q}_i+Kq_i=K_0dV+C\dot{d}_i+Kd_i \tag{7-9}$$

将式（7-9）写成状态空间的形式

$$\begin{bmatrix}\dot{x}_1\\\dot{x}_2\end{bmatrix}=\frac{1}{m+M}\begin{bmatrix}0&M+m\\-K&-C\end{bmatrix}\begin{bmatrix}x_1\\x_2\end{bmatrix}+\frac{1}{m+M}\begin{bmatrix}0&0&0\\K_0d&K&C\end{bmatrix}\begin{bmatrix}V\\d_i\\\dot{d}_i\end{bmatrix} \tag{7-10}$$

其中

$$x_1=q_i，x_2=\dot{q}_i$$

7.3.1.2 Hexapod 平台动力学模型

目前，以分析力学为基础的机械系统动力学建模方法有很多，典型的有牛顿-欧拉方程、拉格朗日方程、凯恩（Kane）方法等，本节将以经典牛顿第二定律为基础建立 Hexapod 平台的数学模型。

在不影响数学模型精度的前提下，建模之前必须对 Hexapod 平台作如下简化：

1）因作动腿的质量、惯量远小于有效载荷的质量和惯量，故在建立数学模型时不考虑作动腿的质量、惯量；

2）建立数学模型时，认为作动器、连接件、作动器三者之间的连接扭转刚度为零，故不考虑柔性铰扭转刚度的影响；

3）因本书研究的微振动在 $5\sim100$ Hz，而角速度 Ω 为切向加速度 α 的 $1/2\pi f$，可以估算 P_i 点的向心加速度 $\Omega^2 r$ 仅为切向加速度 αr 的 $(1/2\pi f)^2$（$1/394\,784.16\sim1/98.70$），即在建模时不考虑向心加速度的影响。

经过以上简化，建立 Hexapod 平台的动力学方程如下

$$M\ddot{X} + T_fCT_q\dot{X} + T_fKT_qX = T_fV_m + T_fC\dot{d} + T_fKd \tag{7-11}$$

式中 $M = \begin{bmatrix} mI_3 & 0 \\ 0 & I_c \end{bmatrix}$——6 维有效载荷广义质量矩阵，$m$ 为有效载荷质量，I_3 为三维单位矩阵，I_c 为有效载荷转动惯量矩阵；

T_q——有效载荷质心广义加速度 $\ddot{X}$ 到 P_i 点的加速度 $\ddot{q}_P$ 的转换矩阵，$\ddot{q}_P = T_q\ddot{X}$，

$\ddot{X} = \begin{bmatrix} \ddot{x}_P & \ddot{y}_P & \ddot{z}_P & \ddot{\theta}_{Px} & \ddot{\theta}_{Py} & \ddot{\theta}_{Pz} \end{bmatrix}^T$，$\ddot{q}_P = \begin{bmatrix} \ddot{q}_1 & \ddot{q}_2 & \ddot{q}_3 & \ddot{q}_4 & \ddot{q}_5 & \ddot{q}_6 \end{bmatrix}^T$，$\ddot{q}_i$ 为 P_i 点沿作动腿 i 的轴向加速度响应；

T_f——各作动腿的轴向力 F 到有效载荷所受的广义力 Γ 的转换矩阵，$\Gamma = T_fF$，$\Gamma = \begin{bmatrix} F_x & F_y & F_z & M_x & M_y & M_z \end{bmatrix}^T$，$F = \begin{bmatrix} F_1 & F_2 & F_3 & F_4 & F_5 & F_6 \end{bmatrix}^T$，$F_i$ 为第 i 根作动腿的轴向力大小；

$C = \text{diag}(c_1 \quad c_2 \quad c_3 \quad c_4 \quad c_5 \quad c_6)$——$c_i$ 为作动腿 i 的等效阻尼；

$K = \text{diag}(k_1 \quad k_2 \quad k_3 \quad k_4 \quad k_5 \quad k_6)$——$k_i$ 为作动腿 i 的等效刚度；

$V_m = K_0d\begin{bmatrix} V_1 & V_2 & V_3 & V_4 & V_5 & V_6 \end{bmatrix}^T$——作动器的控制输出力，$K_0$ 为作动器的等效刚度，d 为作动器的位移作动因子，V_i 为作动腿 i 的控制电压；

$d = \begin{bmatrix} d_1 & d_2 & d_3 & d_4 & d_5 & d_6 \end{bmatrix}^T$——$d_i$ 为 B_i 点沿作动腿 i 轴向位移干扰。

若将式（7-11）写成如下形式

$$A_1\ddot{X} + A_2\dot{X} + A_3X = B_1V_m + B_2\dot{d} + B_3d \tag{7-12}$$

其中 $A_1 = M$，$A_2 = T_fCT_q$，$A_3 = T_fKT_q$，$B_1 = T_f$，$B_2 = T_fC$，$B_3 = T_fK$

再将式（7-12）写成 12 维状态空间的形式

$$\begin{bmatrix} \dot{\boldsymbol{X}}_1 \\ \dot{\boldsymbol{X}}_2 \end{bmatrix} = \begin{bmatrix} \boldsymbol{I}_6 & 0 \\ \boldsymbol{A}_2 & \boldsymbol{A}_1 \end{bmatrix}^{-1} \begin{bmatrix} 0 & \boldsymbol{I}_6 \\ -\boldsymbol{A}_3 & 0 \end{bmatrix} \begin{bmatrix} \boldsymbol{X}_1 \\ \boldsymbol{X}_2 \end{bmatrix} + \begin{bmatrix} \boldsymbol{I}_6 & 0 \\ \boldsymbol{A}_2 & \boldsymbol{A}_1 \end{bmatrix}^{-1} \begin{bmatrix} 0 & 0 & 0 \\ \boldsymbol{B}_1 & \boldsymbol{B}_2 & \boldsymbol{B}_3 \end{bmatrix} \begin{bmatrix} \boldsymbol{V}_m \\ \dot{\boldsymbol{d}} \\ \boldsymbol{d} \end{bmatrix} \quad (7-13)$$

式中，$\boldsymbol{X}_1 = \boldsymbol{X}$，$\boldsymbol{X}_2 = \dot{\boldsymbol{X}}$ 为平台的动力学响应，将其通过变换矩阵相乘可以得到负载台各铰点处沿作动腿轴向的位移 $\boldsymbol{q}$ 和速度响应 $\dot{\boldsymbol{q}}$，再将 $\boldsymbol{q}$，$\dot{\boldsymbol{q}}$ 与 $\boldsymbol{d}$，$\dot{\boldsymbol{d}}$ 叠加就可以得到各作动腿的伸缩位移和伸缩速度。

7.3.2 Hexapod 平台数学模型验证

本节根据所设计的 Hexapod 的尺寸参数以及有效载荷的质量、惯量属性在 Adams 中建立 Hexapod 平台的多体动力学模型，分析提取前六阶模态频率，并将该值与通过数学模型计算得到的前六阶模态频率进行比较，验证数学模型的准确性。

7.3.2.1 Adams 模态分析

根据前文设计的 Hexapod 平台尺寸参数，通过计算得到的 Hexapod 平台各铰点位置如表 7-4 所示。

表 7-4 Hexapod 平台各铰点位置

铰点号	基台			负载台		
	x	y	z	x'	y'	z'
1 (1′)	305.405	53.851	0.000	199.339	237.563	150.000
2 (2′)	−106.066	291.414	0.000	106.066	291.414	150.000
3 (3′)	−199.339	237.563	0.000	−305.405	53.851	150.000
4 (4′)	−199.339	−237.563	0.000	−305.405	−53.851	150.000
5 (5′)	−106.066	−291.414	0.000	106.066	−291.414	150.000
6 (6′)	305.405	−53.851	0.000	199.339	−237.563	150.000

以表 7-4 的数据为基础，在 Adams 中建立 Hexapod 平台动力学模型，如图 7-22 所示。

图 7-22 Hexapod 平台动力学模型

由图 7-22 可知：柔性铰用柔性连接器 Bushing 来模拟；上下两个作动器用两个圆柱体代替，通过圆柱副约束它们的相对运动，中间用弹簧连接，弹簧刚度等效于作动器刚度和连接件刚度；整个作动腿的质量赋予两个圆柱体。

（1）负载台相关参数

将干涉式大气垂直探测仪的质量、惯量属性赋予 Hexapod 平台的负载台（因质心重合，故不考虑载荷的质心位置属性）。干涉式大气垂直探测仪相关参数如图 7-23 所示。

将图 7-23 中干涉式大气垂直探测仪的质量、惯量属性赋予 Adams 中 Hexapod 平台的负载台，如图 7-24 所示。

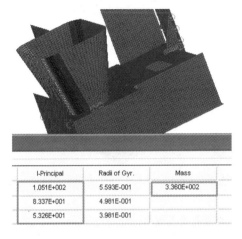

I-Principal	Radii of Gyr.	Mass
1.051E+002	5.593E-001	3.360E+002
8.337E+001	4.981E-001	
5.326E+001	3.981E-001	

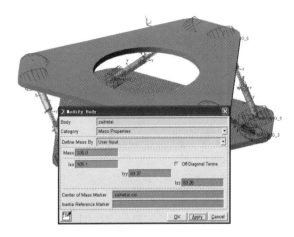

图 7-23　干涉式大气垂直探测仪的质量、惯量属性　　　图 7-24　Hexapod 平台负载台的质量、惯量参数

（2）作动腿相关参数

将作动腿的总质量平均分配到两个圆柱体上，在此与实际模型相比存在一定误差，但是因为干涉仪的质量和惯量较大，故此处很小的误差对整个系统的影响可以忽略不计。作动腿下圆柱体的质量特性如图 7-25 所示（上圆柱体和下圆柱体的质量特性相同）。

选择作动器型号时其刚度就已确定 $K_{ZDQ} = 1.9 \times 10^{7}$ N/m，通过建立有限元模型计算得到连接件的轴向刚度 $K_{LJJ} = 1.328 \times 10^{11}$ N/m。Adams 中连接弹簧的刚度等于两根作动腿和连接件串联的等效刚度 $K_{等效} = 9.499 \times 10^{6}$ N/m，取铝合金的阻尼 $C = 0.1$ N·s/m。Adams 中连接弹簧的刚度、阻尼属性如图 7-26 所示。

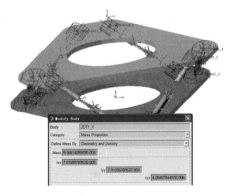

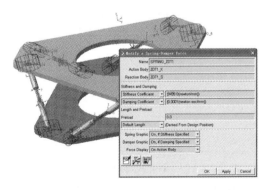

图 7-25　作动腿下圆柱体的质量特性　　　　　图 7-26　连接弹簧刚度、阻尼属性

至此，Adams 中 Hexapod 平台的动力学模型建立完毕，对 Hexapod 平台进行模态分析，提取前六阶模态频率和振型，如图 7-27 所示。

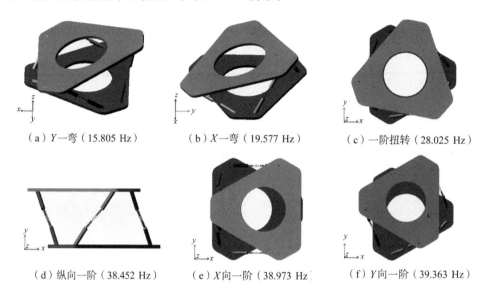

（a）Y—弯（15.805 Hz）　　　（b）X—弯（19.577 Hz）　　　（c）一阶扭转（28.025 Hz）

（d）纵向一阶（38.452 Hz）　　（e）X 向一阶（38.973 Hz）　　（f）Y 向一阶（39.363 Hz）

图 7-27　Hexapod 平台前六阶振型及其模态频率

总结 Adams 中分析得到的前六阶模态频率，见表 7-5。

表 7-5　Adams 分析得到的前六阶模态频率

	第一阶	第二阶	第三阶	第四阶	第五阶	第六阶
模态频率/Hz	15.805	19.577	28.025	38.452	38.973	39.363

7.3.2.2　Matlab 模态分析

根据模态理论基础并利用前面的数学模型，在 Matlab 中分析 Hexapod 平台的模态。计算模态时不考虑外力和阻尼力的影响，只考虑质量矩阵 M 和等效刚度矩阵 $\tilde{K}$，$\tilde{K} = T_t K T_q$，将式（7-11）进行相应的变化得到公式（7-14）

$$M\ddot{X} + T_t C T_q \dot{X} + T_t K T_q X = 0 \tag{7-14}$$

利用 Matlab 命令 [V, D] = eig (K, M) 计算得到特征向量矩阵和特征值矩阵

$$V = \begin{bmatrix} -0.090 & 1.000 & 0.000 & 0.000 & 0.000 & 0.000 \\ 0.000 & 0.000 & 0.000 & 0.101 & 0.000 & 1.000 \\ 0.000 & 0.000 & -1.000 & 0.000 & 0.000 & 0.000 \\ 0.000 & 0.000 & 0.000 & -1.000 & 0.000 & 0.636 \\ -1.000 & -0.363 & 0.000 & 0.000 & 0.000 & 0.000 \\ 0.000 & 0.000 & 0.000 & 0.000 & 1.000 & 0.000 \end{bmatrix} \tag{7-15}$$

式（7-15）中每一列的 1 对应的行序号为该方向的振幅最大，即为主振型，可见除了 X 向和 Y 一弯以及 Y 向和 X 一弯耦合较严重外，其他方向的耦合很小。将矩阵 D 对角线元素开方除以 2π 得到对应振型的模态频率，分别为 15.430 Hz，38.315 Hz，37.805

Hz，19.116 Hz，27.857 Hz，38.695 Hz，总结主振型对应的模态频率如表 7 – 6 所示。

表 7 – 6 Matlab 计算得到的前六阶模态频率

	一阶	二阶	三阶	四阶	五阶	六阶
模态频率/Hz	15.430	19.116	27.857	37.805	38.315	38.695

7.3.2.3 Adams 与 Matlab 模态分析结果比较

分别将 Adams 和 Matlab/Simulink 中分析得到的 Hexapod 平台的前六阶模态进行对比分析，考核数学模型的准确性。在此因 Simulink 在建立数学模型时对模型进行了一定的简化，故分析中以 Adams 中的模型分析数据为参照。模态频率对比如表 7 – 7 所示。

表 7 – 7 Adams 和 Simulink 分析得到的模态频率

	第一阶	第二阶	第三阶	第四阶	第五阶	第六阶
Adams/Hz	15.805	19.577	28.025	38.452	38.973	39.363
Simulink/Hz	15.430	19.116	27.857	37.805	38.315	38.695
误差/%	−2.37	−2.35	−0.60	−1.68	−1.69	−1.70

分析表 7 – 7 的模态频率可以得到如下结论：

1）Simulink 和 Adams 分析得到的模态频率很接近，最大误差仅为 −2.37%；

2）Simulink 分析得到的结果均比 Adams 分析得到的结果小，分析可知这是因为 Simulink 在建立数学模型时没有考虑柔性铰的切向刚度，导致平台的整体刚度下降。

对比以数学模型为基础的 Simulink 仿真分析与以动力学模型为基础的 Adams 仿真分析，可知因数学建模时必要的简化使得数学模型存在一定的误差，但是通过以上对比分析发现，数学模型具有较高的准确性，保证了后续振动主动控制仿真分析的可信度。

7.3.3 Hexapod 平台微振动控制效果验证

本书所研究的 Hexapod 平台要求在 5～100 Hz 范围内六个方向都具有良好的振动控制效果。第 4 章的分析可知传递至有效载荷处的加速度响应一般处于 10^{-3} g 量级，而该处的微振动响应正是 Hexapod 的干扰输入。本节将针对不同频率点，考查线振动、角振动以及同时存在线振动和角振动工况下平台的微振动控制效果，除此之外本节将分析作动腿的最大功耗。

以式（7 – 15）为理论基础搭建 Hexapod 平台的系统控制框图，如图 7 – 28 所示。

图 7 – 28 中基台的干扰都是以位移的形式施加的，转换开关的开关时间设置为 5 s，即在 5 s 之前都是未控时载荷的响应，5 s 之后为施加控制后载荷的响应。

以下分别考查 5 Hz，15 Hz，30 Hz，50 Hz，100 Hz 条件下 X，Y，Z，R_x，R_y，R_z 向施加干扰及 X 和 R_x、X 和 R_z 向同时施加干扰八种工况下载荷台的微振动控制效果，平动干扰都是幅值为 10^{-3} g 的正弦加速度干扰，角振动都是幅值为 0.033 rad/s² 的正弦角加速度干扰。

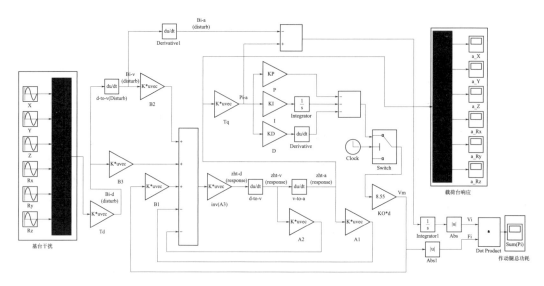

图 7-28　Hexapod 平台系统控制框图

（1）X 向干扰时的微振动控制效果

X 向输入时，只有 R_y 向与其存在一定的耦合，即只有 X 向和 R_y 向有输出，故在此只列出了振动控制前后有效载荷质心处 X 向和 R_y 向的响应，如图 7-29 所示。

总结图 7-29 中 X 向和 R_y 向微振动控制效果如表 7-8 所示。

表 7-8　不同频率下 X 向、R_y 向控制效果

频率/Hz	X 向			R_y 向		
	未控/g	控后/g	衰减/%	未控/（rad/s²）	控后/（rad/s²）	衰减/%
5	1.02E−03	2.73E−04	73.24	3.51E−04	2.25E−05	93.590
15	1.53E−03	2.51E−05	98.36	4.90E−02	1.73E−06	99.996
30	2.44E−03	5.84E−06	99.76	1.01E−02	3.97E−07	99.996
50	1.33E−03	1.86E−06	99.86	4.44E−03	1.05E−07	99.998

（2）Y 向干扰时的微振动控制效果

Y 向输入时，只有 R_x 向与其存在一定的耦合，即只有在 Y 向和 R_x 向有输出，故在此只列出了振动控制前后有效载荷质心处 Y 向和 R_x 向响应，如图 7-30 所示。

总结图 7-30 中 Y 向和 R_y 向微振动控制效果如表 7-9 所示。

表 7-9　不同频率下 Y 向、R_x 向控制效果

频率/Hz	Y 向			R_x 向		
	未控/g	控后/g	衰减/%	未控/（rad/s²）	控后/（rad/s²）	衰减/%
5	1.02E−03	2.73E−04	73.24	3.35E−04	2.28E−05	93.194
15	1.26E−03	2.51E−05	98.01	8.62E−03	1.77E−06	99.979
30	2.27E−03	5.87E−06	99.74	1.86E−02	3.75E−07	99.998
50	1.35E−03	1.86E−06	99.86	7.55E−03	1.06E−07	99.999

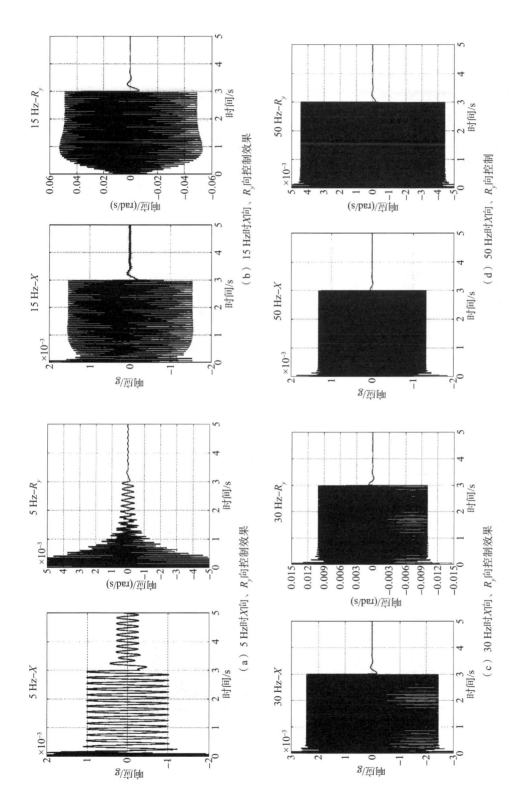

图 7 - 29　不同频率时控制前后 X 向、R_y 向响应曲线

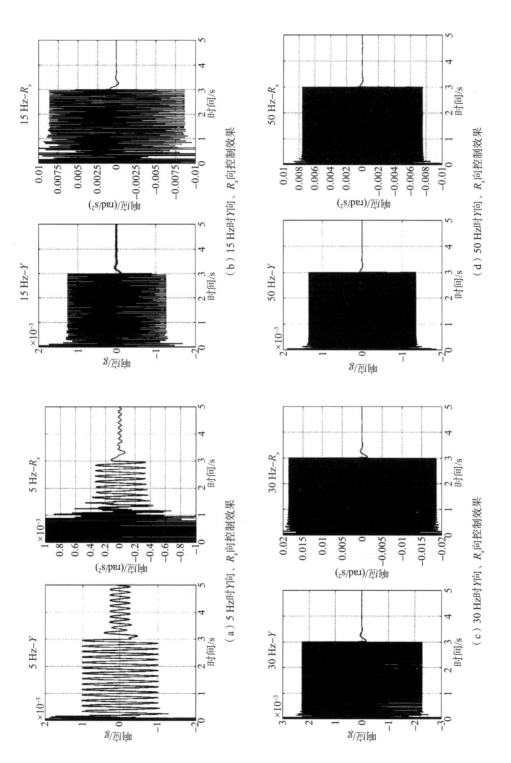

图 7 - 30　不同频率时控制前后 Y 向、R_x 向响应曲线

（3）Z 向干扰时的微振动控制效果

Z 向输入时，Z 向与其他方向均无耦合，即只有在 Z 向有输出响应，故在此只列出了振动控制前后有效载荷质心处 Z 向的响应曲线，如图 7-31 所示。

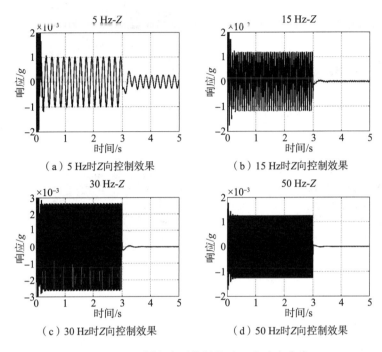

（a）5 Hz 时 Z 向控制效果　　　　　（b）15 Hz 时 Z 向控制效果

（c）30 Hz 时 Z 向控制效果　　　　　（d）50 Hz 时 Z 向控制效果

图 7-31　不同频率时控制前后 Z 向响应曲线

总结图 7-31 中 Z 向微振动控制效果如表 7-10 所示。

表 7-10　不同频率下 Z 向控制效果

频率/Hz	Z 向		
	未控/g	控后/g	衰减/%
5	1.02E−03	2.73E−04	73.24
15	1.19E−03	2.51E−05	97.89
30	2.64E−03	5.87E−06	99.78
50	1.29E−03	1.86E−06	99.86

（4）R_x 向干扰时的微振动控制效果

R_x 向输入时，除 Y 向与其有一定的耦合之外，其他方向均无耦合，即只有在 R_x 向和 Y 向有输出响应，故在此只列出了振动控制前后有效载荷质心处 R_x 向和 Y 向的响应曲线，如图 7-32 所示。

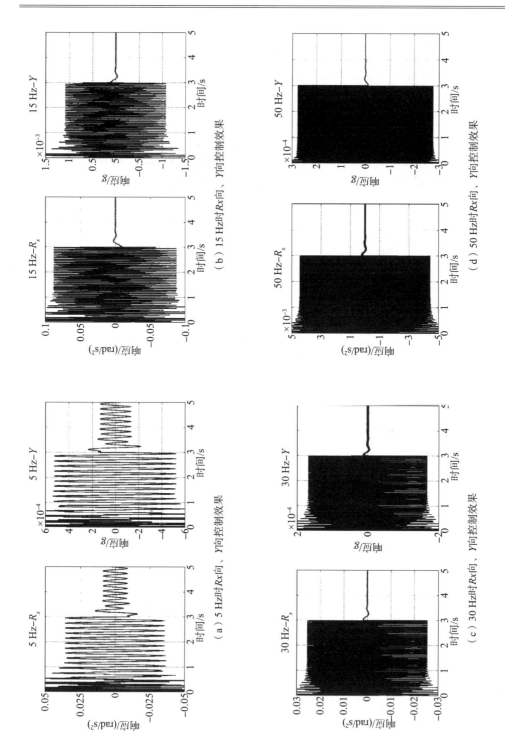

图 7 - 32 不同频率时控制前后 R_x 向、Y 向响应曲线

总结图 7 - 32 中 R_x 向和 Y 向微振动控制效果如表 7 - 11 所示。

表 7 - 11　不同频率下 R_x 向、Y 向控制效果

频率/Hz	R_x 向			Y 向		
	未控/（rad/s²）	控后/（rad/s²）	衰减/%	未控/g	控后/g	衰减/%
5	3.55E−02	8.88E−03	74.986	5.23E−04	1.34E−04	74.38
15	8.77E−02	8.20E−04	99.065	1.07E−03	1.23E−05	98.85
30	2.54E−02	1.91E−04	99.248	1.68E−04	2.88E−06	98.29
50	4.45E−03	6.08E−05	98.634	2.76E−04	9.16E−07	99.67

（5）R_y 向干扰时的微振动控制效果

R_y 向输入时，除 X 向与其有一定的耦合之外，其他方向均无耦合，即只有在 R_y 向和 X 向有输出响应，故在此只列出了振动控制前后有效载荷质心处 R_y 向和 X 向的响应曲线，如图 7 - 33 所示。

总结图 7 - 33 中 R_y 向和 X 向微振动控制效果如表 7 - 12 所示。

表 7 - 12　不同频率下 R_y 向、X 向控制效果

频率/Hz	R_y			X		
	未控/（rad/s²）	控后/（rad/s²）	衰减/%	未控/g	控后/g	衰减/%
5	3.69E−02	8.82E−03	76.098	5.34E−04	1.33E−04	75.09
15	4.99E−01	8.14E−04	99.837	4.67E−03	1.22E−05	99.74
30	1.38E−02	1.90E−04	98.623	3.82E−04	2.96E−06	99.23
50	2.61E−03	6.05E−05	97.682	2.94E−04	9.13E−07	99.69

（6）R_z 向干扰时的微振动控制效果

R_z 向输入时，因 R_z 向与其他方向均无耦合，即只有在 R_z 向有输出响应，故在此只列出了振动控制前后有效载荷质心处 R_z 向的响应曲线，如图 7 - 34 所示。

总结图 7 - 34 中 R_z 向微振动控制效果如表 7 - 13 所示。

表 7 - 13　不同频率下 R_z 向控制效果

频率/Hz	R_z		
	未控/（rad/s²）	控后/（rad/s²）	衰减/%
5	3.41E−02	8.99E−03	73.636
15	4.65E−02	8.26E−04	98.224
30	1.75E−01	1.92E−04	99.890
50	1.47E−02	6.12E−05	99.584

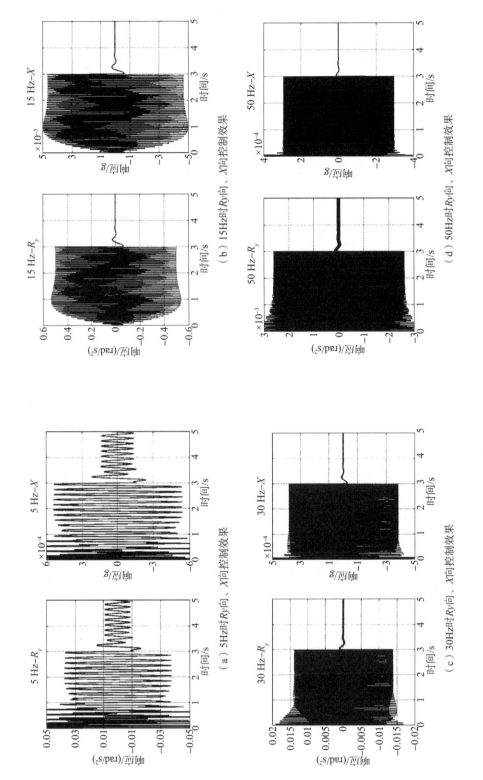

图 7-33　不同频率时控制前后 R_y 向、X 向响应曲线

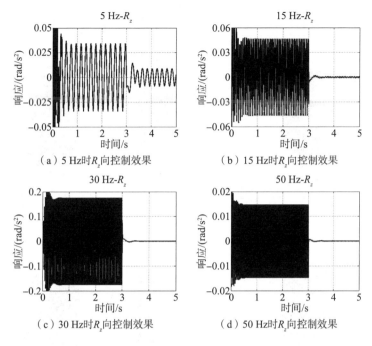

图 7-34　不同频率时控制前后 R_z 向响应曲线

（7）X 和 R_x 向同时干扰时的微振动控制效果

X 和 R_x 同时干扰时它们的频率一样，仿真分析发现与 X 向耦合的 R_y 向以及与 R_x 向耦合的 Y 向均有输出，故图 7-35 列出了不同频率点 X、Y、R_x、R_y 的控制效果图。

总结图 7-35 中 X 向、Y 向、R_x 向、R_y 向微振动控制效果如表 7-14 所示。

表 7-14　不同频率下 X 向、Y 向、R_x 向、R_y 向控制效果

频率/Hz	X 向			Y 向		
	未控/g	控后/g	衰减/%	未控/g	控后/g	衰减/%
5	1.02E-03	2.73E-04	73.235	5.23E-04	1.34E-04	74.379
15	1.53E-03	2.51E-05	98.359	1.07E-03	1.23E-05	98.850
30	2.44E-03	5.84E-06	99.761	1.68E-04	2.88E-06	98.286
50	1.33E-03	1.86E-06	99.860	2.76E-04	9.16E-07	99.668
频率/Hz	R_x 向			R_y 向		
	未控/（rad/s²）	控后/（rad/s²）	衰减/%	未控/（rad/s²）	控后/（rad/s²）	衰减/%
5	3.55E-02	8.90E-03	74.930	3.51E-04	2.26E-05	93.561
15	8.77E-02	8.20E-04	99.065	4.90E-02	1.73E-06	99.996
30	2.54E-02	1.90E-04	99.252	1.01E-02	3.75E-07	99.996
50	4.45E-03	6.09E-06	99.863	4.44E-03	1.05E-07	99.998

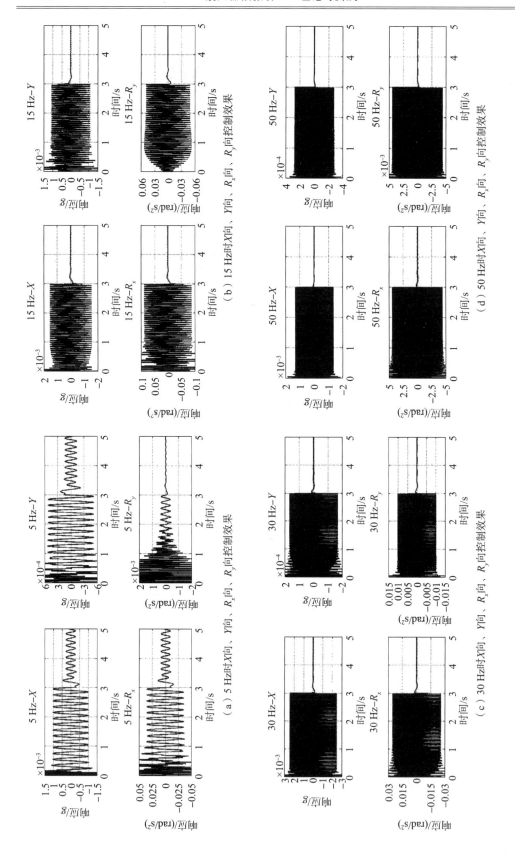

图 7 - 35　不同频率时控制前后 X 向、Y 向、R_x 向、R_y 向响应曲线

（8）X 和 R_z 向同时干扰时的微振动控制效果

X 和 R_z 同时干扰时它们的频率一样，仿真分析发现除 X 向、R_z 向外还有与 X 向耦合的 R_y 向有输出，故图 7 - 36 列出了不同频率点 X、R_y、R_z 的控制效果图。

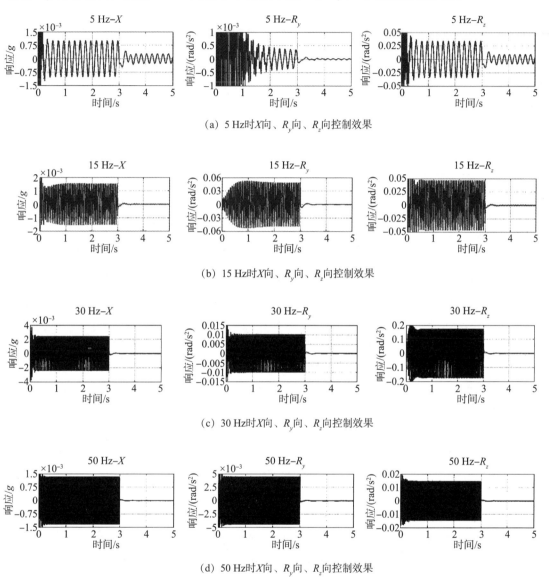

(a) 5 Hz时X向、R_y向、R_z向控制效果

(b) 15 Hz时X向、R_y向、R_z向控制效果

(c) 30 Hz时X向、R_y向、R_z向控制效果

(d) 50 Hz时X向、R_y向、R_z向控制效果

图 7 - 36　不同频率时控制前后 X 向、R_y 向、R_z 向响应曲线

总结图 7 - 36 中 X 向、R_y 向、R_z 向微振动控制效果如表 7 - 15 所示。

表 7 - 15　不同频率下 X 向、R_y 向、R_z 向控制效果

频率/ Hz	X 向			R_y 向			R_z 向		
	未控/g	控后/g	衰减/%	未控/ (rad/s^2)	控后/ (rad/s^2)	衰减/%	未控/ (rad/s^2)	控后/ (rad/s^2)	衰减/%
5	1.02E−03	2.73E−04	73.235	3.51E−04	2.26E−05	93.561	3.41E−02	8.99E−03	73.64
15	1.53E−03	2.51E−05	98.359	4.90E−02	1.74E−06	99.996	4.65E−02	8.27E−04	98.22
30	8.06E−03	1.93E−05	99.761	3.34E−02	1.23E−06	99.996	1.75E−01	1.93E−04	99.89
50	1.33E−03	1.86E−06	99.860	4.44E−03	1.05E−07	99.998	1.47E−02	6.12E−05	99.58

总结上述八种工况下 Hexapod 平台的微振动控制效果如表 7 - 16。

表 7 - 16　八种工况控制效果

方向	衰减/ dB	工况								备注
		1	2	3	4	5	6	7	8	
X	最小	11.45				12.07		11.45	11.45	5 Hz 时的控制效果最小，除此之外其他各频率点的控制效果都在 20 dB 以上
	平均	42.12				40.83		42.16	42.17	
Y	最小		11.45		11.83			11.83		
	平均		41.65		36.71			36.68		
Z	最小			11.45						
	平均			41.83						
R_x	最小		23.34		12.04			12.02		
	平均		76.97		34.56			42.55		
R_y	最小	23.86				12.43		23.82	23.82	
	平均	76.84				34.91		76.84	76.84	
R_z	最小						11.58		11.58	
	平均						40.32		40.29	

分析表 7-16，得出如下结论：

1) 仅在 5 Hz 时系统的微振动控制效果最差，为 11.45 dB，除 5 Hz 外其他各频率点的控制效果都在 20 dB 以上，这是因为控制系统的参数设置所致；

2) X 向和 R_y 向、Y 向和 R_x 向存在耦合，但耦合不会影响系统的控制效果；

3) 在多个方向同时施加干扰时，控制效果与单方向干扰时的控制效果相当，可以认为多方向干扰时系统也具有良好的控制效果；

4) 整体而言，控制效果平均值最低为 34.56 dB，可以认为系统具有良好的微振动控制效果。

因为航天器产品应用领域的特殊性，一般都考虑功耗的要求，故本节在分析 Hexapod 平台控制效果的同时，分析了六根作动腿的总功耗。在多方向输入干扰时，输入能量明显比单方向的输入能量要高，故单方向和多方向的作动腿功耗没有可比性，故在此只比较六个单方向输入时作动腿的总功耗。

经仿真分析，提取六个单方向干扰时作动腿的总功耗，如表 7-17 所示。

表 7-17 不同频率、不同方向作动腿总功耗

频率/Hz	功耗/mW					
	X 向	Y 向	Z 向	R_x 向	R_y 向	R_z 向
5	188.000	188.000	188.000	102.400	105.200	352.000
15	5.540	4.690	4.644	5.200	240.000	9.910
30	12.300	11.600	13.100	1.150	0.590	46.300
50	1.910	1.980	1.800	0.173	0.152	1.140
100	0.075	0.076	0.073	0.013	0.011	0.073

分析表 7-17 可知，在低频段的功耗较大，但是在共振频率附近的功耗也较大，故有必要分析在共振频率点的功耗，在分析时共振频率点的选择以 Simulink 分析的模态频率为准，通过分析提取的功耗如表 7-18 所示。

表 7-18 5 Hz 和共振频率作动腿总功耗

	功耗/mW					
	X 向	Y 向	Z 向	R_x 向	R_y 向	R_z 向
5 Hz	188.00	188.00	188.00	102.40	105.20	352.00
共振频率	32.60	41.40	13.50	114.00	515.50	276.40
最大功耗	188.00	188.00	188.00	114.00	515.50	352.00

由表 7-18 可知：

1）三个平动方向的功耗都是在 5 Hz 时最大，与表 7-17 中其他频率点的功耗比较，在共振频率附近的功耗明显大于除 5 Hz 外的其他各频率点；

2）对于转动而言，在 R_x、R_y 方向共振频率点的功耗要大于 5 Hz，但是 R_z 与之相反；

3）不管是在 5 Hz 的功耗最大还是在共振频率点的功耗最大，最大功耗都处在毫瓦量级。

本章建立了 Hexapod 平台的数学模型，将通过数学模型计算得到的模态与 Adams 中多体动力学模型分析得到的模态进行比较，验证了数学模型的准确性；以数学模型为基础，在 Simulink 中仿真分析了 Hexapod 平台的微振动控制效果，分析结果表明 Hexapod 平台在 5~100 Hz 范围内对六个方向的微振动具有良好的控制效果；最后分析了 Hexapod 平台作动腿的总功耗，分析结果显示在 1 mg 的平动干扰和 0.033 rad/s² 的角振动干扰下，Hexapod 平台六根作动腿的总功耗不高于 515.50 mW。

7.4 小结

本章研究了以 Hexapod 平台为基础的敏感载荷微振动主动控制平台，设计了新型柔性铰代替传统间隙铰，弥补了间隙铰应用于微振动环境的不足。仿真结果表明，该主动控制系统能够有效控制六个方向的微振动，所提出的敏感载荷隔振设计方法同样适用于对振源隔振等的应用。

参 考 文 献

[1] 闻邦椿，刘树英，陈照波，等. 机械振动理论及应用 [M]. 北京：高等教育出版社，2009.

[2] RIVIN E I. Passive vibration isolation [M]. New York：ASME Press，2003.

[3] 赵伟. 航天器微振动环境分析与测量技术发展 [J]. 航天器环境工程，2006，23 (4)：210-214.

[4] 董景新，赵长德，熊沈蜀，等. 控制工程基础 [M]. 北京：清华大学出版社，2003.

[5] 周星德，姜冬菊. 结构振动主动控制 [M]. 北京：科学出版社，2009.

[6] YU S Y，TAN L Y，MA J，et al. Study of vibration compensation technology in inter-satellite laser links [J]. Journal of Optoelectronics-Laser，2004，15 (4)：472-476.

[7] PREUMONTA A，HORODINCAA M，ROMANESCUA I，et al. A six-axis single-stage active vibration isolator based on Stewart platform [J]. Journal of Sound and Vibration，2007 (300)：644-661.

[8] HANIEH A A. Active isolation and damping of vibrations via Stewart platform [D]. Brussels：ULB-Active Structures Laboratory，2003.

[9] SIMEONI D，ASTRUC P，MIRAS D，et al. Design and development of IASI instrument [C] // Proceedings of SPIE，V5543，SPIE，Bellingham，WA，2004.

[10] STONE C M，HALTERY C，MEDINA J. The JWST integrated modeling environment [C] // IEEE Aerospace Conference Proceedings，2004 (6).

[11] JONO T，TOYOSHIMA M，TAKAHASHI N，et al. Laser tracking test under satellite microvibrational disturbances by OICETS ATP system [C] //Acquisition，Tracking，and Pointing XVI. Proc. SPIE 4714，2002：97-104.

[12] 庞世伟，杨雷，曲广吉. 高精度航天器微振动建模与评估技术最近进展 [J]. 强度与环境，2007，34 (6)：1-9.

[13] 曹青松. 新型主动隔振系统的理论与实验研究 [D]. 长沙：华中科技大学，2007.

[14] 张葆. 动载体成像振动主动控制技术的研究 [D]. 长春：长春光学精密机械与物理研究所，2003.

[15] MAHBOUBKHAH M，NATEGH M J，KHADEM S E. Vibration analysis of machine tool's hexapod table [J]. Int. J Adv. Manuf. Technol.，2008 (38)：1236-1243.

[16] 盛慧. Hexapod 型智能主动隔振平台系统的研究 [D]. 西安：西北工业大学，2007.

[17] STEWART D. A platform with six degrees of freedom [C] //Proc. Inst. Mech. Eng.，1965，180 (15)：371-386.

[18] DUAN X C，QIU Y Y，DUAN B Y. Study of workspace of the Stewart platform for fine turning of the large radio telescope [J]. Electro-Mechanical Engineering，2004，20 (5)：55-58.

[19] GENG Z J，PAN G G，HAYNES L S. An intelligent control system for multiple degree of freedom vibration isolation [J]. Journal of Intelligent Material Systems and Structures，1995，11 (6)：788-789.

[20] GENG Z J，HAYNES L S. Six degree of freedom active vibration control using the Stewart platforms [J]. Control Systems Technology，1994，2 (1)：45-53.

［21］ THAYER D，CAMPBELL M，VAGNERS J. Six axis vibration isolation using modern control tech-niques ［C］//AAS 99 – 016，21st Annual AAS Guidance and Control Conference，1998.

［22］ 李双. 压电智能结构主动隔振系统研究 ［D］. 西安：西北工业大学，2004.

［23］ 梅胜敏，陶宝祺，秦太验. 压电作动器用于振动主动控制技术的研究 ［J］. 航空学报，1997，18 （1）.

［24］ 黄群. 基于压电作动器的主动隔振系统理论与仿真研究 ［D］. 西安：西北工业大学，2006.

［25］ 陶宝祺. 智能材料结构 ［M］. 北京：国防工业出版社，1997.

［26］ 周正伐. 航天器可靠性工程 ［M］. 北京：中国宇航出版社，2007.

［27］ 李良巧. 机械可靠性设计与分析 ［M］. 北京：国防工业出版社，1998.

［28］ DOUG T，MARK C，JURIS V，et al. Six – axis vibration isolation system using soft actuators and multiple sensors ［J］. Journal of Spacecraft and Rockets，2002，39 （2）：206 – 212.

［29］ CHRISTIAN G R T，BRIJ N A. An efficient algorithm for vibration suppression to meet pointing re-quirements of optical payloads ［R］. AIAA – 2001 – 4094，2001.

［30］ 陶永华. 新型 PID 控制及其应用 ［M］. 北京：机械工业出版社，2002.

［31］ 徐鹏. 六自由度并联机构 Stewart 平台的动力学建模与仿真 ［D］. 重庆：重庆大学，2005.

［32］ DASGUPTA B，MRUTHYUNJAYA T S. A Newton – Euler formulation for the inverse dynamics of the Stewart Platform manipulator ［J］. Mechanism and Machine Theory，1998，33 （8）：135 – 1152.

［33］ 刘荣忠，曹从咏. 机械系统动力学 ［M］. 哈尔滨：哈尔滨工程大学出版社，2000.

［34］ 李伟鹏. 空间高稳定精密跟瞄 Hexapod 平台指向与振动控制研究 ［D］. 北京：北京航空航天大学，2008.

［35］ 程源，任革学，戴诗亮. 柔性支撑 Stewart 平台动力学与控制仿真 ［J］. 清华大学学报 （自然科学报），2003，43 （11）：1519 – 1522.

［36］ 蒋国伟，周徐斌，申军烽，等. 某卫星微振动建模与仿真 ［J］. 航天器环境工程，2011，28 （1）：36 – 40.

［37］ 董辰辉，彭雪峰. Matlab2008 全程指南 ［M］. 北京：电子工业出版社，2009.

［38］ 赵景波. MATLAB 控制系统仿真与设计 ［M］. 北京：机械工业出版社，2010.

［39］ 郑建荣. Adams – 虚拟样机技术入门与提高 ［M］. 北京：机械工业出版社，2002.

第8章　挠性附件错频设计

现代卫星正在向大型化、低刚度与柔性化方向发展，卫星上所附带的挠性结构越来越多。挠性附件一般基频较低，低频密集现象也比较明显。而卫星在轨由于飞轮、伺服机构、陀螺等活动部件的运动成为动力扰动源，易与挠性附件产生耦合和共振现象，从而对整星的姿态产生不良影响，并可能影响部分关键载荷工作的可靠性和稳定性。

目前对微振动的研究往往有一大误区：认为微振动问题主要是由于飞轮等转动部件的振动诱发的高频振动，因此，微振动研究多关注于高频问题。事实上，根据相关研究，卫星扫描机构的低频振动干扰的振动能量足以诱发卫星大型挠性附件的耦合振动。另外，外界环境的低频干扰同样可以诱发大型挠性附件的耦合振动，哈勃望远镜就是典型的案例。因此，在减少振源振动干扰的同时，必须对大型挠性附件诱发的微振动危害给予更多的关注。

8.1　挠性附件常见的抑制方法

第一类挠性附件抑制方法是在挠性结构附件内部增加可以在轨改变结构刚度的组件，如压电材料等，如图 8-1 和图 8-2 所示。此结构主要由压电传感器、作动器和挠性附件三部分组成，通过压电材料的作用来改变结构的动力学特性，从而达到抑制挠性振动的作用。对此类方案，之前的一些动力学分析中由于没有考虑压电部件［或压电换能器（PZT）］的机电耦合效应，同时也没有将压电材料对结构刚度、质量的贡献考虑在内，因此分析结果的准确性有待进一步验证。国内许多高校也在积极探索改进的建模分析方法。

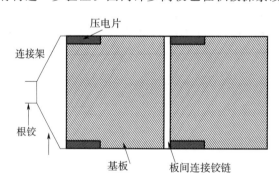

图 8-1　一种基于压电材料的电池翼振动抑制方案

挠性附件抑制技术主要以结构主动控制技术为主，也称之为自适应结构或智能结构，最早由美国国家航空航天局于 20 世纪 70 年代末提出，简要地说就是在结构本体中嵌入监测器、控制器和执行器，使整个结构具有对内外部扰动进行感知和控制的能力。该结构主动控制框图如图 8-3 所示。

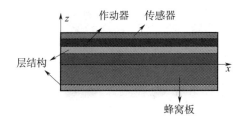

图 8-2　典型的压电层合板结构组成示意图

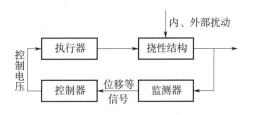

图 8-3　结构主动控制框图

自适应结构概念一经提出，就受到美国等主要发达国家军方的重视，并被列入多个重点科研项目，被确定为"急需开发的、具有原创性意义"的项目。美国国防部 1997 年颁布的"智能结构研究计划"把结构控制列为 6 项战略研究任务之一，各军种和导弹防御局都制订了研究计划，如导弹防御局的"自适应结构计划"，陆军研究局的"智能材料与结构计划"，空/海军共同实施的"智能金属结构计划"，空军航天实验室的"智能结构/蒙皮计划"等。

迄今为止，国外对自适应结构已经开展了大量的理论研究和应用研究，涉及的领域包括振动主动控制、结构损伤故障检测和诊断、结构静变形控制、精确定位和指向等。并且美国已开展了多次在轨飞行试验和应用，研究对象包括反射镜、太阳电池板、高柔性结构、可展开机构、桁架结构、隔振平台等，如表 8-1 所示。

表 8-1　自适应结构飞行试验

项目名称	试验对象	功能材料	时间	组织
PSR	精密分段反射镜	压电陶瓷	1990	美国国家航空航天局喷气推进实验室
STRV—1b	温冷却器机械探针	压电陶瓷纤维和压电陶瓷块	1994－06	美国/英国
ACTEX I	智能三脚架结构	内层压电陶瓷纤维，外层包覆记忆合金	1996	美国空军
ACTEX II	太阳电池板	压电陶瓷	1995	美国空军
MACE I	高柔性结构	包覆压电陶瓷纤维	1995－03	麻省理工学院/美国国家航空航天局
MACE II	可展开机构	包覆压电陶瓷纤维	2000－09	空军部/美国国家航空航天局/3 所大学/4 家公司
CASTOR	桁架结构	低电压压电陶瓷	1996	法国国家太空研究中心
SUITE	卫星超静隔振平台	压电陶瓷	2001－09	美国空军研究实验室
VISS	隔振与抑振平台	音圈电机	2000－07	美国空军研究实验室
HSCT	卫星控制试验台	压电陶瓷	2003	霍尼韦尔公司

PSR 项目是为研究一种高精度、轻量的反射镜面空间天线而提出的，开展了利用粘贴压电片作为作动元件，提高反射镜面成像精度的研究，并达到了 10 μm 的控制精度。

图 8-4 所示为美国国家航空航天局兰利研究中心针对薄膜天线的振动抑制问题开展的主动控制研究，通过在薄膜天线的一个张拉节点中布置作动器，实现薄膜阵面的振动抑制。作动器系统如图 8-4 右图所示，通过 MFC (macro fiber composite) 作动器和压电作动器对薄膜阵面施加主动控制力。

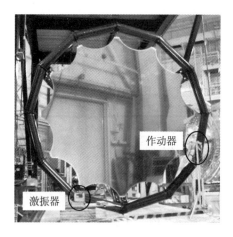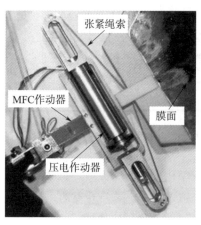

图 8-4　薄膜天线结构控制

　　图 8-5 所示为霍尼韦尔公司 2003 年研制的卫星控制试验台，该试验台用于进行激光通信仪的精确定位和振动抑制。扰动源包括姿控飞轮和电机等转动部件，也包括帆板等柔性部件；该试验台验证了各种不同的主动控制策略，包括在试验床上嵌入主动作动器、在激光通信仪下安装隔振和微调控制器等措施，均取得了较好的控制效果。

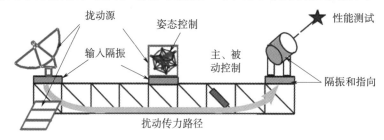

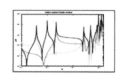

图 8-5　霍尼韦尔卫星控制试验台

图 8-6 所示为德国宇航中心（DLR）针对太阳帆在轨受扰后易发生低频振动的问题开展的豆荚型支撑杆的主动控制研究。通过在豆荚杆根部粘贴压电作动器，在结构中产生相应的控制力，使得受控频段内豆荚杆 x 方向的振动衰减达到 15 dB，y 方向振动衰减达到 7 dB。

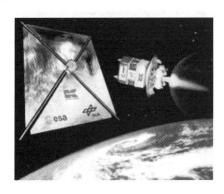

图 8-6　太阳帆支撑结构控制

在轨实际应用中，美国哈勃望远镜在 1993 年发射的第二代广域和行星照相机（WF-PC-2）上采用了一个智能关节状的折叠镜，消除了振动、热扰动及太空环境对静态定位角的影响，满足了望远镜的光学精度要求，如图 8-7 所示；2000 年哈勃望远镜更换的太阳帆板结构中，在桅杆上增加了阻尼器，用于阻止帆板振动，并且为望远镜的指向控制提供稳定性裕度。

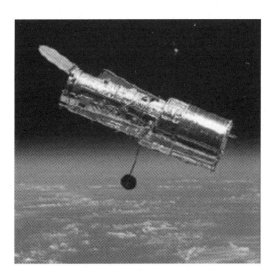

图 8-7　哈勃望远镜

继美国之后，日本、英国、德国、澳大利亚、韩国等国也相继投入人力和财力开展智能结构的研究工作。在欧洲，英国、法国、意大利、德国等国正在研究光纤自诊断智能结构和主动控制技术；日本在智能结构的航天应用方面做了大量研究工作，包括空间结构主动振动控制、自适应静态形状精确控制和自适应可变形桁架等。

在智能结构研究方面，国内相关高校和科研院所也积极开展了研究工作。北京航空航天大学宇航学院自1998年至今开展了大量的智能结构的研究，包括智能结构设计、主动元件研制和测试、有限元分析、多种控制策略的振动控制和形状控制实验、自适应结构一体化设计等，目前已形成了一系列研究成果和试验平台，包括压电复合材料层合板静变形控制和振动控制、大型柔性智能空间桁架振动控制、抛物面桁架结构精确定位控制、高精高稳并联机构平台等。南京航空航天大学智能材料与结构重点实验室在埋入式传感器，埋入式驱动器，强度自诊断、自适应和形状自适应智能材料结构，直升机旋翼自适应减振，形状自适应机翼结构等方面取得了很多成果。国防科技大学航天与材料学院近年来开展了大柔性桁架和太阳帆板振动抑制的研究，其研制的天弦一号太阳翼振动控制装置已成功应用于高分二号卫星。哈尔滨工业大学近年来对带有大型挠性附件卫星姿态控制进行了研究。

第二类在轨改变挠性结构动态特性的方法则是通过施加外部的绳系约束来实现在轨改变挠性附件振动频率，从而避免产生耦合，见图8-8～图8-9。在绳系辅助约束的方案中，具体是通过绳索对挠性附件施加一定的外力和约束，并通过对拉绳张紧程度的主动调整和控制，来改变该挠性附件的结构动力学特性，以此来达到抑制振动、降低耦合振动造成的工程风险。

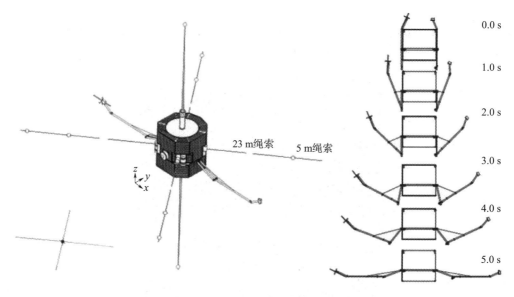

图8-8　FAST卫星上的绳系天线结构增频装置

针对上述两类方案，依据相关文献中的试验数据，内置压电材料后对挠性结构附件的频率改变量见表8-2。而根据试验以及国外的相关文献，在适当选取绳系、张拉力点位置以及张拉力的情况下，对附件频率的改变量可以达到20%～50%以上，见图8-10～图8-11和表8-3。从相对改变量来讲，采用外部绳索牵引的方案具有较大的优势。当然该方案也有其自身的不足，主要是绳系对空间旋转类附件不适用；优点是无须改变挠性附件的结构。

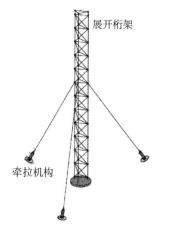

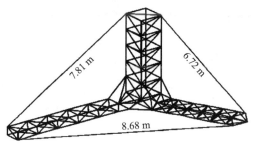

图 8 - 9　受牵拉桁架构型示意图　　　　　图 8 - 10　一种受绳索牵引的桁架结构

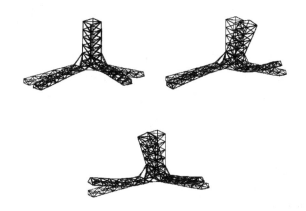

图 8 - 11　受牵拉桁架的前三阶主要基频

表 8 - 2　内置压电材料方案对挠性结构频率的改变量

阶次	模态形状	不含压电片/Hz	含压电片/Hz	相对改变量/%
1	一阶弯曲	0.245 6	0.258 9	5.4
2	侧摆	0.728 1	0.709 0	−2.6
3	一阶扭转	1.378 7	1.329 8	−3.6
4	二阶弯曲	1.411 2	1.450 6	2.8
5	三阶弯曲	3.829 7	3.773 5	−1.5
6	二阶扭转	4.238 5	4.125 9	−2.7

表 8 - 3　受绳索牵引桁架的频率改变量

模态阶数	不含绳索/Hz	含绳索/Hz	改变量/%
一阶	8.18	11.9	45
二阶	12.2	16.1	32
三阶	13.3	16.9	27

　　绳系结构动力学分析的特殊性，主要体现在绳索在结构中只能承受拉力，且绳索只有在张紧时才能发挥作用。

　　针对第二类受绳系辅助约束的空间挠性附件的增频设计，目前遇到的主要问题是此类约束下挠性附件的结构动力学建模和分析。传统的模态分析方法是线性的，因此软绳非线性的材料特性在计算中是不起作用的。而根据目前的试验和工程经验，绳索只能受拉不能受压、非线性、绳系的张拉力均对此结构的动特性有影响，因此，研究受绳系辅助约束的空间挠性结构的动力学建模方法对此类设计方案的在轨应用具有重要工程意义和科学意义；同时，对未来航天器大面积太阳翼在轨振动抑制、超大型展开天线的振动抑制，进而提高航天器的精度和稳定度都具有重要的参考意义。

8.2　悬臂梁绳索模型的分析

　　受绳索作用的结构动力学计算方法一直以来就是工程领域和学术领域研究的热点之一。

　　自 1991 年开始，比利时 Preumont 等人在拉索作动器抑制大型空间结构的振动方面进行了大量的理论分析和试验。他们通过在航天柔性结构中安置主动索，即在拉索端部增加了一个力传感器和一个位移作动器的方法实现了控制中的共位布局。控制中通过检测拉索上的拉力变化，然后控制拉索端部位移来抑制结构振动，见图 8-12。

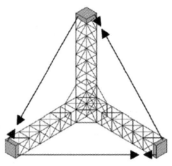

图 8-12　一种主动拉索方案

在进行力学特性分析时，他们将其简化为如图 8-13 所示的力学模型。

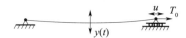

图 8-13　受拉绳索的简化力学模型

该模型的运动方程为

$$m\ddot{y} + \frac{\pi^2}{l}(T_0 + h_2 y^2 + h_u u)y = 0 \tag{8-1}$$

式中　T_0——绳索所受拉力，这里假设为恒力；

　　　h_2——与 Y 向位移 y 相关的系数；

　　　h_u——与端点平动位移相关的系数。

该绳索方程具有典型的非线性。在与桁架结构一起建立统一的结构动力学模型时，具有相当的难度，且有关上述系数的确定，文献中也未给出明确的说明。

在桥梁建筑领域，在对吊索进行分析时，一般采用如下方法，即引入修正的刚度项来模拟吊索的效果

$$k_c = k_{co} + k_{cg} \tag{8-2}$$

式中　k_c——吊索的实际刚度阵；

　　　k_{co}——根据吊索的名义尺寸得到的吊索的弹性刚度阵；

　　　k_{cg}——由于吊索的长度调整而产生的吊索的几何刚度阵。

但由于本书研究的工程对象为软绳，它的单向拉伸特性与桥梁中的吊索有较大差异，上述分析方法难以直接利用。为此设计主动张紧拉绳的装置，通过拉绳主动地调整，对挠性附件进行一定的外力和约束，改变挠性附件自身的频率特性，从而达到错频设计的目的。

拉索或者链结构作为一种柔性结构调节手段最初用于斜拉桥振动控制中。拉索结构也被用于航天结构振动控制。

张紧绳索的作用相当于在挠性附件的末端增加了附加的单向刚度约束。为了便于分析，建立如图 8-14 所示的模型，该模型为一端固支、一端具有弹性约束的梁模型，其中弹性元件用来约束该梁右端。梁的弯曲振动方程为

$$\rho \frac{\partial^2 x}{\partial^2 y} + \frac{\partial^2}{\partial^2 x}\left(EI \frac{\partial^2 y}{\partial x^2} \right) = 0 \tag{8-3}$$

式中　ρ——梁的密度；

　　　E——弹性模量；

　　　I——横截面惯性矩。

设梁的一般振型为

$$y(x) = c_1 \operatorname{ch} kx + c_2 \operatorname{sh} kx + c_3 \cos kx + c_4 \sin kx \tag{8-4}$$

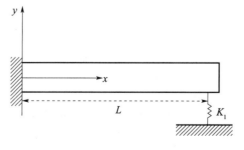

图 8-14　弹性约束梁模型

一端简支、一端具有弹性约束梁的边界条件为

$$\begin{cases} y(0)=0,\ EIy^{'}(0)=0 \\ y(L)=0,\ EIy^{''}(L)=K_1 y(L) \end{cases} \tag{8-5}$$

将式（8-4）代入式（8-5）中得

$$\begin{cases} (\operatorname{ch} kL+\cos kL)c_1+(\operatorname{sh} kL+\sin kL)c_2=0 \\ [EIk^3(\operatorname{sh} kL-\sin kL)-K_1(\operatorname{ch} kL-\cos kL)]c_1- \\ [EIk^3(\operatorname{ch} kL+\cos kL)-K_1(\operatorname{sh} kL-\sin kL)]c_2=0 \end{cases} \tag{8-6}$$

式中　E——梁的弹性模量；

　　　I——梁的截面惯性矩；

　　　K_1——支承刚度；

　　　K——梁的振动特征值。

式（8-6）中的 c_1，c_2 有解其系数矩阵的行列式必须为零，即

$$[EIk^3(\operatorname{ch} kL+\cos kL)^2+K_1(\operatorname{sh} kL-\sin kL)(\operatorname{ch} kL+\cos kL)]-$$
$$[EIk^3(\operatorname{sh}^2 kL-\sin^2 kL)+K_1(\operatorname{sh} kL+\sin kL)(\operatorname{ch} kL-\cos kL)]=0 \tag{8-7}$$

通过式（8-7）可以求出 n 阶梁的特征值 k_1，k_2，…，k_n，在此只取前两阶特征值 k_1 和 k_2。当 K_1 为零时，相应的梁模型就变为了两端悬臂梁；当 $K_1 \to \infty$ 时，相应的梁模型就变为了一端固定、一端铰支的梁模型。

以某一段有具体参数的梁为例，分析支承刚度对梁前两阶振动特征值的影响。再以一段管道为例，梁的相应参数为：简支长度 $L=2.0$ m，弹性模量 $E=184$ GPa，外径 $R=0.02$ m，单位长度质量 $m_\rho=1.789\ 4$ kg/m，壁厚 $\delta=0.004$ m，泊松比 $\mu=0.3$，截面惯性矩 $I=6.836\ 1\times10^{-9}$。不同支承刚度下梁的前两阶振动特征值如图 8-15 所示。

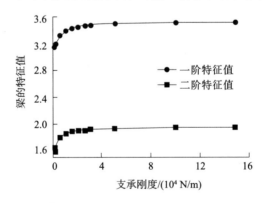

图 8-15　支撑刚度对一二阶特征值的影响

针对挠性附件增频的要求，对挠性附件受张紧拉索作用后的状态的改变进行分析。绳索对挠性附件频率的改变主要体现在两个方面：一方面张紧绳索增加了对挠性附件在拉绳方向的单向约束；另一方面拉绳上的力对挠性附件起到消除间隙和增加刚度的作用。仿真模型主要是针对第一方面，即对系统模态的影响，需要验证拉索刚度和作用点位置等要素对频率的改变量。

拉索结构的最大特点是其强烈的几何非线性。一般的柔性索只能承受拉力，对压缩、

弯曲、扭转等基本变形没有抵抗能力。它的非线性还表现在索的横向刚度取决于纵向的拉力。不论在何种软件中进行仿真，主要是对张紧后的拉索进行建模，一般索单元刚度矩阵如下

$$
\boldsymbol{K}_e = \begin{bmatrix}
C_1 & 0 & 0 & -C_1 & 0 & 0 \\
0 & 0 & 0 & 0 & 0 & 0 \\
0 & 0 & 0 & 0 & 0 & 0 \\
-C_1 & 0 & 0 & C_1 & 0 & 0 \\
0 & 0 & 0 & 0 & 0 & 0 \\
0 & 0 & 0 & 0 & 0 & 0
\end{bmatrix} \tag{8-8}
$$

8.3　大挠性附件绳索增频设计实例

本节以通过绳索增频解决某型号太阳翼与其上的载荷扫描驱动机构可能发生的耦合为例，介绍采用绳索增频对挠性附件进行错频设计。

8.3.1　设计需求

大挠性附件增频装置主要实现如下功能：释放前装置可靠收拢保持功能、展开随动功能、大挠性附件增频功能以及停转保持功能。

（1）可靠收拢保持功能

在卫星进入轨道之前，增频装置的拉绳一端收拢于增频装置的绕线筒内，一端系于大挠性附件上。该阶段需要经历主动段，要求拉绳能够可靠地保持收拢状态，不会因卫星振动发生松散等状况。

（2）展开随动功能

在卫星入轨捕获地球后，需进行大挠性附件的展开。此阶段拉绳保持布置在大挠性附件卡箍中的位置不变，要求拉绳对大挠性附件的展开的阻力距不大于 0.1 N·m。待大挠性附件展开到位后，绕线筒将拉绳收入，拉绳从卡箍中脱出。

（3）大挠性附件增频功能

在大挠性附件与星上的旋转部件振源产生耦合的情况下，增频装置控制器发出控制指令，将拉绳收紧，产生拉力，提高大挠性附件的频率。

（4）停转保持功能

在大挠性附件增频装置不工作的情况下，通过蜗轮减速器的自锁功能为大挠性附件保持张紧力；如果此阶段不需要提供拉力，需要控制器发出信号，将拉绳松掉后停转。

计算太阳阵的模态，将星体当做质量点，单独计算其模态，得到前 6 阶的模态如表 8-4 所示；前 4 阶的振型如图 8-16 所示。

表 8-4　太阳阵前 6 阶模态频率

阶数	1	2	3	4	5	6
频率/Hz	0.135	0.686	0.823	2.231	2.290	4.139

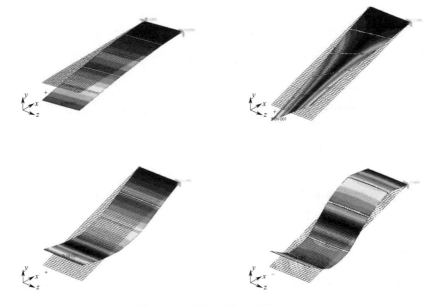

图 8-16　太阳阵前 4 阶模态振型

　　由于星上某载荷的工作频率在 0.4 Hz 左右，可能会与工作频率的二倍频产生耦合，因此需要进行错频设计。

8.3.2　仿真分析

　　绳索在太阳阵上的连接位置为中内板靠近星体的位置，如图 8-17 所示。分析模态，其前 3 阶振型分别如图 8-18～图 8-20 所示。

绳索连接位置

图 8-17　施加绳索单元后的太阳阵建模

　　分析施加增频装置前后，其前 3 阶的频率对比及改变量如表 8-5 所示。由表 8-5 可知，对于可能与载荷扫描驱动机构耦合的第三阶频率提高率为 27.82%，由 0.823 Hz 提高到 1.052 Hz。

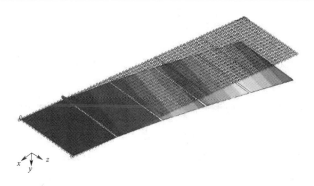

图 8 - 18　应用增频绳索后太阳阵第 1 阶频率

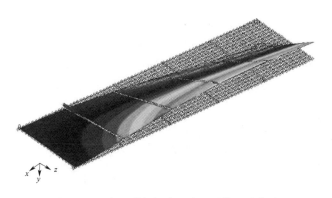

图 8 - 19　应用增频绳索后太阳阵第 2 阶频率

图 8 - 20　应用增频绳索后太阳阵第 3 阶频率

表 8 - 5　施加增频装置前后的对比

阶数	1	2	3
初始状态/Hz	0.135	0.686	0.823
施加增频装置后/Hz	0.168	0.703	1.052
改变量/%	24.44	2.48	27.82

8.3.3　具体设计

如图 8 - 21 所示为太阳阵增频装置工作原理图。增频装置控制模块由振动监测单元供电。待收到增频控制器开机指令（直接指令）后，综合线路盒给控制器供电。

增频装置供电由增频控制模块完成。待收到增频装置开机指令（内部指令）后，增频控制模块先完成自检，并在自检完成后给增频装置上电。

增频装置工作时，电机角度控制指令（内部指令）由数管计算机发出，控制器接收到数管计算机相关指令后，对接收到的指令进行译码处理，并将信号转换为驱动组件的转向、转动圈数等相关控制信息，以此控制驱动组件的工作。增频装置经驱动组件提供动力源后，通过变速环节、转速和力矩的传递，带动绕线筒转动从而对太阳电池阵进行拉紧和放松，实现太阳电池阵频率改变的功能。

增频装置在工作过程中，控制器将电机电流、力传感器信号、控制器状态等信号反馈给数管计算机。控制器还应根据计数传感器的数据，防止出现转动角度异常而损坏电机，或者产生其他危险。

在入轨期间以及太阳阵展开到位之前，增频装置和增频装置控制模块处于断电状态；在太阳阵展开到位后（此时拉绳处于松弛状态），地面发出遥控指令，控制器接收数管计算机的控制指令，增频装置控制模块上电。当监测到频率产生耦合，需要将拉绳调整为张紧状态时，地面发出指令，增频装置控制模块给增频装置上电，并控制电机转动相应的角度，让绳拉紧。完成调整后增频装置断电，增频装置控制模块保持上电状态，地面可通过力传感器的信号和限位开关的信号来监测状态。

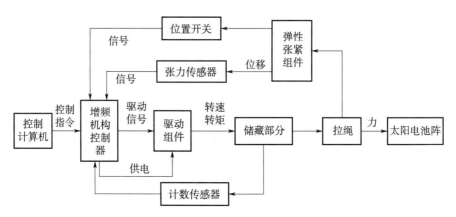

图 8-21　太阳阵增频装置工作原理示意图

8.3.4　试验设计

太阳阵增频装置试验及测试流程如图 8-22 所示。

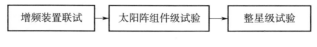

图 8-22　增频装置试验流程框图

增频装置单机级试验包括增频机构和增频控制器两部分，其中增频机构单机级试验包含展开功能测试、拉紧功能测试、力学性能试验、真空热试验和寿命试验；增频控制器单机级试验包含单机性能试验、力学性能试验、真空热试验和寿命试验。

（1）展开功能试验

试验目的：测试增频装置展开功能的可靠性，以及展开到位后拉绳的伸出长度是否合适。

试验方法：将拉绳的末端连接到模拟工装，模拟太阳阵的展开过程。

（2）拉紧功能试验

试验目的：测试增频机构将拉绳收紧时，是否能够实现将拉绳收紧以及拉紧前后对模态的改变。

试验方法：控制电机转动相应的角度将拉绳收紧，试验中如有必要，还可利用力传感器获取拉绳上的力来对比不同拉紧程度下对频率的改变。

（3）增频机构热环境试验

试验目的：测试增频机构在高低温情况下，其工作情况及相关性能参数。

（4）其他

力学环境试验验证主动段过程中增频机构的力学适应性。

另外在整星级试验中，除了在太阳阵展开试验中加入增频装置的相关试验外，在太阳阵展开到位，拉绳开始收紧时，需要试验拉绳在收紧过程中拉绳上力的变化随电机转动角度变化的标定，以确定在工作过程中电机能转动的最大角度。标定的曲线还可以根据脉冲数及角位置传感器来估算拉绳上的力。

8.4　小结

综上所述，通过绳索对挠性附件施加一定的外力和约束，并通过对拉绳张紧程度的主动调整和控制，来改变该挠性附件的结构动力学特性，能够避免挠性附件与低频振源的耦合，以此来达到抑制振动、减低耦合振动的工程风险。这类方法具有较高的可靠性和一定的自适应调节性，能够为航天器型号的挠性附件振动控制提供参考。

参 考 文 献

［ 1 ］ PELLEGRINO S. Large retractable appendages in spacecraft ［J］. Journal of Spacecraft and Rockets, 1995, 32 (6): 1006 – 1014.

［ 2 ］ WERTZ J R, LARSON W J E. Space mission analysis and design, third space technology series ［M］. El Segundo, CA, USA and Dordrecht, The Netherlands: Microcosm Press and Kluwer Academic Publishers, 1999.

［ 3 ］ MIKULAS M M, THOMSON M. State of the art and technology needs for large space structures, vol. 1: New and projected aeronautical and space systems, design concepts, and loads of flight – vehicle materials, Structures, and dynamics—assessment and future directions ［R］. ASME, New York, March 3, 1994: 173 – 238.

［ 4 ］ YUSE K, KIKUSHIMA Y. Development and experimental consideration of SMA/CFRP actuator for vibration control ［J］. Sensors and Actuators, A: Physical, 129, 2005, 122 (1): 99 – 107.

［ 5 ］ 张淑杰. 空间可展桁架结构的设计及热分析 ［D］. 杭州: 浙江大学, 2001.

［ 6 ］ 张淑杰. 空间实验室半刚性太阳电池阵展开机构设计及热-结构耦合分析 ［D］. 上海: 上海航天技术研究院, 2004.

［ 7 ］ WEBB J E. Deployable lattice column: United States, 3 486 279 ［P］. 1969 – 12 – 30.

［ 8 ］ KWAN A S K. A pantographic deployable mast ［D］. Cambridge: University of Cambridge, 1991.

［ 9 ］ MIURA K, FURUYA H, SUZUKI K. Variable geometry truss and its application to deployable truss and space crane arm ［J］. Acta Astronautica, 1985, 12 (7/8): 599 – 607.

［10］ 陈务军, 张淑君. 空间可展结构体系与分析导论 ［M］. 北京: 中国宇航出版社, 2006: 1 – 74.

［11］ 王天舒, 孔宪仁, 王本利. 太阳帆板绳索联动同步机构的机理和功能分析 ［J］. 宇航学报, 2000, 21 (3): 29 – 34.

［12］ ACHKIRE Y, BOSSENS F, PREUMONT A. Active damping and flutter control of cable – stayed bridges ［J］. Journal of Wind Engineering and Industrial Aerodynamics, 1998, 74 – 76: 913 – 921.

［13］ BOSSENS F, PREUMONT A, AUPERIN M, et al. Active control of civil structures: theoretical and experimental study: proceedings of the International Modal Analysis Conference – IMAC, Jun, 2001: 524 – 530 ［C］.

［14］ GRESCHIK G, PARK K C, NATORI M. Unfurling of a rolled – up strip into a helically curved tube: collection of technical papers – AIAA/ASME/ASCE/AHS/ASC Structures, Structural Dynamics & Materials Conference, March, 1994: 1285 – 1298 ［C］.

第9章　微振动测量与试验技术

微振动试验作为微振动研究工作的有效验证手段，在微振动研究工作中起着举足轻重的作用。目前的微振动试验主要包括振源特性识别、微振动传递路径响应分析、载荷工作性能评估、减隔振效果评价以及在轨微振动试验实施等几方面工作。

本章主要介绍了微振动地面试验方法及测量方案、在轨微振动试验以及微振动数据处理方法等相关内容。

9.1　地面微振动试验

9.1.1　概述

航天器的微振动带来两类问题：一是各种活动部件之间或活动部件与航天器整体结构之间产生振动耦合，例如转动部件的转动频率（或其倍频、分频等）与整星共振频率耦合时，可能导致转动失效；二是影响对微振动敏感的有效载荷的性能或科学试验的结果，例如光学相机由于微振动导致分辨率下降。鉴于此，为了评估航天器的在轨微振动情况，防止上述问题的出现，地面微振动试验应运而生。当然，由于重力、背景噪声等环境干扰因素的影响，使得地面微振动试验数据与在轨情况或多或少地存在一定的差异，但作为一种代价小、易于实施的评估手段，工程上地面微振动测量仍然有其重要意义。

地面微振动试验主要包括：扰动源特性测试、微振动环境下的载荷性能测试、减振性能测试、整星的微振动试验（固支和悬吊）。

（1）扰动源特性测试

航天器结构更加庞大、复杂，平台内部的振源较多，如飞轮、陀螺、太阳翼驱动机构、扫描机构等；载荷内部的振源有制冷机、动镜等运动部件。在对上述振源的质量特性、安装位置及其运动特性等进行详细收集，并分析其影响程度的基础上，对航天器上主要扰动源进行相应工作模式下的微振动测试，能够有效地获取其扰动特性，同时也可以提取振源的参数特征，修正仿真模型，为平台耦合模型提供微振动输入，为减隔振设计提供参考信息，以及为成像性能评估提供输入条件。

扰动源特性测试时还应考虑其边界条件的影响，如进行飞轮特性测试时将分别进行刚性固支、柔性悬吊及模拟卫星安装板安装等几个状态（如图9-1所示）的测试，以掌握其在不同状态下的特性。

（2）微振动环境下的载荷性能测试

微振动环境下的载荷性能测试一般分为两个方面，一是通过微振动激励台模拟分析或

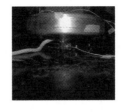

柔性悬吊　　　　　　　刚性固支　　　　　　模拟卫星边界

图 9-1　不同的卫星边界条件

实测星上载荷界面的微振动环境，通过与载荷配套的性能检测设备评估载荷能否适应星上微振动的环境；二是通过激励台递增地施加定量比的微振动量级，从而定量地给出载荷能够正常工作的微振动环境（也可称之为载荷微振动指标试验）。

通过微振动环境下的载荷性能测试可以定量给出载荷的微振动环境条件，也可较为定量地评价载荷对整星微振动环境的适应性。典型的载荷性能测试方案如图 9-2 所示。

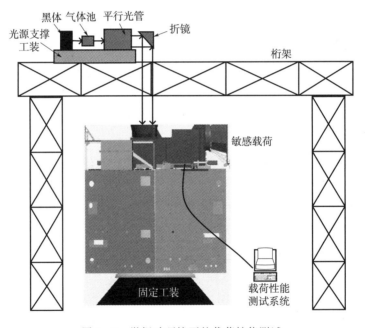

图 9-2　微振动环境下的载荷性能测试

（3）微振动抑制产品性能评估方法的研究

若星上采用前面几章所提及的各类微振动抑制技术，在相关产品装星前，除对其进行相关环境和可靠性试验外，还应对其微振动抑制性能进行测试，根据 6.4 节的方法开展微振动性能的评估工作。

目前主要通过考察隔振前后的加速度衰减量级（振动衰减率）来考核减振性能，隔振性能验证试验现场如图 9-3 所示。由于各类振动抑制产品隔振器是根据在轨失重环境情况进行相关的设计，因此在地面对其进行性能测试时，需考虑重力影响，应采取相应的措施（如低刚度悬吊系统）来消除重力。因此，必须对如何开展地面微振动隔振性能试验开展相关研究。

图 9-3　隔振性能验证试验现场图

（4）整星微振动测试

整星微振动测试是在整星状态下获取星上干扰源的微振动特性，评估微振动抑制系统的性能及敏感载荷在整星环境下的产品性能，其流程主要包括：试验工况确定、试验环境配备、测量系统搭建、试验数据分析、试验总结。其中，试验工况一般包括：扰动源特性测试、整星传递路径测试、载荷成像性能试验、微振动抑制性能试验以及整星级的联合试验（含抑制、载荷性能传递等）。整星地面微振动试验流程如图 9-4 所示。

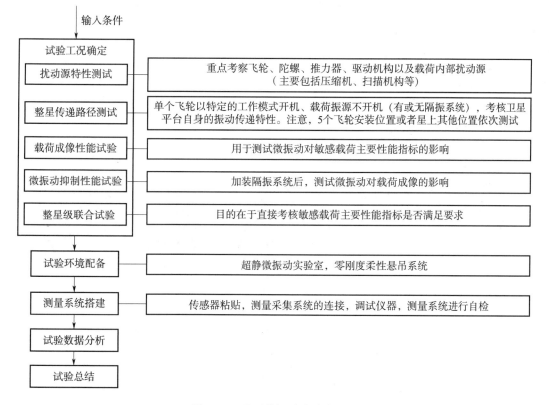

图 9-4　地面微振动试验流程图

综上可见，开展地面微振动试验主要考虑的因素有：

1）辨识各类干扰源的微振动特性，为微振动仿真及隔振系统设计提供依据；

2）定量给出敏感载荷微振动的适应条件，评估其在星上的适应性；

3）定量测试微振动抑制产品的性能，并进行性能评价；

4）获取整星工作时敏感部位的微振动特性。

9.1.2　国外对地面微振动的研究现状

地面微振动试验主要是在地面模拟在轨状态，以便较全面地评估在轨的微振动环境。

在这方面，美国国家航空航天局的研究水平始终位于世界的前列，其一般思路是借助试验台来进行微振动扰动试验，借以考核卫星振动抑制技术是否满足敏感载荷的指标要求。关于微振动试验台，美国喷气推进实验室开发的高精度干涉实验台（MPI）具有代表性。其他研究机构开发的类似的试验台还包括霍尼韦尔公司的 Satellite Control Testbed 实验台，以及麻省理工学院的空间系统实验室（space system laboratory，SSL）的 Origins Testbed 实验台。在微振动抑制技术评估方面，美国国家航空航天局研究的 IME 系统和麻省理工学院空间系统实验室研究的"Origins Plan"DOCS（Dynamics‐Optics‐Controls‐Structures）系统最具代表性。

除上述原理验证性试验外，2009 年美国国家航空航天局对太阳动力学观测站进行了地面微振动试验。图 9‐5 为数传天线电机测试和模拟件测试的现场图。

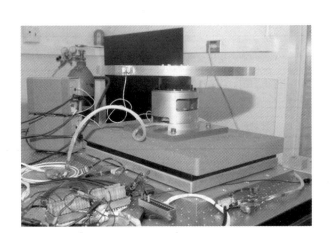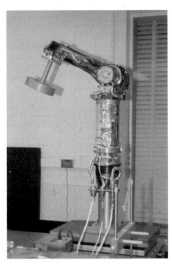

图 9‐5　数传天线电机测试与模拟件测试

最后太阳动力学观测站还进行了整星微振动试验，如图 9‐6 所示。

国外微振动地面试验普遍使用了悬吊和地基隔振等方法模拟在轨工作情况，并隔离外界扰动。美国从 20 世纪 80 年代起开始研制超低频悬吊装置，先后研制成功多种机械式、气浮式、电磁式悬吊装置，其中最成功的是 CSA 工程公司的气浮及气浮电磁式方案（如图 9‐7 所示），其理论悬吊频率小于 0.1 Hz，原理如图 9‐8 所示。

图 9 - 6　SDO 整星微振动试验

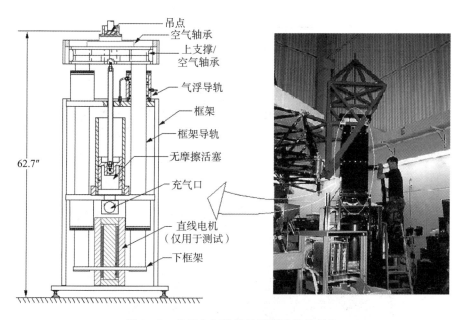

图 9 - 7　基于空气弹簧的零刚度悬吊系统

　　相比于美国的试验台试验技术，其他国家和组织多直接对整星或敏感载荷进行相关的微振动扰动试验，并根据试验结果对卫星平台的微振动环境进行评估。例如，欧洲空间局在 20 世纪 80 年代末对 Olympus 卫星因离子推进器点火所引起的瞬态微振动进行了试验。法国的马特拉-马可尼空间微振动试验中心利用氦气罩（helium tent）对欧洲空间局的 Artemis 空间飞行器（平台跟踪精度为 0.2″）进行了微振动扰动试验，如图 9 - 9 所示。

　　欧盟国家对微振动同样给予了重点的关注。早在 20 世纪 90 年代初，法国对 SPOT - 4 卫星进行了地面微振动测试，随后在 1999 年 SPOT - 4 卫星发射后，又对其进行了空间在轨的振动测试。

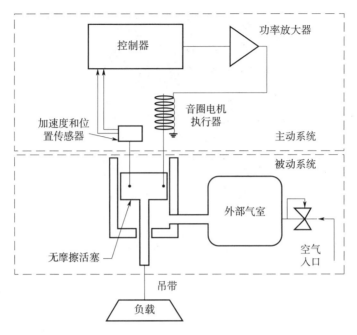

图 9-8　气浮电磁式零刚度悬吊原理图

图 9-9　地面微振动试验

从国外微振动试验方面的研究可以看出，微振动试验必须采取屏蔽环境干扰的措施，主要测量加速度和速度，并采用高灵敏度、高分辨率的测量系统。

纵观国外研究可以发现，微振动试验主要包含两方面的内容：1）具备地面微振动试验环境，包括低噪声环境、在轨失重模拟装置、微振动激励模拟系统；2）微振动测量系统的搭建及数据处理。

9.1.3 微振动低噪声环境

由于微振动量级相对较小，因此微振动相关测试和试验需要在低噪声环境中进行。地面噪声环境的影响因素主要包括地基振动、环境噪声以及电磁噪声等。

要保证微振动试验的顺利开展，必须采取相应的措施避免环境干扰。首先，对试验环境进行隔离，即通过主被动隔振方式避免将环境振动、噪声引入到试验环境和测试设备中。其次，微振动测试设备应符合要求，包括传感器选用、数据采集系统背景噪声、测试系统精度标定、微振动激励源的配备等均应符合要求，避免测试设备的本底噪声引入测量误差；再次，对供电系统采用电源干扰屏蔽系统，包括专用电源线路、瞬变干扰吸收器件、滤波器、隔离变压器、电压调整器（交流电子稳压器）、电源净化器以及 UPS（无间断电源）等组成系统，以及对试验设备和试验人员进行隔离，试验过程中确保测试设备与被测设备地线隔离；最后，试验配套工装的设计，其研究重点主要包括载荷的失重状态模拟、工程误差对试验结果的影响程度等。

人员的走动、附近其他正进行的试验等都能对试验结果产生影响。地基隔振以及消声环境是进行微振动试验的必要条件。因此，必须对地基进行隔振以及对厂房墙面进行消声降噪处理。当前卫星总装测试厂房的振动间背景噪声的数量级是 $10^{-4} \sim 10^{-3}$ g，以 SAST5000 平台为例，其微振动扰动量级在 $1.0 \times 10^{-5} \sim 1.0 \times 10^{-2}$ g，如果进行微振动试验，则要求背景噪声数量级控制在 10^{-6} g 量级，因此必须采取必要的措施，降低环境噪声的影响，试验必须在超静环境试验场所进行，典型的试验环境需要进行消声处理，如图 9 - 10 所示。

图 9 - 10 超静试验环境

目前，对开展微振动试验的环境的要求为：

1）背景噪声：≤16 dB（A）；

2）环境振动干扰：≤1.0×10⁻⁵ g。

9.1.4　微振动失重环境模拟

为模拟卫星在轨失重状态，试验过程中被测件的支撑装置或者悬吊装置的刚度接近于零，即准零刚度微振动失重模拟装置。

可用于悬吊装置的设计主体元件主要分为：线性弹簧悬吊系统、碟簧、正负刚度并联机构悬吊系统及空气弹簧等四类，分别介绍如下。

（1）线性弹簧悬吊系统

线性弹簧悬吊系统，是以线性弹簧为悬吊工作元件的系统，如图 9-11 所示。

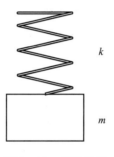

图 9-11　线性弹簧

该悬吊频率主要由 k 控制，而 k 可通过线性拉簧、线性弹簧的线性区域等实现。此形式的悬吊系统构型简单，在此不作赘述。

（2）碟簧

碟簧是利用非线性刚度变化及正负向刚度叠加，理论上可实现零刚度（悬吊频率接近0 Hz），具体由碟形弹簧和线性弹簧组成，可实现在抵消隔振对象重力的同时不影响微振动试验的目的。准零刚度非线性微振动悬吊装置设计如图 9-12 所示。

准零刚度非线性微振动悬吊装置的准零刚度是通过碟簧的负刚度与压簧的正刚度叠加实现的，其中涉及到碟簧与压簧刚度变化之间的配合设计，以及整体工作区域的设计。

根据碟簧、压簧的设计参数，确定了碟簧、压簧各自刚度变化以及工作区域，就基本确定了准零刚度非线性微振动悬吊装置的刚度变化和有效工作区域，刚度变化计算结果曲线如图 9-13 所示。

如图 9-13 所示，准零刚度悬吊装置刚度变化曲线为刚度随位移变化的曲线，其中变化位移在 33～73 mm 之间时，悬吊装置的悬吊刚度不大于 17 N/mm，系统频率小于1.2 Hz，为悬吊装置的"可使用范围"；变化位移在 43～63 mm 之间时，悬吊装置的悬吊刚度小于 4.3 N/mm，系统频率不大于 0.6 Hz，为悬吊装置的"有效使用范围"；而变化位移在 52～54 mm 之间时，悬吊装置的悬吊刚度不大于 0.1 N/mm，期间悬吊频率可接近0 Hz，为悬吊装置的"最佳使用范围"。

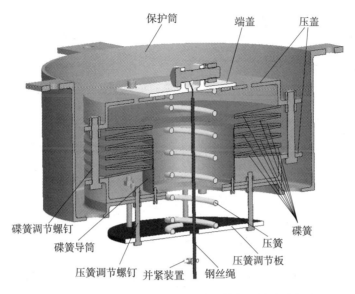

图 9-12　准零刚度非线性微振动悬吊装置设计示意图

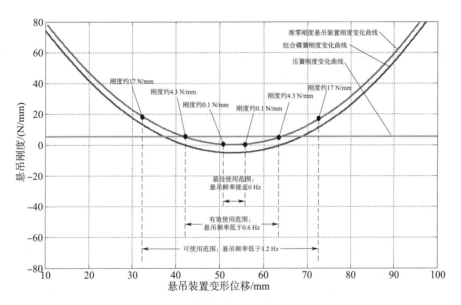

图 9-13　准零刚度悬吊装置刚度计算结果曲线

由图 9-13 的刚度变化曲线所规定的各种使用范围，结合碟簧、压簧正负刚度的配合以及使用方式，也可以通过计算得到准零刚度非线性微振动悬吊装置在各个使用范围（或工作区域）内的受力情况，悬吊装置承力变化的计算结果曲线如图 9-14 所示。

其中，碟簧承力-位移变化的计算公式为

$$P = \frac{f\delta^3}{\alpha D^2}\Big[\big(\frac{h_0}{\delta} - \frac{f}{\delta}\big)\big(\frac{h_0}{\delta} - \frac{f}{2\delta}\big) + 1\Big]$$

式中　$P = P_z$ —— P_z 为对合碟簧组的受力。

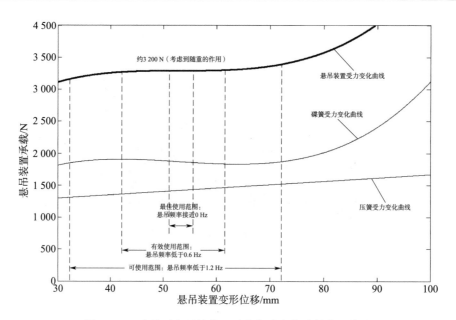

图 9-14 准零刚度悬吊装置承力位移变化计算结果曲线

（3）正负刚度并联机构悬吊系统

通过机构的设计实现负刚度，如图 9-15 所示，采用压缩弹簧与杆件铰接，产生负刚度的弹簧仅发生沿轴向的伸缩，采用铰接杆使力的传递更稳定。

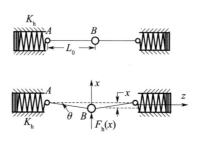

图 9-15 负刚度机构

设系统水平方向用于提供负刚度的两弹簧的刚度均为 K_h，初始压缩量记为 λ，压缩后长度记为 l，则弹簧原长为 $\lambda+l$。两弹簧分别与在中心 B 点铰接的两水平杆铰接，两杆的长度均为 L_0，另外，两杆为刚性无重杆。在图 9-15 所示静平衡位置时，水平方向两连杆在垂直方向上无分力，此状态为不稳定状态。

系统受到微小扰动，质量在垂直方向偏离平衡位置 x，连杆倾斜小角度 θ，机构通过铰链 B 在垂直方向上输出的力为 $F_h(x)$

$$F_h(x) = -2K_h(\lambda - L_0 + \sqrt{L_0 - x^2}) \cdot x / \sqrt{(L_0 - x^2)} \tag{9-1}$$

负刚度机构垂向刚度为

$$K_h(x) = \frac{\mathrm{d}F_h(x)}{\mathrm{d}x} = -2K_h - 2K_h(\lambda - L_0)L_0^2 / (L_0^2 - x^2)^{3/2} \tag{9-2}$$

考虑到 $x \ll L_0$ ，则系统刚度可简化为

$$K_h(x) = -2K_h\lambda/L_0 \qquad (9-3)$$

负刚度机构由于具有静力不稳定性，在实际中必须与正刚度弹簧并联起来使用，如图 9-16 所示。

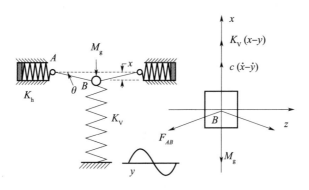

图 9-16　正负刚度并联模型

设正刚度弹簧的刚度为 K_v ，则系统在垂向的力 $F(x)$ 为

$$F(x) = K_v x - F_h(x) \qquad (9-4)$$

则并联机构的总刚度为

$$K_h(x) = K_v - 2K_h - 2K_h(\lambda - L_0)L_0^2/(L_0^2 - x^2)^{3/2}$$

近似计算的总刚度为

$$K_h(x) = K_v - 2K_h\lambda/L_0$$

要实现超低频的微幅隔振，正负刚度并联机构的总刚度必须趋近于 0，即

$$K_h(x) = K_v - 2K_h\lambda/L_0 \approx 0$$

即

$$K_v/K_h = 2\lambda/L_0$$

据此，可在选取了弹簧压缩量 λ 与杆长 L_0 之后，得出正负刚度弹簧的刚度比例关系。

（4）气缸作动

气缸作动是在气缸充入压缩空气，利用空气的可压缩、可拉伸特性的弹性作用实现低刚度的悬吊系统，其工作原理：气缸工作时，内腔充入压缩空气，形成一个压缩空气气柱。随着载荷的增大，气缸活塞高度降低，有效容积增大，刚度减小，内腔空气柱的有效面积加大，此时气缸的承载能力增大。当载荷减小时，气缸活塞的高度升高，有效容积减小，刚度增大。这样，气缸在有效的行程内，气缸活塞的高度、有效容积、承载能力随着载荷的增减平稳地传递，如图 9-17 所示。

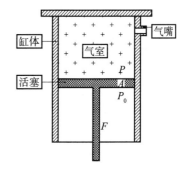

图 9-17　气缸作动器

气缸作动作为一种廉价的重力抵消装置，可以进行推广应用，但必须考虑气缸气密性以及气密性带来的刚度增加等问题。

综合分析上述四种零刚度模拟装置的系统特性，可以看出：

1）线性弹簧悬吊系统，简单易行；

2）碟簧和正负刚度并联机构悬吊系统的安全性有待考察；

3）气缸作动器存在一定的局限性。

下面，以线性弹簧悬吊系统为例，介绍某星失重模拟的方案设计，如图9-18所示。

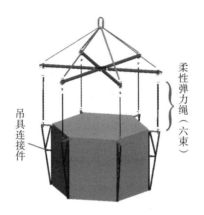

图 9-18　线性弹簧悬吊方案示意图

①相关特性与参数

对悬吊系统影响较大的参数主要包括整星质量特性和线性弹簧的刚度参数。

通过仿真和部分实物测量得到整星的质量特性如表9-1所示，参考的坐标系如图9-19所示。

表 9-1　整星质量特性

		平台＋部分载荷	吊具连接件（6个）	探测仪结构模拟件	整星
质量/kg		1.59E+03	22×6＝132	325	2 047
质心位置/m	X	−0.01	—	0.6	0.09
	Y	0.1	—	0.6	0.17
	Z	1.42	−7.82E−02	2.76	1.53
转动惯量/（kg·m²）（相对于平移到平台质心处的参考系）	I_x	2.21E+03	4.21E+02	4.19E+02	3.05E+03
	I_y	1.77E+03	4.21E+02	4.64E+02	2.66E+03
	I_z	1.82E+03	6.33E+02	4.99E+02	2.95E+03
	I_{xy}	7.06E+00	0	1.63E+02	1.70E+02
	I_{xz}	7.40E+01	0	1.66E+02	2.40E+02
	I_{yz}	−9.59E+01	0	1.80E+02	8.41E+01

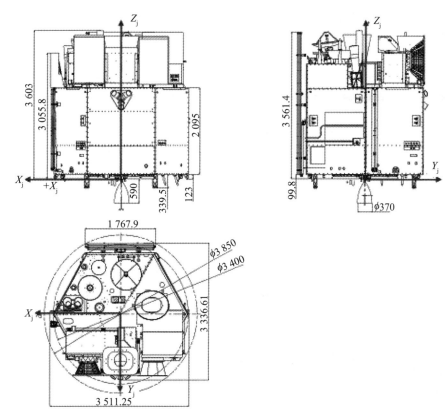

图 9 - 19　卫星机械坐标系

前期对线性弹簧进行过拉伸刚度测试，以及悬吊状态纵向振动的周期测试。根据周期测试结果推算得到的线性弹簧刚度与直接测试的刚度数据较为吻合。最终可取单根线性弹簧（长度约 4 m）的拉伸刚度为 130 N/m，可承受的最大持续拉力超过 30 kg。

②方案分析

首先应该确定所采用的线性弹簧的数量。因为是估算，不妨假设六组线性弹簧各自包含的线性弹簧根数相同。以此推论，至少需要 70 根线性弹簧，因此不妨取 72 根，则每束包含 12 根。

不难计算出纵向振动频率约为

$$\frac{1}{2\pi}\sqrt{\frac{130 \times 72}{2\ 047}} = 0.34(\text{Hz}) \tag{9-5}$$

弹簧原长 4 m，悬吊状态下长度为

$$\frac{2\ 047 \times 9.8}{130 \times 72} + 4 = 6.14(\text{m}) \tag{9-6}$$

那么从行车吊钩到卫星顶板的距离至少应为 7.9 m，即

$$3.411 - 1.648 + 6.14 = 7.9(\text{m}) \tag{9-7}$$

式（9-7）中（3.411-1.648）为当前吊具工装除去现有尼龙吊带后的高度。式（9-7）得到的高度加上卫星顶板到星箭分离面的高度 2.1 m，得到试验间吊高应大于 10 m。

卫星在悬吊状态下的横向摆动接近于单摆运动，单摆的半径大于 6.14 m。所以横向摆动频率约为

$$\frac{1}{2\pi}\sqrt{\frac{9.8}{6.14}} = 0.20(\text{Hz}) \tag{9-8}$$

卫星绕 X 轴的滚动频率约为

$$\frac{1}{2\pi}\sqrt{\frac{(1.7\times0.866)^2\times130\times12\times4}{3\,050}} = 0.34(\text{Hz}) \tag{9-9}$$

卫星绕 Y 轴的滚动频率约为

$$\frac{1}{2\pi}\sqrt{\frac{1.7^2\times130\times12\times2+(1.7\times0.5)^2\times12\times130\times4}{2\,660}} = 0.36(\text{Hz}) \tag{9-10}$$

卫星绕 Z 轴的扭转频率约为

$$\frac{1}{2\pi}\sqrt{\frac{1.7^2\times2\,047\times9.8}{6.14\times2\,950}} = 0.28(\text{Hz}) \tag{9-11}$$

实际上因为吊钩内有轴承，绕 Z 轴扭转刚度极小，所以绕 Z 轴的真实扭转频率应该更低。

本例讨论了采用线性弹簧模拟卫星失重的悬吊方案的设计、各项模态频率计算以及吊高尺寸等参数的确认等，可以作为后续试验过程中的状态准备。

9.1.5 微振动激励源

微振动激励系统是为部组件级、系统级微振动提供微小的激励输入，主要包括微量级扫频和低频，通过这些激励可以对星载相机的敏感频段进行识别；对敏感载荷进行验证性试验验收；对振动抑制系统的减振性能进行评估等。目前微激励系统主要有单自由微激励系统、多自由度微激励系统以及模拟转动部件等。

（1）单自由度微激励系统

单自由度微激励系统是进行单一方向的微振动激励的输入，其主要目的是考核隔振系统单一方向的隔振性能、载荷单方向的成像性能等。

单自由度微激励系统的功能主要分为定频激励、扫频激励及随机激励等，试验过程与普通的振动试验过程基本一致。根据整星对微振动环境的实际要求，要求单自由度微激励系统的主要指标应达到：定频激励精度一般应优于 0.1 mg，扫频激励精度 1 mg，带宽 2~2 000 Hz。德国 TIRA 公司的单自由度微振动激励系统如图 9-20 所示。

（2）多自由度微激励系统

单自由度微激励系统只能进行单自由度的平动激励，难以实现转动自由度及多自由度的激励。多自由度微激励系统是进行六自由度的微振动激励的输入，主要根据整星状态下安装界面的实际输入，对载荷或者隔振系统进行激励。

多自由度微激励系统也分为定频激励、扫频激励及随机激励等，其主要指标满足：频率范围：DC~300 Hz；控制精度：5~500 Hz 优于 1.0×10^{-3} g（线加速度），0.005 rad/s² （角加速度）。基于六脚虫机构实现的多自由度微激励系统如图 9-21 所示。

图 9 - 20　德国 TIRA 公司单自由度微振动激励系统

图 9 - 21　基于六脚虫机构实现的多自由度微激励系统

（3）转动部件振源模拟系统

理论上，利用高精度激励台以及飞轮等星上产品能够准确地模拟或获取部件、卫星平台的振源输入，其优点在于振动特性逼近在轨真实状态。但对于一些微振动研究的探索性工作，要求花费较小的代价获取较多的验证结果，因此，可以考虑利用地面转动部件模拟在轨的激励环境，是一种高性价比的试验方式。

转动部件振源模拟系统主要由电机提供，且具备步进电机（主要提供低频扰动，模拟驱动机构等活动部件）和直流无刷电机（主要提供高频扰动，模拟飞轮等活动机构）两种振源提供方式，其控制系统组成如图 9 - 22 所示。

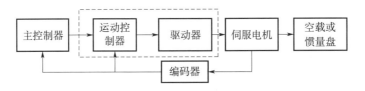

图 9-22 伺服系统的结构

根据以上振源模拟系统的设计，图 9-23 所示为所搭建的转动部件振源模拟系统，该振源模拟系统能够为微振动抑制研究提供重要支持。

图 9-23 振源模拟系统

9.1.6 地面微振动测量系统

地面微振动测量系统主要用于干扰源特性、微振动传递特性、隔振效果评估、成像性能评估、抑制产品可靠性等试验过程的测试工作。地面微振动测量系统需要合适的传感器、采集系统以及相对应的数据分析方法。在大多数微振动试验系统中，选用的传感器多为模拟量输出，这就需要采用模拟信号调理技术，主要包括信号的预变换、放大、滤波、调制与解调、采样保持、A/D 转换等。

9.1.6.1 测试系统方案研究

对卫星微振动源的研究首先必须要确定合理的测量方案。目前国内外通用的微振动信号的测量方法是以加速度、位移、力/力矩为主要手段，在卫星的部组件或整星条件下进行微振动测试。图 9-24 示为微振动测试基本方案。

9.1.6.2 传感器

（1）测量力学参数的选择

微振动测量手段应根据需要测量的载荷敏感参数进行确定，再进行传感器的选型工

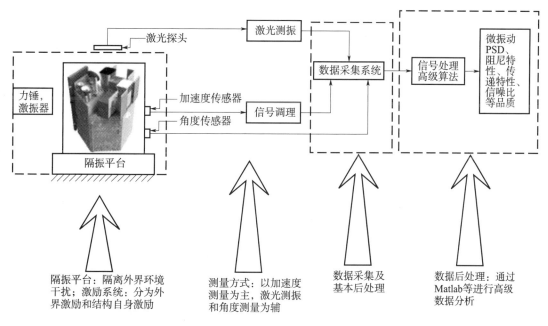

图 9 - 24　微振动试验方案框图

作，目前主要有以下几种测量方法。

①加速度测量

由于微振动信号幅值小，采用普通的测量手段和仪器测试时，真实信号往往会混杂在噪声中，若采集设备的分辨率达不到要求，导致采集的信号往往表现为虚假信息，对进一步的数据处理和分析造成困难，甚至导致结论错误。因此在微振动信号的模拟测试中，加速度传感器的选取和测量参数的设置直接关系到测试系统的精度。

根据航天器微振动信号的特点，加速度传感器须满足精度高、质量轻、频响低等要求，一般要求微振动加速度传感器灵敏度 $\geqslant 1\ 000$ mV，分辨率 $\leqslant 5 \times 10^{-5}\ g$。除考虑灵敏度外，为获得更好的低频特性，可加入电容式加速度传感器（能够从 0 Hz 开始）实现低频段测量。采集系统的选择和设置也要适应微振动信号的特点，在保证采集系统满足传感器输出范围的前提下，尽可能地降低幅值范围，以提高采样模数转换的分辨率。

目前常用的加速度传感器种类有 PCB 公司的 356B18，Kistler 公司的 8330A3，如图 9 - 25 所示。

（a）PCB 公司的 356B18

（b）Kistler 公司的 8330A3

图 9 - 25　常用的加速度传感器

②位移测量

位移测量一般采用非接触测量的方法，主要采用激光测振，同时激光测振可以校验其他测量方法的测量结果。激光测振仪测量测点的位移值经过换算可以得到加速度值。对于单一频率正弦波，位移幅值 D 和加速度幅值 A 的转换关系为

$$A = \frac{D}{\omega^2} = \frac{D}{(2\pi f)^2} \qquad (9-12)$$

目前常用的位移传感器主要选用 Polytec 公司和 KEYENCE 公司的产品，如图 9 - 26 所示。

（a）Polytec 公司产品　　　　　　（b）KEYENCE 公司产品

图 9 - 26　常用的位移传感器

③角度/角加速度测量

研究表明，某些敏感载荷对角振动的敏感度远大于对线振动的敏感度，因此对角度/角加速度的测量在微振动测试中亦十分重要。角度测量一般采用陀螺来进行，但陀螺的精度虽然可以满足测量要求，但频响范围较窄，难以满足微角振动测试的需求，需要采用高精度的微角振动测量设备，其包括高速自准直仪、高精度光纤陀螺、激光陀螺，如图 9 - 27 所示。

（a）高速自准直仪　　　　　　　　（b）光纤陀螺

图 9 - 27　常用的角传感器

另外通过线振动换算为角振动也是目前比较常见的测量方法。加速度传感器测微角振动原理如图 9 - 28 所示。

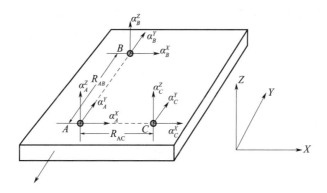

图 9-28　模拟底板测点布局图

根据图 9-28 可求得如下方程

$$\begin{cases} \dot{\omega}_X = \dfrac{(\alpha_B^Z - \alpha_A^Z)}{R_{AB}} \\[3mm] \dot{\omega}_Y = \dfrac{(\alpha_A^Z - \alpha_C^Z)}{R_{AC}} \\[3mm] \dot{\omega}_Z = \dfrac{(\alpha_C^Y - \alpha_A^Y)}{R_{AC}} \end{cases}$$

式中　　$\dot{\omega}_X, \dot{\omega}_Y, \dot{\omega}_Z$ ——模拟的载荷底板绕 X，Y，Z 三个坐标轴的角加速度值；

$\alpha_A^X, \alpha_A^Y, \alpha_A^Z, \alpha_B^X, \alpha_B^Y, \alpha_B^Z, \alpha_C^X, \alpha_C^Y, \alpha_C^Z$ ——A，B，C 三点三个轴向的线性加速度；

R_{AB}, R_{AC} ——A 点到 B 和 C 点的距离。

力/力矩测量的主要目的是为了评估微振动扰动源的干扰力/力矩的输出情况，为整星的微振动环境的评估提供数据输入。常用的力/力矩测量设备为 Kistler 公司的力矩台，如图 9-29 所示。

图 9-29　Kistler 公司的力矩台

（2）传感器主要技术指标

1）灵敏度。测量系统的灵敏度是指它们的输出信号（一般是电压信号）同输入信号（被测振动物体的物理量，如位移、速度、加速度等）的比值。通常，在传感器的线性范围内，希望传感器的灵敏度越高越好。因为只有灵敏度高时，被测量对象的变化对应的输出信号的值才比较大，有利于进行信号处理。但要注意的是，传感器的灵敏度高，也容易混入与被测量无关的外界噪声，且外界噪声会被系统放大，影响测量精度。因此，要求传感器本身应具有较高的信噪比，尽量减少外界进入的干扰信号。

传感器的灵敏度具有方向性。当被测量是单向量，而且对其方向性要求较高时，则应选择其他方向灵敏度小的传感器；如果被测量是多维向量，则要求传感器的交叉灵敏度越小越好。

2）动态范围（线性度范围）。传感器的动态范围是指使传感器输出信号与输入信号维持线性关系的输入信号幅度容许的变化范围。传感器动态范围的大小受它的结构形状、材料性能以及非线性行为等因素限制。因此，在选用测量传感器时，必须满足传感器本身动态范围的要求。否则，会造成传感器的损坏，或达不到测量的要求。另外，在选用测量传感器时，还需要考虑传感器与测量仪器组成的测量系统能分辨的最小输入信号值，否则在测量小信号时会引起很大的噪声失真。

3）频率范围。传感器或测振仪的使用频率范围是指这样一个范围，在这个频率范围内，传感器或测振仪输入信号的频率变化不会引起它们的灵敏度发生超出指定的百分数的变化。也就是说，频率范围指的是传感器正常工作的频带，传感器测试到的振动信号在这个频带外的分量可能会远大于或小于实际振动信号的分量。传感器与测量系统的使用频率范围是一个很重要的技术指标，被测量的振动信号频率超出仪器使用频率范围时，测量结果将产生重大误差，这类误差称为频率失真。

4）稳定性。传感器使用一段时间后，其性能保持不变的能力称为稳定性。影响传感器长期稳定性的因素除传感器本身结构外，主要是传感器的使用环境。因此，要使传感器具有良好的稳定性，传感器必须要有较强的环境适应能力。

在选择传感器之前，应对其使用环境进行调查，并根据具体的使用环境选择合适的传感器，或采取适当的措施减小环境的影响。

传感器的稳定性是一项定量指标，超过使用期后，使用前应重新进行标定，以确定传感器的性能是否发生变化。在某些要求传感器长期使用而又不能轻易更换或标定的场合，所选用的传感器稳定性要求更严格，要能经受住长时间的考验。

5）精度。精度是传感器的一个重要性能指标，它表征测量值与真实值的接近程度，是关系到整个测量系统测量精度的一个重要环节。传感器的精度越高，其价格越昂贵，因此，传感器的测量精度只要满足整个测量系统的精度要求就可以，不必选得过高。这样就可以在满足同一测量目的的诸多传感器中选择比较便宜和简单的传感器。

9.1.6.3 采集系统

采集系统主要参数指标包括：A/D转换位数、采集系统的本底噪声。

在振动测量中，振动测量仪器输出的是被测对象随时间连续变化的物理量，称为振动的模拟信号。将振动模拟量转换成与其对应的数字量的装置称为模数转换器，或称为A/D转换器，也就是我们所说的数据采集器的核心模块。数据采集系统性能的好坏，主要取决于数据采集器的精度和速度。在保证精度的条件下，应有尽可能高的采样速度，以满足实时采集、实时处理和实时控制的速度要求。

　　任何 A/D 转换器基本特性指标是转换位数和转换时间。一般数字计算机均采用二进制编码，常用的转换位数有 8、10、12 及 16 位，某些高精度转换器已达 24 位，甚至更高。模拟信号在转化为数字信号过程中要经过三个步骤，一是要从随时间连续变化的信号转化为在时间上是离散的信号，这就是采样信号，采样信号在幅值上仍是连续取值的。二是经幅值上的量化转化成为量化信号，这一信号在幅值取值上是离散的。三是编码过程，它是用由几个脉冲组成的一组代码来表示某一量化信号值；由多组代码表达多个量化信号值就成为数字信号。将步骤二和三联系起来看，假如数字信号采用二进制编码，那么作为量化过程中幅值离散的间隔显然就是二进制码最低有效位所对应的模拟信号幅值间隔值，称为量化当量。量化当量也是量化精度的标志，编码的位数愈多，也就是量化当量愈小的 A/D 转换器，其转换精度愈高。所以在同样的模拟输入电压下，A/D 转换器的位数愈高，就标志着它的量化精度愈高，这是选用 A/D 转换器必须要考虑的指标。不过，精度愈高的 A/D 转换器也会带来转换速度减慢和转换器价格上升的问题，所以应综合考虑。

　　转换时间是指完成一次完整的 A/D 转换所占有的时间间隔。在 A/D 转换中大于 $300\ \mu s$ 的称为低速 A/D，$20\sim300\ \mu s$ 的称为中速 A/D，小于 $20\ \mu s$ 的称为高速 A/D。现在高速转换器可以达到 $0.05\ \mu s$ 的转换速度，这就意味着在每秒内可完成 20 兆次的转换，也就是说对模拟信号可以用高达 20 MHz 的采样频率进行数据采集。但是，对于用模拟多路开关切换进行多通道的信号采样，由于需要依次抽取每个通道模拟信号的数据，用于每个通道的转换速度将只能是 A/D 总的转换速度除以通道数。另外，对于边采集边存盘的数据采集方式还需要考虑到数据传输和存盘将占用的时间，必须适当降低实际工作的采样频率，否则将导致数据丢失。随着大规模、超大规模等集成电路技术的发展，这些技术指标还在不断地向前发展。

　　微振动测量需要选择高位数 AD、小测量范围、精度高的测量系统，目前采用的测量系统主要有 LMS 公司、NI 公司等的测量系统，如图 9 - 30 所示。

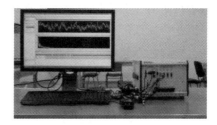

（a）LMS 公司产品　　　　　　　　　　　（b）NI 公司产品

图 9 - 30　常用的测试设备

　　微振动信号由于幅值很小，受周围环境的影响比较大，因此信号具有随机性，会经常出现有效信号淹没于背景噪声中的现象，导致信噪比较差，因此，对试验数据进行有效的预处理和特征提取显得尤为重要。

9.2 微振动信号处理

本节对信号处理进行相关介绍。微振动信号由于其固有的特点，导致信噪比差，有用信号的提取难度大，必须进行微振动信号的预处理和特征提取工作，本节将介绍相关的微振动信号预处理和分析方法。首先，需要对数据进行预处理。预处理是将采集数据尽可能真实地还原成实际振动情况的最基本的数据加工方式，主要包括去均值、去趋势项、同步平均及平滑处理消除信号中的高频噪声，另外还有一些其他高级去噪算法。其次，对去噪后的信号采用相关的时域分析、频域分析、时频域分析等数据分析方法进行处理，以获取表征信号特征的典型信号。

9.2.1 信号预处理

微振动信号预处理是将微振动试验中的数据尽可能真实地还原成实际振动状况的最基本的数据。卫星微振动信号幅值小，受环境干扰严重，因此试验数据中混杂着大量的噪声信号，包括环境噪声、电噪声等。这些微小干扰都会对微振动信号的分析产生极大的影响。因此，需要对微振动数据进行初步前处理，修正波形畸变，提出混杂在信号中的噪声和干扰，削弱信号中的多余内容，强化感兴趣的部分，使信号真实地还原为实际的振动信号。

常用的微振动信号预处理技术主要有：

9.2.1.1 零均值化处理

零均值处理也叫中心化。由于各种原因，测试所得的信号均值往往不为零，为了简化后续处理的计算工作，在分析数据之前一般要将被分析的数据转化为零均值的数据，这种处理就叫零均值化处理。零均值化处理对信号的低频段有特殊意义。这是因为信号的零均值化处理相当于在此信号上叠加了一个直流分量，而直流分量在傅立叶变换时在零频率处是冲击函数。因此，如果不去掉均值，在估计信号的功率谱时，将在零频率处出现一个很大的谱峰；并会影响在零频率左、右处的频谱曲线，使之产生较大的误差。

对连续样本记录 $x_i(t)$ 采样后所得离散数据序列为 $x_i(n), n = 1, 2, \cdots, N$，其均值 $\hat{\mu}_i$ 常由下式估计

$$\hat{\mu}_i = \frac{1}{N} \sum_{n=0}^{N-1} x_i(n) \tag{9-13}$$

零均值化就是定义一个新的信号 $\{\mu_i\}$，即零均值化的信号，以后处理信号时，就以新信号 $\{\mu_i\}$ 为出发点。

图 9-31 为进行微振动测量时某转动机构的微振动响应，从图中可以看出有直流分量混杂在信号中，频谱中零频率处有冲击函数。将信号进行零均值化处理，其结果如图 9-32 所示，可以看出信号中的直流成分被滤除，频谱中无冲击函数。

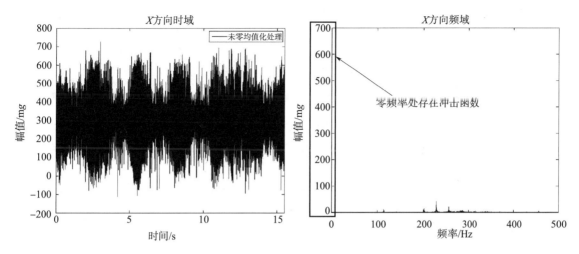

图 9-31 微振动信号零均值化处理前波形

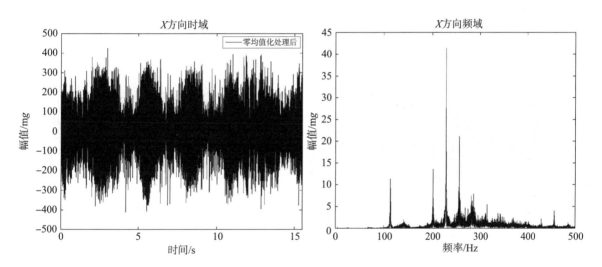

图 9-32 微振动信号零均值化处理后波形

9.2.1.2 消除趋势项

趋势项是样本记录中周期大于记录长度的频率成分,这可能是测试系统本身由于各种原因形成的趋势误差。数据中的趋势项,可以使低频时的谱估计失去真实性,所以从原始数据中去掉趋势项是非常重要的工作。但是,如果趋势项不是误差,而是原始数据中本来包含的成分,这样的趋势项就不能消除,所以消除趋势项要特别谨慎。消除趋势项最常用的方法是最小二乘法,它能使残差的平方和最小。该方法既能消除多项式趋势项,又能消除线性趋势项。具体的实施方法如下:

设实测振动信号的采样数据为 $\{x_k\}(k=1,2,3,\cdots,n)$,因为是等时间 Δt 采样,令 $\Delta t = 1$,设定函数

$$\hat{x}_k = a_0 + a_1 k + a_2 k^2 + \cdots + a_m k^m \quad (k=1,2,3,\cdots,n) \quad (9-14)$$

确定函数 $\hat{x}_k$ 的待定系数 $a_j(k=1,2,3,\cdots,m)$，使得 $\hat{x}_k$ 与离散数据 x_k 的误差平方和为最小，即

$$E = \sum_{k=1}^{n}(\hat{x}_k - x_k)^2 = \sum_{k=1}^{n}\Big(\sum_{j=0}^{m}a_j k^j - x_k\Big)^2 \qquad (9-15)$$

满足 E 有极值的条件为

$$\frac{\partial E}{\partial a_i} = 2\sum_{k=1}^{n}k^i\Big(\sum_{j=0}^{m}a_j k^j - x_k\Big) = 0 \quad (i=0,1,2,\cdots,m) \qquad (9-16)$$

依次取 E 对 a_i 求偏导，可以产生一个 $m+1$ 元线性方程组

$$\sum_{k=1}^{n}\sum_{j=0}^{m}a_j k^{j+i} - \sum_{k=1}^{n}x_k k^i = 0 \quad (i=0,1,2,\cdots,m) \qquad (9-17)$$

解方程组（9-17），求出 $m+1$ 个待定系数 $a_j(j=0,1,2,\cdots,m)$。m 设定的多项式阶次，其范围为 $0 \leqslant j \leqslant m$。

图 9-33 为进行微振动测量时的环境噪声，从图 9-33（a）可以看出有低频波混杂在信号中，将信号进行去趋势处理。得到平滑曲线，如图 9-33（b）所示。

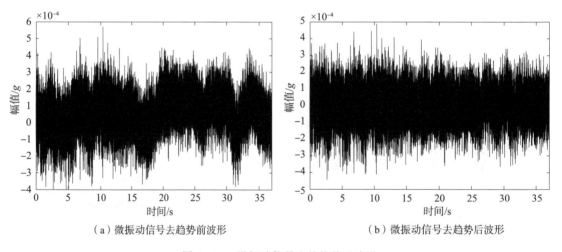

（a）微振动信号去趋势前波形   （b）微振动信号去趋势后波形

图 9-33　微振动信号去趋势前后波形

9.2.1.3　时域同步平均

时域同步平均是从混杂有噪声干扰的信号汇总中提取周期性分量的有效方法。当随机信号中包含确定性周期信号时，如果截取信号的采样时间与周期 T 相等，将截得的信号进行叠加平均，那么就能将该特定信号从随机信号、非平稳信号以及与指定周期不一致的其他周期信号中分离出来，从而提高指定周期信号的信噪比，消除混于信号中的高频噪声的干扰。

时域平均的计算公式为

$$y_i = \sum_{n=-N}^{N}h_n x_{i-n} \quad (i=1,2,\cdots,m) \qquad (9-18)$$

式中　x ——采样数据；

y ——同步平均处理后的结果；

m ——数据点数；

$2N+1$ ——平均点数；

h ——加权平均因子，并且加权因子必须满足 $\sum_{n=-N}^{N} h_n = 1$ 。

图 9-34 所示为某力矩陀螺的频域信号，利用时域同步平均后发现，转频及其倍频信号成分幅值未发生变化，而其他频段噪声明显得到抑制，表明了该方法的有效性。

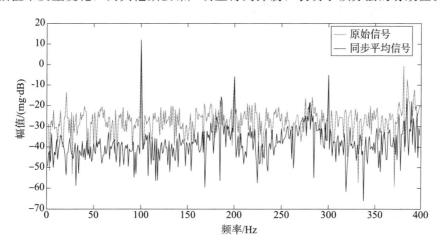

图 9-34　某力矩陀螺信号时域同步平均前后信号对比

9.2.1.4　滤波处理

在微振动信号分析中，数字滤波是通过数学运算从所采集的离散信号中选取人们所感兴趣的一部分信号的处理方法，其主要作用有滤除测试信号中的噪声或虚假成分、提高信噪比、平滑分析数据、抑制干扰信号、分离频率分量等。用软件实现数字滤波的优点是系统函数具有可变性，仅依赖于算法结构，并易于获得较理想的滤波性能。所以软件滤波在滤波器的使用中发挥着越来越重要的作用。

信号进入滤波器后，部分频率成分可以通过，部分则受到阻挡。能通过滤波器的频率范围称为通带；受到阻挡或被衰减成很小的频率范围称为阻带。通带与阻带的交界点称为截止频率。在滤波器设计中，往往在通带和阻带之间留有一个由通带逐渐变化到阻带的频率范围，这个频率范围称为过渡带。

滤波器按功能即频率范围进行分类有低通滤波器（LPF）、高通滤波器（HPF）、带通滤波器（BPF）、带阻滤波器（BSF）和梳状滤波器。考虑数字运算方式，数字滤波又包括频率滤波方法和时域滤波方法。

图 9-35 所示试验数据为一组采样频率为 10 kHz 的力矩数据，由于试验台采集器为串行存储方式，为保证各通道数据的同步采集，所以采样频率至少要设置为 10 kHz。但是虽然保证了各通道数据的同步性，却因为采样率过高，引入了 5 000 Hz 带宽的干扰噪声。

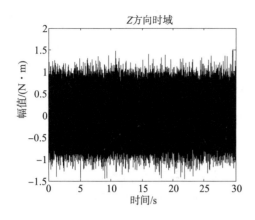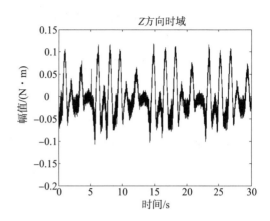

图 9 - 35　滤波前后力矩数据对比

如图 9 - 35 所示，被测对象的输出力矩为 0.13 N·m，但是由于高频噪声的干扰，我们得到的试验数据高达 1 N·m。经过了低通滤波后，我们可以得到真实的被测对象的输出力矩。

9.2.2　信号处理

9.2.2.1　时域处理

在微振动试验和测试中，人们直接感受和记录得到的往往是被测物体在某些位置上振动大小随时间变化的响应曲线，即微振动的时域信号。时域信号包含的信息量大、具有直观、易于理解等特点，是对微振动特征进行分析的原始依据。

微振动信号的时域分析是指对信号的各种时域参数、指标的估计和计算，通过选择和考察合适的信号动态指标，可以对微振动的响应状态作出准确的判断。在微振动信号处理中，常用的时域指标有：均值、峰值和峰峰值、自相关函数、互相关函数等。

（1）均值

当观测时间 T 趋于无穷时，信号在观测时间 T 内取值的时间平均就是信号 $x(t)$ 的均值。均值的定义为

$$x_{\mathrm{av}} = \lim_{T \to \infty} \frac{1}{T} \int_0^T x(t)\,\mathrm{d}t \tag{9-19}$$

式中　　T ——信号的观测区间。

（2）峰值和峰峰值

峰值是信号在时间间隔 T 内的最大值，用 x_{p} 表示，即

$$x_{\mathrm{p}} = \max\{x(t)\} \tag{9-20}$$

峰峰值是信号在时间间隔 T 内最大值和最小值之差，用 $x_{\mathrm{p-p}}$ 表示，即

$$x_{\mathrm{p-p}} = \max\{x(t)\} - \min\{x(t)\} \tag{9-21}$$

峰峰值表示信号的动态范围，即信号大小的分布区间。

如图 9 - 36 所示为颗粒阻尼减振前后的图形，通过微振动信号时域波形的峰峰值可以

明显地看出，隔振前后微振动响应衰减 50% 左右，减振效果明显，后续在时频域分析中将
分析衰减能量主要集中的频段。

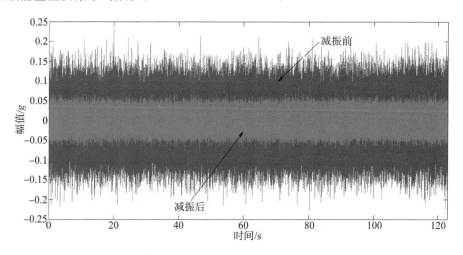

图 9-36　颗粒阻尼减振前后的时域波形

（3）自相关函数

信号 $x(t)$ 的自相关函数定义为

$$R_x(\tau) = \lim_{T \to \infty} \frac{1}{T} \int_0^T x(t) x(t-\tau) \mathrm{d}t \qquad (9-22)$$

自相关函数描述了信号一个时刻的取值与相隔 τ 时间的另一个时刻取值的依赖关系，
即相似程度。自相关函数是偶函数，它的极大值出现在 $\tau = 0$ 处。周期信号的自相关函数
是与原信号周期相同的周期信号。

自相关函数可应用于判断信号的性质和检测混于随机噪声中的周期信号。图 9-37 为
某星微波温度计微振动信号的时域波形和自相关函数波形，从自相关函数中可以清晰地看
出微波温度计的转动周期为 2.67 s。

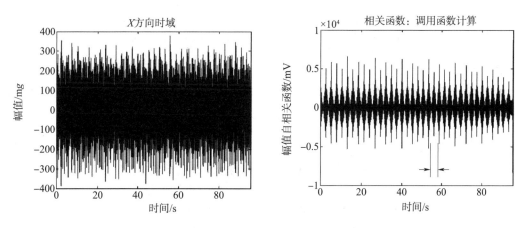

图 9-37　颗粒阻尼减振前后的时域波形

（4）互相关函数

信号 $x(t)$ 和 $y(t)$ 的互相关函数定义为

$$R_{xy}(\tau) = \lim_{T \to \infty} \frac{1}{T} \int_0^T x(t)y(t-\tau)\mathrm{d}t \qquad (9-23)$$

互相关函数是表示两个信号之间依赖关系的相关统计量，即它表示了两个信号的相关程度。两个相互独立的信号的相关函数等于零。

互相关函数主要应用于检测和识别存在于噪声中的有用信号。

9.2.2.2　频域处理

作为时间函数的微振动信号，通常在时间域里描述该信号随时间变化的特征。但是在微振动信号分析方法中往往还需要采用频率域的概念对信号进行描述，把复杂的信号分解为多个不同频率的简谐振动信号。以频率为变量来描述信号的方法称为频域分析。信号的频域分析是建立在傅立叶变换基础上的时频变换，得到的结果是以频率为变量的函数，称为谱函数。

（1）快速傅立叶变换

对于离散的数字信号进行傅立叶变换，需借助离散傅立叶变换（Discrete Fourier Transform，DFT）。

离散傅立叶变换公式为

$$X\left(\frac{n}{N\Delta t}\right) = \sum_{k=0}^{N-1} x(k\Delta t)\mathrm{e}^{-\mathrm{j}2\pi nk/N} \quad (n = 0,1,2,\cdots,N-1) \qquad (9-24)$$

式中　$k\Delta t$ ——波形信号的采样值；

　　　N ——序列点数；

　　　Δt ——采样间隔；

　　　n——频域离散值的序号；

　　　k——时域离散值的序号。

离散傅立叶逆变换为

$$X(k\Delta t) = \frac{1}{N}\sum_{k=0}^{N-1} x\left(\frac{n}{N\Delta t}\right)\mathrm{e}^{-\mathrm{j}2\pi nk/N} \quad (k = 0,1,2,\cdots,N-1) \qquad (9-25)$$

式（9-24）和式（9-25）构成了离散傅立叶变换对。它将 N 个时间域的采样序列与 N 个频率域的采样序列联系起来。基于这种对应关系，考虑到采样间隔 Δt 的具体数值不影响离散傅立叶变换的实质，所以，通常略去采样间隔 Δt，而把式（9-24）和式（9-25）写成如下的形式

$$X(n) = \sum_{k=0}^{N-1} x(k)W_N^{nk} \quad (n = 0,1,2,\cdots,N-1) \qquad (9-26)$$

$$X(k) = \frac{1}{N}\sum_{k=0}^{N-1} x(n)W_N^{-nk} \quad (k = 0,1,2,\cdots,N-1) \qquad (9-27)$$

式中，$W_N = \mathrm{e}^{-\mathrm{j}2\pi N}$。在需要具体计算离散频率值时，还需引入采样间隔 Δt 的具体值进行计算。

式（9 - 26）和式（9 - 27）提供了适合计算机计算的离散傅立叶变换的公式。当 N = 4 时，式（9 - 27）可写成

$$
\begin{bmatrix} X(0) \\ X(1) \\ X(2) \\ X(3) \end{bmatrix} = \begin{bmatrix} W_N^0 & W_N^0 & W_N^0 & W_N^0 \\ W_N^0 & W_N^1 & W_N^2 & W_N^3 \\ W_N^0 & W_N^2 & W_N^4 & W_N^6 \\ W_N^0 & W_N^3 & W_N^6 & W_N^6 \end{bmatrix} \begin{bmatrix} X(0) \\ X(1) \\ X(2) \\ X(3) \end{bmatrix}
\tag{9 - 28}
$$

由式（9 - 28）可看出，由于 W_N 和 $x(k)$ 可能都是复数，若计算所有的离散值 $X(n)$，需要进行 $n^2 = 16$ 次复数乘法和 $N(N-1) = 12$ 次复数加法的运算。一次复数乘法的计算量等于四次实数乘法的计算量，一次复数加法的计算量等于两次实数加法的计算量。显然，当序列长度 N 增大时，离散傅立叶变换的计算量将以离散傅立叶进行增长。因此，虽有了离散傅立叶变换的理论及计算方法，但对长序列的离散傅立叶变换，因计算工作量大、计算时间长而限制了实际应用，这就迫使人们想办法提高离散傅立叶变换的计算速度。

1965 年，美国学者 Cooley 和 Tukey 提出了快速傅立叶变换（FFT）。目前已发展有多种形式，它们之间的计算效率略有不同。本节仅以 Cooley - Tukey 计算序列数长 $N = 2^i$（i 为正整数）的算法来说明快速傅立叶变换的基本原理。

为了推导方便，将离散傅立叶变换式（9 - 26）写成如下形式

$$
X_n = \sum_{k=0}^{N-1} x_k e^{-j2\pi nk/N}
\tag{9 - 29}
$$

式中，$X_n = X(n)$，$n = 0, 1, 2, \cdots, N-1$；$x_k = x(k)$。

快速傅立叶变换的基本思想是把长度为 2 的正整数次幂的数据序列 $\{x_k\}$ 分隔成若干较短的序列进行离散傅立叶变换计算，用以代替原始序列的离散傅立叶变换计算。然后再把它们合并起来，得到整个序列 $\{x_k\}$ 的离散傅立叶变换。为了更清楚地表示快速傅立叶变换的计算过程，下面以长度为 8 的数据序列为例进行说明。

先对原数据序列按奇、偶逐步进行抽取。

原始序列　　$\underline{x_0 \quad x_1 \quad x_2 \quad x_3 \quad x_4 \quad x_5 \quad x_6 \quad x_7}$，1 个长度为 8 的序列；

第一次抽取　$\underline{x_0 \quad x_2 \quad x_4 \quad x_6} \quad \underline{x_1 \quad x_3 \quad x_5 \quad x_7}$，2 个长度为 4 的序列；

第二次抽取　$\underline{x_0 \quad x_4} \quad \underline{x_2 \quad x_6} \quad \underline{x_1 \quad x_5} \quad \underline{x_3 \quad x_7}$，4 个长度为 2 的序列；

第三次抽取　$\underline{x_0} \quad \underline{x_4} \quad \underline{x_2} \quad \underline{x_6} \quad \underline{x_1} \quad \underline{x_5} \quad \underline{x_3} \quad \underline{x_7}$，8 个长度为 1 的序列。

根据上面的抽取方法及快速傅立叶变换的计算公式 $X(n) = \sum_{k=0}^{N-1} x(k) e^{-j2\pi nk/N}$，有

$$
X(n) = \sum_{k=0}^{N/2-1} \left[x(2k) W_N^{2nk} + x(2k+1) W_N^{(2k+1)} \right], \quad n = 0, 1, \cdots, N-1
\tag{9 - 30}
$$

因为 $W_N = e^{-j2\pi N} = e^{-j2\pi(N/2)} = w_{N/2}^1$，有

$$
X(n) = \sum_{k=0}^{N/2-1} \left[x(2k) W_{N/2}^{nk} + x(2k+1) W_{N/2}^{(2k+1)} W_N^n \right] = G(n) + W_N^n H(n), \quad n = 0, 1, \cdots, N-1
$$
$$
\tag{9 - 31}
$$

其中
$$G(n) = \sum_{k=0}^{N/2-1} x(2k)W_{N/2}^{nk}$$

$$H(n) = \sum_{k=0}^{N/2-1} x(2k+1)W_{N/2}^{nk}, n = 0,1,\cdots,N/2-1$$

$G(n)$ 和 $H(n)$ 的周期是 $N/2$，所以 $G(n) = G(n+N/2)$，$H(n) = H(n+N/2)$。又因为 $W_N^{N/2} = \mathrm{e}^{-\mathrm{j}(2\pi/N)\cdot N/2} = -1$，故 $W_N^{n+N/2} = W_N^n \cdot W_N^{N/2} = -W_N^n$

$$X(n) = G(n) + W_N^n H(n), \quad n = 0,1,\cdots,N-1 \qquad (9-32)$$

$$X(n+N/2) = G(n) - W_N^n H(n), \quad n = 0,1,\cdots,N-1 \qquad (9-33)$$

将两个半段 $X(n)$ 和 $X(n+N/2)$ 相接后得到整个序列的 $X(n)$。在合成时，偶序列的离散傅立叶变换中 $G(n)$ 不变，奇序列的离散傅立叶变换中 $H(n)$ 要乘以权重函数 W_N^n。同时二者合成时，前半段用加，后半段用减。图 9-38 是 $N = 8$ 时的计算流程图。

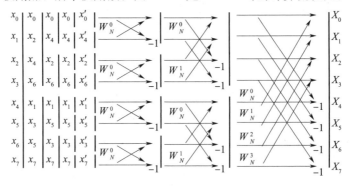

图 9-38　$N = 8$ 时快速傅立叶变换的计算流程图

图 9-38 中左起第 5 列的数据 x'_i，$i = 0,1,2,\cdots,7$，表示长度为 1 的数据的傅立叶变换。同样，快速傅立叶变换逆变换的计算 $x(k) = \dfrac{1}{N}\sum_{k=0}^{N-1} X(n)W_N^{-kn}$ 也可以按照上述方法进行。

图 9-39 所示为某制冷机运行时的时域波形，从时域波形上仅能看出采样频率能量的幅值，无法看出其能量的具体频率分布。而进行频谱分析（即快速傅立叶变换）后的结果如图 9-40 所示，其能量分布可以明显地看出是制冷机的工作频率及其倍频成分，以主频为主（大约 8 mg），倍频为辅的频率分布。

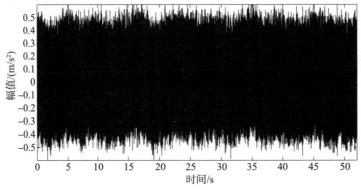

图 9-39　某制冷机微振动时域波形

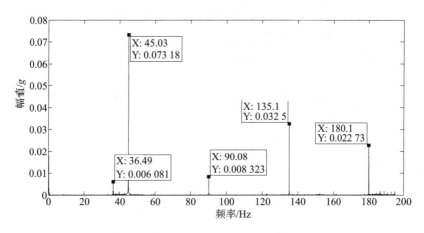

图 9-40　某制冷机微振动频域波形

前文中颗粒阻尼减振的时域波形仅对量级进行了比较，但能量具体在哪些频段得到了抑制只能通过频谱分析获得。对图 9-41 进行频域转换结果如所示，可以看出颗粒阻尼减振在高频的效果十分显著，1 000 Hz 以上衰减 1 个量级，这也体现了频域分析比时域分析更优越的特点。

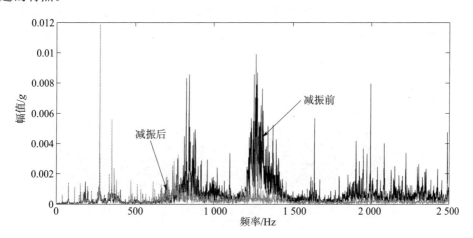

图 9-41　颗粒阻尼减振前后频谱图

（2）调制解调分析

具有齿轮、滚动轴承的机械设备，比如驱动机构里面的谐波减速器等，一般会产生周期性的脉冲冲击力。由于产生的冲击持续时间很短，而冲击能量分布在很宽的频带上，常进入超声波频带，因此，在轴承、齿轮基频范围内的频率分析常常不能直接揭示出引起微振动的振源。一般来说，这种周期性的脉冲振动信号夹杂在系统的自由振荡信号和各种随机干扰信号中，形成幅值调制信号，在频谱上表现为在啮合频率或固有频率两侧出现间隔均匀的调制边带。解调分析方法是进行轴承和齿轮振动特性分析的有效方法。

频率解调分析主要使用基于 Hilbert 变换的瞬时频率波动法，主要原理是利用信号本身及其 Hilbert 变换组成的解析信号的相位，即信号的瞬时相位，对瞬时相位微分就可以得到瞬时频率。在计算过程中，一般用差分代替微分运算，因此要求在对原始信号采样时选择足够高的采样频率，以免产生过大的误差。

设一窄带调制信号 $x(t) = a(t)\cos[2\pi f_0 t + \varphi(t)]$，其中，$a(t)$ 是缓慢变化的调制信号。令 $\theta(t) = 2\pi f_0 t + \varphi(t)$，$\mu(t) = \dfrac{\mathrm{d}\theta(t)}{\mathrm{d}t} = 2\pi f_0 + \dfrac{\mathrm{d}\varphi(t)}{\mathrm{d}t}$ 是信号 $x(t)$ 的瞬时频率。设 $x(t)$ 的 Hilbert 变换为 $x'(t) = a(t)\sin[2\pi f_0 t + \varphi(t)]$，则它的解析信号为

$$q(t) = x(t) + ix'(t) = a(t)\{\cos[2\pi f_0 t + \varphi(t)] + i\sin[2\pi f_0 t + \varphi(t)]\} \quad (9-34)$$

解析信号的模或信号的包络为

$$|a(t)| = \sqrt{x^2(t) + x'^2(t)} \quad (9-35)$$

解析信号的相位为

$$\theta(t) = \arctan\frac{x'(t)}{x(t)} = 2\pi f_0 t + \varphi(t) \quad (9-36)$$

解析信号相位的导数或瞬时频率为

$$\mu(t) = \frac{\mathrm{d}\theta(t)}{\mathrm{d}t} = \mathrm{d}\left[\arctan\frac{x'(t)}{x(t)}\right]/\mathrm{d}t = 2\pi f_0 + \frac{\mathrm{d}\varphi(t)}{\mathrm{d}t} \quad (9-36)$$

图 9-42 所示为某星微波温度计正常工作时 Z 向的一段时域信号，振动量级大约为 300 mg，从图 9-43 的幅值谱上看到频率主要集中于 100 Hz 以上，但是局部细化后发现高频上出现调制波，明显的特征是在高频信号的附近出现边频带，这是幅值调制造成的，因此必须进行调制解调分析，即包络分析。

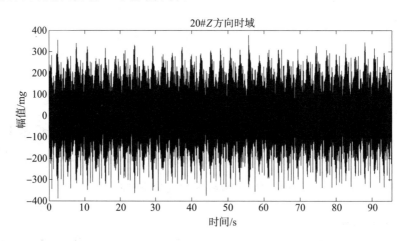

图 9-42　温度计时域曲线

对经过 Hilbert 变换后的包络进行分析发现，频率成分主要是以 0.38 Hz 及其倍频为主，而微波温度计的转动周期为 8/3 s，因此转动频率为 0.38 Hz，如图 9-44 所示。

9.2.2.3　时频分析方法

短时傅立叶变换是将信号从时域映射到频域进行分析，时域与频域是两个相对独立而对等的信号描述域。傅立叶变换的不足之处在于，一方面缺乏时间和频率的定位功能，另一方面它主要适用于非时变的平稳信号，而时变非平稳信号在现实中广泛存在。对于旋转

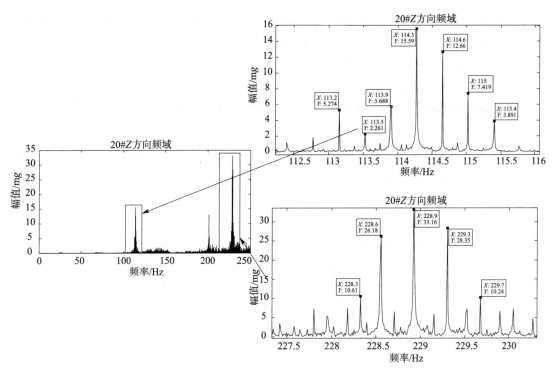

图 9 - 43　温度计频域信号

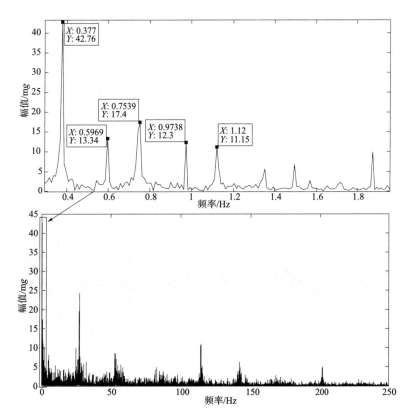

图 9 - 44　温度计包络谱

机械振动信号，由于受各种因素的影响表现为非平稳、非线性信号，要检测其运行状况，用传统的分析方法是无法有效实现的，而时频联合分析是较为有效的方法，它能反映信号的不同频率分量在时域的分布和变化情况，这也是非平稳信号分析的基本要求。同时，这也促使人们寻找新的信号分析与处理方法。

时频分析能够识别出信号中的频域成分，再现时域特征，对于机械运行状态信号特征的提取非常有效。近年来，人们提出和研究了不少处理非平稳信号的时频方法，主要有短时傅立叶变换（STFT）、Gabor 变换、小波变换、二次型时频分布、自适应时频分析、基于 EMD 的时频分析和基于 LMD 的时频分析方法等，下面简要介绍一下这些常用的时频分析方法。

（1）短时傅立叶变换

傅立叶分析主要针对稳态信号进行分析，只能反映信号的静态频谱特性。对非平稳信号虽然其频率是时变的，但如果在每一小段时间里其频率可以近似为恒定不变的，则同样可用平稳信号的谱分析法分析，短时傅立叶变换就是利用这一特点，其实质就是加窗傅立叶变换，通过采用滑动窗截取信号，再对截得的信号进行傅立叶变换，从而得到任意时刻信号 $s(t)$ 的频谱，其定义如下

$$\text{STFT}_s(t,f) = \int s(\tau) g^*(\tau - t) e^{-j2\pi f\tau} d\tau$$

式中　　g 为窗函数，g^* 为 g 的共轭函数。$\text{STFT}_s(t,f)$ 的模值的平方称为谱图，即

$$\text{SPEC}_s(t,f) = |\text{STFT}_s(t,f)|^2$$

另外，由于短时傅立叶变换假定信号在窗口内是局部平稳的，对于随时间变化较快的信号，该前提条件难以保证，正好适合于飞轮在轨缓变的工作情况，因此 STFT 对于驱动机构、飞轮、CMG 有很好的适用性。

下面是一次飞轮组件微振动试验中所进行的 STFT 分析实例。对飞轮进行−3 500～3 500 r/min 的扫频工况，从时域数据的对称性可以看出，数据是有效的，整个扫频过程中出现多个类似冲击的峰值，单从时域曲线上难以看出，对其进行的频域分析如图 9 - 45 和图 9 - 46 所示。

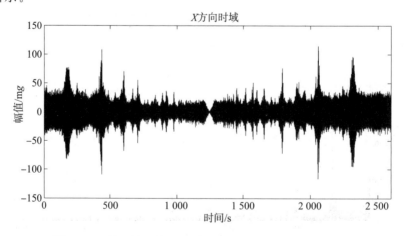

图 9 - 45　某型号飞轮（−3 500～3 500 r/min）扫频-时域

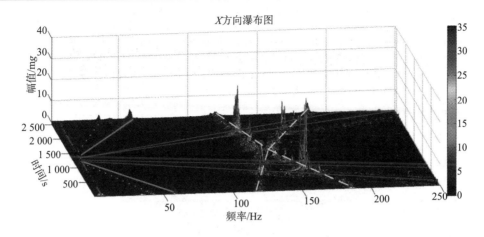

图 9-46　某型号飞轮（-3 500～3 500 r/min）扫频-频域

从图 9-46 的 STFT 图上可以看出，其对称性也很好。分析反作用飞轮的试验数据结果可以看出：

1）飞轮速度为-3 500～3 500 r/min 时，信号的对称性很好，可重复性好。

2）大部分的扰动频率是和转速成比例的"脊线"分布，图中粗实线为转频变化曲线；点线与转频呈比例关系，但非整数倍；细实线为转频的倍频（整数倍）。

3）图中点划线为悬吊系统频率，而虚线部分可以看出是明显的 V 形扰动，这是飞轮摇摆模态（rocking mode）的明显特征，为飞轮内部径向平动模态导致的扰动，分别代表摇摆模态的逆进动分支和正进动分支，这与飞轮的控制模式相关。逆进动分支的固有频率随着转速的增加而降低，正进动分支的固有频率随着转速的增加而升高。

（2）Gabor 展开

Gabor 展开是通过信号的时间平移和频率调制形式建立非平稳信号的联合时间、频率函数，然后对时间、频率平面进行采样划分，将时频平面 (t,f) 转换成另外两个离散采样网格参数 m 和 n 的平面，在二维平面 (m,n) 上表征非平稳信号

$$x(t) = \sum_n \sum_k G_x(n,k) g_{n,k}(t) \tag{9-38}$$

Gabor 展开的意义在于可以构造出相对于时间和频率都容易定位和高度聚集的 Gabor 基 $g_{n,k}(t)$，因此可以显示在时间-频率点 (nT,kF) 附近的时-频特性。Gabor 展开的重要特点是 Gabor 基 $g_{n,k}(t)$ 具有完备性、线性独立性和正交性。Gabor 基的完备性保证了任何有限能量的信号，都可以利用 Gabor 基的线性组合来表示。

图 9-47 所示为两个 Chirp 信号的 Gabor 分布，包括一个频率由小变大，另一个由大变小，以及二者线性叠加后的时域波形及其时频分布。Gabor 变换能较好地刻画信号中的瞬态结构。Gabor 变换的时频分辨率完全由 Gauss 窗决定。

图 9-48 为某型号飞轮组件微振动测试所得的信号，从其时域信号看，在整个升速过程中，加速度信号有冲击成分，单看时域信号，确定不了其信号完整的特征。从 Gabor 分布可发现，一些冲击能量比较大的地方，是由 0.318 8 Hz 频率成分引起的较大的微振动而产生的冲击能量。

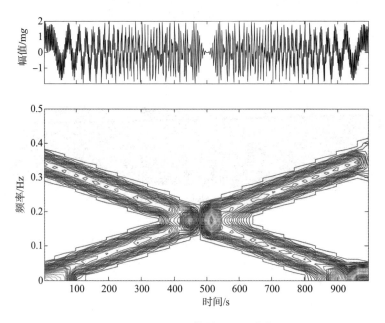

图 9-47　Chirp 信号 Gabor 分布

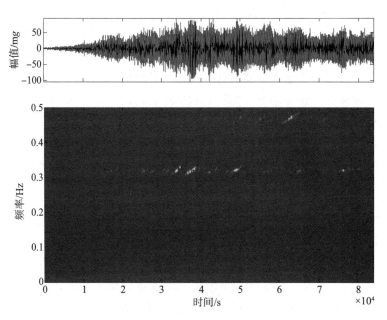

图 9-48　某型号飞轮微振动信号 Gabor 分布

（3）双线性时频分布

双线性时频分布是将信号能量在时频域内进行分布，其中最具代表性的是 Wigner - Ville 分布（WVD），WVD 几乎是所有双线性变换的基础，它有着最高的时频分辨率。然而，对于多成分信号，WVD 会受到交叉项的干扰，导致信号特征识别受到干扰。因此，为了获得高的时频分辨率，必须对交叉信号进行抑制。对于交叉项抑制，很多学者做了大量研究工作，提出了很多方法，如 Cohen 类分布、仿射类分布、自适应优化核函数方法、重排双线性时频分布等。本节针对 Wigner - Ville 分布、Cohen 类分布开展了相关的时频分析研究。

图 9 - 49 所示为某型号飞轮组件级微振动的信号，由其时域波形图可看到，在该稳速工况下，微振动有明显的波动，通过其 WVD 图可直观看到振动量级随时间及频率成分的变化。

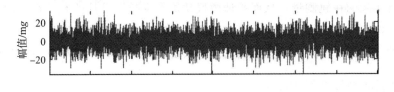

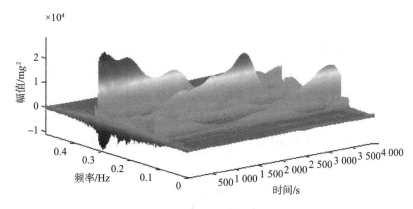

图 9 - 49　某型号飞轮微振动信号 WVD 分布

图 9 - 50 所示为某型号飞轮组件级微振动的信号，由其时域波形图可看到，在该稳速工况下，微振动有明显的波动，通过其 Choi - Williams 分布图可直观看到振动量级随时间及频率成分的变化。

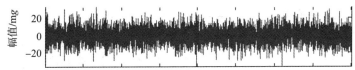

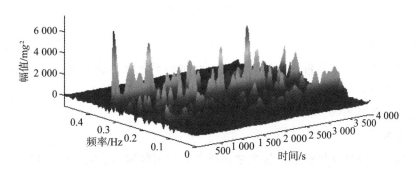

图 9 - 50　某型号飞轮微振动信号 Cohen 类双线性时频分布——Choi - Williams 分布

9.3　微振动在轨试验

微振动在轨试验包括两个方面，一是通过航天器携带的微振动测量系统对星上在轨期间的微振动进行实际的在轨测量，从而验证微振动仿真及减振设计的有效性；同时为后续的优化改进和图像恢复等提供数据支撑。二是通过主动或者被动的激励，进行结构（特别是挠性结构）的在轨模态辨识。两类试验的测量系统设计大同小异，本节一并介绍。

9.3.1　在轨微振动测量系统设计

9.3.1.1　测量系统

测试系统由传感器网络、控制单元、数据采集和贮存单元、供配电单元、数据传输单元组成。控制单元接受地面指令后，测试系统启动，各测点传感器测量相应数据，并由数据采集和贮存单元采集数据并贮存，由卫星数传系统将数据传输至地面。

采集系统的选择和设置也要适应微振动信号的特点，在保证采集系统满足传感器输出范围的前提下，尽可能地降低幅值范围，以提高采样 DAC 的分辨率。测量系统流程如图 9-51 所示。

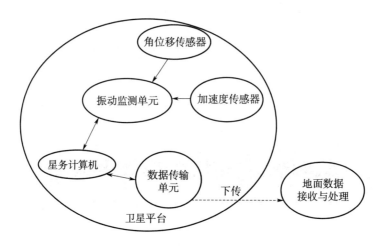

图 9-51　测量系统流程示意图

（1）传感器网络

按照各活动部件的运动特性，结合地面分析的结果选择合适的加速度传感器。例如，在大挠性部件的安装位置选取低频加速度传感器，飞轮安装位置可采用频率范围为 5～100 Hz 的加速度传感器等。

（2）控制单元

控制单元与星载计算机连接，接受地面指令，控制数据的采集、贮存和传输。

（3）数据采集和存储模块

数据采集和存储模块的控制流程如图 9-52 所示。

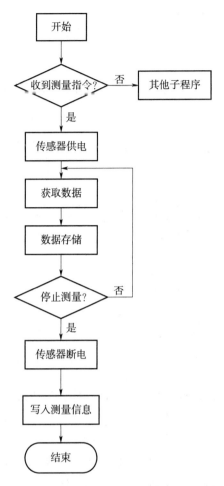

图 9 - 52　数据采集和存储模块控制流程

（4）供配电单元

供配电单元负责整个振动测试系统的供电，包括控制单元、信号处理电路、数据存储模块。因传感器网络只有在测量时才工作，为节省能源，由控制单元控制传感器网络的供配电。数据采集和存储模块运行时，首先控制单元会给各个传感器供电，传感器的模拟信号经过放大、滤波后会送至 A/D 转换器转换成数字信号，控制单元获取并存储数字信号，当收到停止测量指令后，控制单元将传感器断电，并将本次测量的信息（测试次数、持续时间、同步信息）写入存储器中。

（5）数据传输单元

数据传输单元根据遥控指令的要求，将部分或全部获取的传感器数据传送至数传系统，再下发至地面，其工作流程如图 9 - 53 所示。

随着数字电路的发展，控制系统的体积、质量和功耗都在减小，这给系统的小型化设计带来了更多的可能，在进行元器件综合选用、系统结构优化设计的基础上，可以进行振动测量系统的小型化研究。

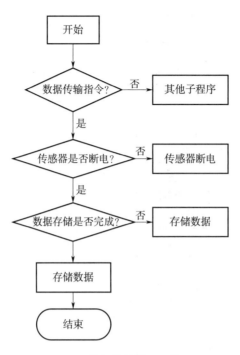

图 9-53　数据传输单元工作流程

　　振动测量系统的采集电路可进行模块化设计，以适应不同卫星平台对振动测量的不同需求，同时，应开展电源的模块化设计研究，以适应不同的供电模式的要求，实现对传感器不同的供电输入。另外，对指令控制、遥测接口和数据接口也可进行相应的模块化设计，以适应不同卫星平台的接口设计，提高卫星平台振动测量系统的多平台适应性。对微振动测量系统的扩展性能进行研究，可以适应不同种类、不同数量传感器数据采集时的需求。

9.3.1.2　传感器选型

　　在轨微振动测量系统主要用来感知、采集、存储、传输卫星主动段及在轨段的微振动数据，为后期星体结构优化提供依据，并对卫星飞轮、垂直探测仪及其他活动部件工作时的微振动数据进行监测。为了满足数据采集的要求，需根据测量范围、测量分辨率对传感器进行选择。

　　理论上，布置的传感器越多，测量的数据也就越能反映出整星在轨状态下真实的响应。事实上，传感器的数量不但受到功率、传输能力等方面的限制，同时出于卫星任务的总体考虑而被迫对选用的传感器的数量作出调整。因此，传感器的布点遵循以下原则：一是星载遥感设备的测量；二是振源及主传力途径的测量，包括飞轮、承力筒的测量；三是有效载荷安装面的测量。尽管如此，传感器的布局仍可能受到限制，所以传感器的网络布局要进行拓扑优化，以实现用最少的传感器发挥最大的功能，这也是研究的一个主要方面，并主要是对传感器布局的优化算法进行研究。

　　（1）角度传感器

　　角振动测量是研究平台稳定性、振动控制等必不可少的环节，其本质上是一种对空间动态角位移的测量。高精度微角振动测量的实现主要体现在三个方面的技术支撑：1）研制高分辨率和高灵敏度的角速率/角位移传感器；2）研究平台微小角度短距离探测设备灵敏度低的问题；3）研究相关检测技术，减小探测噪声的等效带宽。

卫星微角振动高精度测量与控制是实现卫星平台与遥感系统等有效载荷高精度姿态指向的前提与基础。为了获得高分辨率图像，对地观测卫星平台指向精度一般要求小于 10 μrad；而光学与微波等遥感系统的指向精度一般要小于 1 μrad，甚至要求达到 0.05 μrad。

（2）线位移传感器

卫星结构变形测量是研究有效载荷高精度姿态指向的必要环节。线位移传感器测量范围为毫米级，测量精度为微米级；通过将主控制器与附加感测头模块连接，采用触发方式实现多个感测头同时测量，可进行平面翘曲度/平行度的测量。

（3）加速度传感器

在轨微振动扰动源主要来自于星上高速转动部件、大型部件驱动机构，如飞轮、控制力矩陀螺（CMG）、太阳阵驱动机构（SADA）、有效载荷驱动电机，以及推力器和大型构件冷热交变等。卫星入轨后随着各类活动部件开启以及不断进出阴影区，星上微振动环境逐渐呈现。加速度传感器可以采集星上微小振动的模态，有效获得振动的量级并监测耦合现象的发生，用于微振动测量的加速度传感器的测量精度一般能达到 0.01 mg。

9.3.2　在轨测量及数据应用

9.3.2.1　传感器布点

开展在轨微振动环境测量的测点布置研究，可保证测点布局的最优化。测点主要包括如下位置：

1）激励产生位置，包括各活动部件的安装位置、推进器的安装位置和大挠性部件的安装位置等。卫星上振源相对较多，但是，Eyerman 和 Shea 认为飞轮工作时产生的扰动是影响有效载荷成像质量的主要扰动源，结合 Bialke、Melody、Kim、Castles 和 James 等人及哈勃望远镜飞轮振动的研究成果，可以看到，引发卫星微振动的主要因素是：飞轮、有效载荷内部运动部件的运动。

2）振动的传递途径，如卫星的主结构关键承力部位、仿真分析易引起耦合振动的部位等。振动传递途径与卫星结构的具体设计有关。一般情况下，卫星结构的振动传递途径包括底板、中层板（下层板、上层板、隔框）、承力筒及顶板等。在传递途径抑制方面，美国国家航空航天局兰利研究中心、戈达德航天中心研发的受控结构技术等振动主动控制技术，已成功应用于相关型号，并取得了较好的减振效果。

3）振动耦合效应影响较大的位置，包括有效载荷的安装位置、SAR 天线等大型对地阵面、姿轨控系统关键测量设备的安装位置等。

红外大气垂直探测干涉仪（IASI）是欧洲太阳轨道气象卫星 METOP 搭载的核心设备（如图 9-54 所示），因为其内部包含迈克尔逊干涉仪，所以当仪器出现安装偏差或振动时，干涉条纹的对比度将严重下降。为避免出现这一问题，需要对仪器的安装精度、热变形与振动干扰水平提出严格的要求。

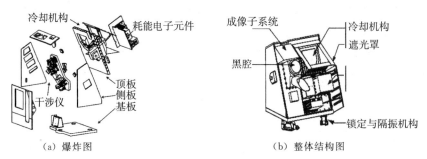

图 9 - 54　IASI爆炸图与整体结构图

　　因此，进行在轨微振动数据测量时需在易发生耦合现象的干涉仪附近安装传感器。

9.3.2.2　数据处理与应用

（1）结构优化与模型修正

　　由于在发射力学载荷的监测、分析和模拟方面的地面模拟试验条件过于保守，因此导致在地面试验过程中，卫星所承受的载荷远大于发射过程的载荷。为了承受地面模拟试验中多余的载荷，卫星设计必须采用较多的结构和材料，这就导致了卫星质量的增加。在轨数据的获取能有效指导地面试验，对卫星的结构优化、减振隔振有着重要的意义。

　　在轨微振动数据可以为地面微振动研究提供有效支撑，主要包括：

　　1）地面微振动数据能够分析整星的微振动传递途径，为载荷布局优化提供更加精确的数据支撑。

　　2）地面微振动试验数据受地面重力影响、周围环境噪声影响，使得数据与在轨实际试验数据相比存在一定的偏差，因此可以通过在轨的微振动数据修正地面微振动试验数据，进而修正微振动仿真模型。

　　3）由于局部模态的作用，存在扰动频率与局部模态出现共振的可能。为保证载荷具有正常的工作性能，必须考虑局部加强载荷或者考虑载荷位置的改变，降低微振动响应量级。

（2）载荷图像恢复

　　早期的卫星由于对其成像精度和分辨率的要求较低，在轨耦合振动对卫星的影响不大，没有引起人们的重视。随着卫星技术的发展和对卫星成像要求的提高，在轨微振动引起的载荷的性能下降越来越受到关注。通过在轨振动测量，测试卫星在轨所发生和承受的动力学环境，在卫星设计阶段即可开展降低轨道动力载荷的研究，并进行试验验证，进而消除在轨动力环境对载荷工作的影响。在轨数据对载荷的性能优化具有指导作用。

　　在轨数据对地面应用系统具有重大作用，可以利用其进行图像恢复。如图 9 - 55 所示，将被微振动干扰的图像直接进行盲恢复得到的图像与使用微振动信息进行恢复的图像对比，明显可见微振动数据对图像清晰度的提高有着很重要的作用。

　　微振动在轨数据可以应用在卫星结构的优化设计、有效载荷的性能优化、地面处理系统的图像处理等方面。

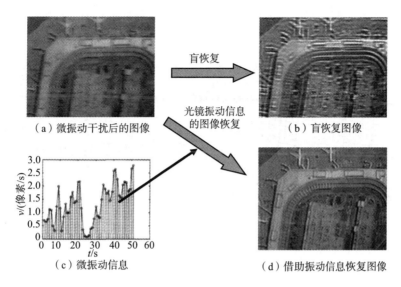

图 9 - 55　利用微振动进行图像恢复实例

9.3.3　在轨模态辨识

9.3.3.1　概述

带有挠性附件的航天器结构复杂，大多数是通过在轨多次展开和多次发射在轨组装而成，其力学特性体现为固有频率低、模态阻尼小且模态密集。这种低频、密集整星力学特性使得航天器出现严重耦合现象，如卫星-太阳能帆板结构、空间站［或航天飞机挠性机械臂（或空间天线）］等。由于地面空气阻力、重力等因素影响，难以准确评估在轨状态下的模态特性，因此开展在轨的模态辨识工作是非常重要而有意义的。国外从 20 世纪就开展了这方面的工作，并掌握了关键技术，例如日本的 ETS - VI、ETS_Ⅷ 以及美国的哈勃望远镜等。

9.3.3.2　传感器布局

在轨模态测试传感器布置需要满足以下条件：1）布置的传感器要能测出需要的各阶模态，保证测量可靠性；2）对测点的布局需要进行优化设计，考虑因测量通道的增加带来的质量增加，需要对传感器的数量进行控制。例如，为了测得太阳电池阵的振动模态，应在太阳电池阵表面合理布置传感器，其测点布局如图 9 - 56 所示。

对于大型挠性构件，需要使用量测相机通过拍照来进行模态试验，相对被测物体的方位决定了测量网的形状，进而影响测量精度。在布置相机时，除了要顾及影响测量精度的各种因素外，还要考虑工作现场可用空间、相机本身的性能（如视场角、景深）和摄影标志对入射角的限制等因素。工业摄影测量利用相机对被测目标拍摄相片，通过图像处理和摄影测量处理，以获得目标的几何形状和运动状态。在图 9 - 57 所示的实例中，在距离天线约 15 m 的位置布设相机，对天线上的 152 个目标点进行拍摄以获取图像，相机布设方案可用图 9 - 57 简要表示。

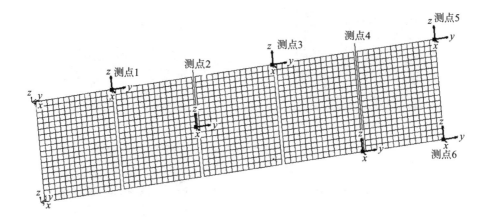

图 9-56　仿真中虚拟测点布置图

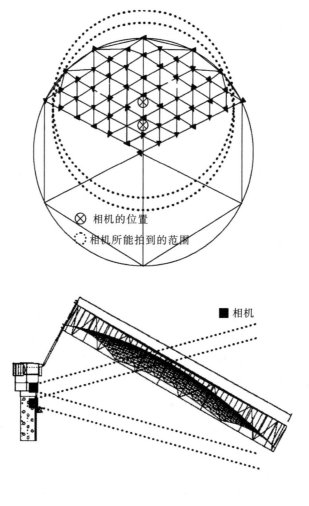

图 9-57　相机布设示意图

双相机摄影范围重叠部分的目标点将随着天线一起振动变形，相机记录下这些目标点周期内的振动变形，数据传到上位机进行处理。

9.3.3.3　模态辨识方法

对航天器大型挠性部件在轨密集模态的识别成为现在面临的必须解决的问题。模态试验得到的测量数据是以上各种模态参数辨识方法应用的基础。目前模态测试技术主要分为两类：单点激励、多点测量（或一点测量、逐点激励），多点激励、多点测量。按激振力性质不同，频响函数测试技术又可分为稳态正弦激励、随机激励及瞬态激励三种。

不测力的模态辨识方法，将基于响应的时域数据进行分析，主要用于克服冲击信号难以测量的问题，但因响应信号容易测得，因此直接利用响应的时域信号进行参数辨识。拟采用的方法主要有特征系统实现算法（ERA）、ITD 法（Ibraihim Time Domain）等。ERA 法移植了现代控制论中的最小实现理论，利用脉冲响应数据构造一个 Hankel 矩阵，并得到奇异值分解、辨识系统状态方程及观测方程中的系统矩阵、测量矩阵与输出矩阵。通过求解系统矩阵的特征值问题，求得系统的特征值与特征向量，从而求得动力学参数口，适用于低频密集模态的辨识。20 世纪 70 年代初，Ibraihim 提出了与频域模态分析法并行的时域分析方法——ITD 法（Ibraihim Time Domain），ITD 法属于单输入、多输出（SIMO）的模态参数识别方法。该方法是利用结构自由响应采样数据建立特征矩阵的数学模型，通过求解特征矩阵方程求得特征值和特征向量，再利用模态频率和模态阻尼与特征值之间的关系求得振动系统的模态频率及阻尼比。自由响应数据可通过宽带随机响应用随机减量法求得。1984 年，美国国家航空航天局兰利研究中心又研发了一种多输入、多输出（MIMO）时域模态参数辨识法，称为特征系统实现算法。此法由 MIMO 得到的脉冲响应函数为基本模型，通过构造广义 Hankel 矩阵，利用奇异值分解技术，得到系统的最小实现，从而得到最小阶数的系统矩阵，以此为基础可进一步识别系统的模态参数。

以某卫星模型为例，使用 ITD 法进行模态辨识。ITD 方法的具体识别过程和实施要点如下：

1）首先对被测试结构以某种方式激起自由振动响应，在此利用推力器激励产生冲击，测量太阳阵上的自由振动响应。

2）对被识别的结构系统的自由衰减响应按照一定的要求进行记录，记录的响应为加速度信号，因为要进行振型分析，因此测点的布置个数要能全面反映其模态阶数，否则不能全面反映其分析范围内的模态阶数。如若仅进行单个测点的布置，则仅能识别模态频率和阻尼比，本例进行了 6 个点的布局以反映前三阶模态振型。

根据在 ADAMS 中进行模态辨识的仿真数据，导入 ITD 模型中进行辨识方法的有效性检验，其振型如图 9-58～图 9-60 所示。

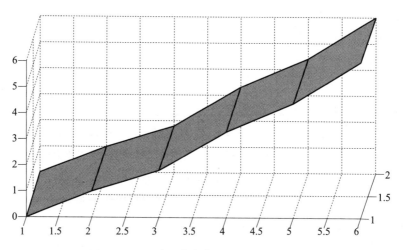

图 9 - 58　一阶面外弯曲振型（0.173 9 Hz）

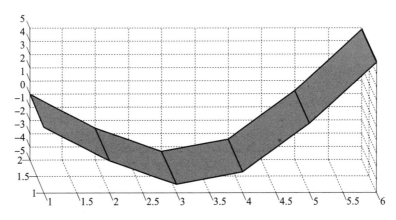

图 9 - 59　二阶扭转振型（0.692 1 Hz）

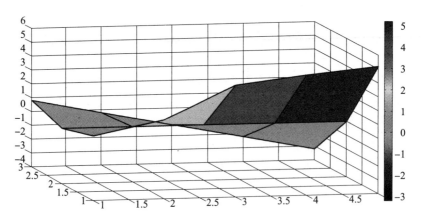

图 9 - 60　三阶面外弯曲振型（0.827 6 Hz）

9.4　小结

　　微振动测试与试验是微振动研究体系的重要组成部分，本章结合当前微振动研究需求，介绍了地面微振动试验与在轨微振动试验的试验项目和试验方案，并对测量系统、测量环境进行了分析，同时对微振动试验中的关键问题，即微振动信号的特征提取方法进行了论述，为后续的微振动研究提供试验技术保障。

参 考 文 献

[1] 冯咬齐, 李宁, 岳志勇. 卫星整星模态试验及试验数据分析 [C] //第二十一届全国振动与噪声高技术及应用学术会议论文集, 2008.

[2] 庞世伟, 杨雷, 曲广吉. 高精度航天器微振动建模与评估技术最近进展 [J]. 强度与环境, 2007 (6): 1 - 9.

[3] 雷军刚, 赵伟, 程玉峰. 一次卫星微振动情况的地面测量试验. 真空与低温, 2008, 14 (2): 95 - 98.

[4] ADACHI S, YAMAGUCHI I, et al. On - orbit system identification experiments on engineering test satellite - VI [J]. Control Engineering Practice, 1999, 7: 831 - 841.

[5] 吴正毅. 测试技术及测试信号处理 [M]. 北京: 清华大学出版社, 1991.

[6] 黄波. 国外成像侦察卫星系统的现状与发展 [J]. 国外卫星动态, 2009 (2): 1 - 10.

[7] 马兴瑞, 于登云, 韩增尧, 等. 星箭力学环境分析与试验技术研究进展 [J]. 宇航学报, 2006, 27 (3): 323 - 331.

[8] 柯受全, 金恂叔. 卫星环境工程和模拟试验 [M]. 北京: 宇航出版社, 1996: 178 - 179.

[9] 贾伯年, 俞朴. 传感器技术 [M]. 南京: 东南大学出版社, 2000.

[10] 张玲华, 郑宝玉. 随机信号处理 [M]. 北京: 清华大学出版社, 2003.

[11] 何正嘉, 訾艳阳, 张西宁. 现代信号处理及工程应用 [M]. 西安: 西安交通大学出版社, 2007.

[12] 陆传赉. 现代信号处理导论 [M]. 北京: 北京邮电大学出版社, 2003.

[13] 王济. Matlab 在振动信号处理中的应用 [M]. 北京: 中国水利水电出版社., 2006.

[14] 何正嘉, 陈进, 王太勇, 等. 机械故障诊断理论及应用 [M]. 北京: 高等教育出版社, 2010.

[15] 何正嘉, 訾艳阳, 孟庆丰, 等. 机械设备非平稳信号的故障诊断原理及应用 [M]. 北京: 高等教育出版社, 2001.

[16] 谢久林, 杨松, 张俊刚, 等. 航天器声振动力学环境响应分析 [J]. 航天器环境工程, 2006, 23 (2): 83 - 89.

[17] 张军, 谌勇, 张志谊, 等. 卫星随机试验的振动响应分析 [J]. 机械强度, 2006, 28 (1): 16 - 19.

[18] 张志谊, 续秀忠, 华宏星, 等. 基于信号时频分解的模态参数识别 [J]. 振动工程学报, 2002, 15 (4): 389 - 394.

[19] BAYARD D S, HADAEGH F Y, YAM Y, et al. Automated on - orbit frequency domain identification for large space structures [J]. Automatica, 1991, 27: 931 - 946.

[20] COHEN L. Time - frequency analysis: theory and applications [M]. New York: Prentice Hall, 1995.

[21] TOYOSHIMA M, JONO T, TAKAHASH N, et al. Transfer functions of microvibrational disturbances on a satellite [C] //21st International Communications Satellite Systems Conference and Exhibit, 2003.

[22] TOYOSHIMA M, JONO T, NOBUHIRO. Transfer functions of microvibrational disturbances on a satellite [C] //21st AIAA ICSSC and Exhibit, Yokohama, Japan, 2003.

［23］　HUANG N E, SHEN Z, LONG S R, et al. The empirical mode decomposition and the Hilbert spectrum for nonlinear and non‐stationary time series analysis ［C］//Proc. R. Soc. Lond, 1998, 454: 903‐995.

［24］　李广云, 李宗春. 工业测量系统原理与应用 ［M］. 北京: 测绘出版社, 2011.

［25］　李德葆, 张元润. 振动测量与试验分析 ［M］. 北京: 机械工业出版社, 1992.

［26］　IH C H C, BAYARD D S, AHMED A, et al. Experiments in multivariable adaptive control of a large flexible structure ［J］. Journal of Guidance, Control, and Dynamics, 1993, 16 (1): 9‐13.

［27］　ANTHONY T, ANDERSEN G. On‐orbit modal identification of the Hubble space telescope ［C］//Proceedings of the American Control Conference Seattle, Washington, June, 1995.

［28］　KLEER J D, KURIEN J. Fundaments of model‐based diagnosis ［C］//Safe Process, 2003.

［29］　HAYDEN S C, SWEET A J, Christa S E. Livingstone model‐based diagnosis of earth observing one ［C］//AIAA 1st Intelligent Systems Technical Conference, September 20‐22, 2004, Chicago, Illinois.

［30］　SYLVESTER C M. System identification of an on orbit spacecraft's Antenna dynamics ［D］. Ohio: Department of the Air Force Air University, 2009.

［31］　KAMMER D C. Sensor placement for on‐orbit model identification and correlation of large space structure ［J］. Journal of Guidance, Control and Dynamics, 1991, 14 (2).

［32］　EWINS D J. Model testing: Theory and Practice ［M］. Research Studies Press, 1984.

［33］　IBRAIHIM S R. A time domain modal vibration test technique ［J］. The Shock and Vibration Bulletin, 1973, 43 (4).

［34］　傅志方, 华宏星. 模态分析理论与应用 ［M］. 上海: 上海交通大学出版社, 2000.

［35］　沃德·海伦. 模态分析理论与试验 ［M］. 北京: 北京理工大学出版社, 2011.

［36］　山口功, 葛西时雄. 航天工程领域的系统辨识 ［J］. 控制工程, 2003, 6: 51‐58.

［37］　YAMAGUCHI I, KIDA T, et al. ETS‐VI on‐orbit system Identification experiments ［J］. JSME International Journal, 1997, 40 (4): 623‐629.

［38］　IBRAIHIM S R, Mikulcik E C. The experimental determination of vibration parameters from time response ［J］. The Shock and Vibration Bulletin, 1976, 46 (5): 183‐198.

［39］　王俊. 航天光学成像遥感器动态成像质量评价与优化 ［D］. 长春: 长春光学精密机械与物理研究所, 2000.